LE CANAL DE SUEZ

PAR

VOISIN BEY

INSPECTEUR GÉNÉRAL DES PONTS ET CHAUSSÉES EN RETRAITE
ANCIEN DIRECTEUR GÉNÉRAL DES TRAVAUX DE CONSTRUCTION DU CANAL

TOME DEUXIÈME

I

HISTORIQUE ADMINISTRATIF ET ACTES CONSTITUTIFS DE LA COMPAGNIE

DEUXIÈME PARTIE

PÉRIODE DE L'EXPLOITATION

1° DE 1870 A 1882

PARIS
Vve CH. DUNOD, ÉDITEUR
49, Quai des Grands-Augustins, 49

1902

LE
CANAL DE SUEZ

TOME DEUXIÈME

LE
CANAL DE SUEZ

PAR

VOISIN BEY
INSPECTEUR GÉNÉRAL DES PONTS ET CHAUSSÉES EN RETRAITE
ANCIEN DIRECTEUR GÉNÉRAL DES TRAVAUX DE CONSTRUCTION DU CANAL

TOME DEUXIÈME

I

HISTORIQUE ADMINISTRATIF
ET
ACTES CONSTITUTIFS DE LA COMPAGNIE

DEUXIÈME PARTIE

PÉRIODE DE L'EXPLOITATION

1° DE 1870 A 1882

PARIS
Vve Ch. DUNOD, ÉDITEUR
49, Quai des Grands-Augustins, 49

1902

LE CANAL DE SUEZ

HISTORIQUE ADMINISTRATIF ET ACTES CONSTITUTIFS DE LA COMPAGNIE

DEUXIÈME PARTIE

PÉRIODE DE L'EXPLOITATION

(1° DE 1870 A 1882)

PREMIÈRES ANNÉES D'EXPLOITATION

(1870 A 1874)

I. Difficultés financières de la Compagnie pendant les deux premières années d'exploitation. — II. Faux bruits de projets de vente du canal. — III. Emprunt de 20 millions, finalement limité à 12 millions (Bons trentenaires). — IV. Création de 400.000 titres représentatifs de coupons arriérés d'actions.

I. — Difficultés financières de la Compagnie pendant les deux premières années d'exploitation

Le 1er janvier 1870, au début de la période d'exploitation, la Compagnie avait encore à sa disposition un solde d'actif de 20.836.000 francs.

Ses dépenses obligées pendant l'année 1870 devaient comprendre :

1° Le remboursement des obligations sorties et non encore présentées et le paiement des arrérages des coupons d'actions ;

2° Le paiement des lots, amortissement et intérêts des obligations pour les semestres échéant le 1er avril et le 1er octobre ;

3° Les dépenses nécessaires pour l'achèvement et le perfectionnement des travaux de premier établissement, pour le règlement de solde avec les Entrepreneurs et pour l'entretetien du canal et la marche des services d'exploitation;

4° Enfin, le montant des charges administratives, y compris les indemnités accordées au personnel licencié.

L'ensemble de ces dépenses obligées était estimé devoir s'élever à une somme d'environ 30 millions, laquelle se trouvait dépasser de près de 10 millions l'actif disponible du commencement de l'exercice.

On pouvait espérer que cette différence serait couverte par le montant des revenus du canal, pendant l'exercice.

Malheureusement, les armateurs anglais, qui devaient former la principale clientèle du canal, n'ayant eu que bien tardivement confiance dans le succès de l'entreprise, n'étaient encore entrés que fort timidement dans la voie de transformation de leur matériel naval, c'est-à-dire dans la voie, qui s'est depuis développée sur une si vaste échelle, de la substitution des navires à vapeur aux bâtiments à voiles en vue des voyages entre l'Europe et l'Extrême-Orient par le canal.

Le transit par le canal s'est trouvé ainsi condamné à de très modestes débuts et à une progression assez lente pendant les deux premières années de l'exploitation.

Les années 1870 et 1871 étaient d'ailleurs pour le canal, — on le comprend aisément, — de bien défavorables années de début.

En faisant connaître à l'Assemblée générale des actionnaires, dans sa réunion du 30 mars 1870, la situation comparée ci-dessus de l'actif disponible au commencement de 1870 et de l'évaluation des dépenses obligées pendant l'exercice, le Président de la Compagnie dut annoncer dans son rapport que ce ne serait que quand on connaîtrait le résultat du 1er semestre d'exploitation que l'on saurait s'il serait possible de payer le coupon d'intérêt des actions échéant le 1er juillet.

Le 26 juin, un avis publié au *Journal Officiel* informa les intéressés que les produits du canal n'offrant pas les ressources suffisantes pour subvenir au paiement dudit coupon de juillet, ce paiement, tant pour les actions en circulation dans le public que pour les délégations représentant les droits des 176.602 actions du Gouvernement Egyptien, était ajourné et aurait lieu ultérieurement sur les produits réalisés, dans les termes de l'article 62 des statuts, avec antériorité sur tous intérêts postérieurs et sur toutes distributions de dividendes et de bénéfices.

Trois mois plus tard, les obligataires furent informés à leur tour, par la publication d'une délibération du Conseil d'administration de la Compagnie du 15 septembre, que le paiement des coupons d'obligations échéant le 1er octobre était également ajourné.

Voici dans quels termes le Conseil justifiait la nécessité de ces ajournements :

Le Conseil,

Considérant que, malgré l'amélioration des affaires de la Compagnie et du progrès constant de ses recettes, les graves événements qui troublent la France ont obligé d'ajourner la convocation de l'Assemblée générale devant donner son adhésion aux négociations pendantes et aux mesures prises par le Conseil afin de pourvoir à l'équilibre du budget de la Compagnie;

Considérant que la situation générale des affaires, l'interruption des communications entre Paris et les départements nécessite l'ajournement des opérations de la Compagnie;

Considérant que, par l'effet de l'état de crise, la Compagnie trouve des difficultés à opérer le recouvrement de sommes importantes qui lui sont dues;

Considérant que le Conseil doit faire tous ses efforts pour que cet état de choses soit le moins long possible, et pour que la Compagnie puisse rentrer dans le plein exercice de son fonctionnement aussitôt que les événements le lui permettront,

A résolu :

Le paiement des coupons des obligations de la Compagnie et des lots sortis au tirage du 15 septembre est ajourné jusqu'au moment où les opérations financières pourront reprendre leur cours régulier.

Le Comité de direction est autorisé à convoquer, dans le plus bref délai statutaire, l'Assemblée générale des actionnaires dès qu'il en jugera le moment opportun.

II. — Faux bruits de projets de vente du canal

Le journal de la Compagnie, qui avait cessé momentanément de paraître à partir du 15 septembre 1870 et qui ne supposait pas avoir à reprendre sa publication avant le rétablissemement de la liberté de ses communications avec l'extérieur de Paris et particulièrement avec l'Egypte, dut recommencer à paraître dès le commencement de 1871 pour démentir énergiquement de faux bruits qui s'étaient fait jour dans une partie de la presse parisienne et qui auraient pu sérieusement inquiéter les actionnaires du canal. Un journal publiait en effet, le 29 décembre 1870, — et la prétendue information avait trouvé de l'écho et soulevé des commentaires dans d'autres journaux, — qu'il avait reçu l'assurance que M. de Lesseps se trouvait alors à Londres où il négociait la cession de la Compagnie de Suez à une Société de capitalistes anglais ; que, même, les statuts de la Société nouvelle paraissaient déjà enregistrés au *Board of trade*. Le journal accompagnait d'ailleurs sa prétendue information des appréciations les plus malveillantes sur la situation de la Compagnie et sur la gestion de son Président.

Le jour même de la publication de cette fausse nouvelle, M. de Lesseps s'empressa d'écrire au directeur du journal pour la démentir, faisant savoir qu'il n'avait pas quitté Paris depuis le mois d'août et affirmant qu'à aucune époque il n'avait engagé de négociations pour l'aliénation du canal.

La question de prétendus projets de vente du canal fut de nouveau agitée dans la presse et dans une certaine partie du public à la fin de l'année 1871. Le 22 décembre, le Président adressa à ce sujet aux correspondants de la Compagnie la circulaire suivante :

La question du rachat du canal de Suez a fait l'objet, depuis quelque temps, de demandes de renseignements qui m'ont été adressées par des actionnaires.

Il m'est très facile de répondre à ces demandes en vous communiquant une note remise au Ministre des Affaires Étrangères d'Italie le 7 novembre dernier.

Voici cette note :

« J'avais particulièrement envoyé au khédive d'Egypte un projet de « note au sujet de la question du rachat du canal de Suez mise en « avant dans une séance du Parlement italien.

« La Compagnie universelle concessionnaire ne provoque point ce « rachat, mais elle est disposée, dans l'intérêt du commerce général et « de ses actionnaires, à examiner les propositions qui lui seraient faites « par les Puissances intéressées, dans le cas où ces Puissances établi- « raient entre elles un accord pour lequel le Gouvernement Italien « s'est montré disposé à prendre l'initiative.

« Le khédive d'Egypte, tout en regardant une solution comme fort « difficile à obtenir, et sans toutefois se prononcer d'une manière abso- « lue, m'a répondu qu'il y avait lieu de commencer par s'adresser au « grand-vizir.

« Il appartient au Gouvernement Italien de juger la suite qu'il lui con- « viendra de donner à ses premières ouvertures. »

On voit par ce document que la Compagnie ne fait de proposition à personne. Quant à ces offres, si plus tard elles lui sont faites par les Puissances qui se seraient mises d'accord, elles seront soumises en Assemblée générale aux actionnaires, maîtres exclusifs de leur propriété dont l'immense valeur augmente tous les jours.

Sur le même sujet, on trouve dans le rapport du Président à l'Assemblée générale des actionnaires du 12 mars 1872 le paragraphe suivant :

Quelques mots, en terminant l'exposé de la situation générale, sur un prétendu projet de vente du canal :

Malgré les déclarations publiées à diverses reprises par votre Président à ce sujet, on a persisté, bien gratuitement, à attribuer à votre Conseil d'administration la pensée de négocier à vil prix l'aliénation du canal. Nous avons dit seulement que des Gouvernements avaient eu l'idée de chercher à se mettre d'accord pour nous faire des propositions et que, si ces propositions nous étaient faites, nous les soumettrions aux actionnaires, propriétaires exclusifs du canal.

Enfin, par une dernière circulaire du 20 avril 1872 adressée aux correspondants de la Compagnie, le Président rassura de nouveau les actionnaires à propos des bruits persistants de rachat du canal dans les termes suivants :

Parmi les bruits erronés de toute nature que l'on répand sans cesse sur l'œuvre du canal de Suez, il en est un qui semblait avoir disparu à la suite des nombreuses déclarations faites par la Compagnie : c'est le prétendu projet de vente du canal que l'on continue à attribuer avec persistance au Président et au Conseil d'administration.

Dans une lettre circulaire adressée aux correspondants de la Compagnie le 22 décembre dernier, le Président énonçait les deux faits suivants :

1° Que la Compagnie n'a fait de proposition à personne;

2° Que si, plus tard, des offres lui étaient faites par les Puissances qui se seraient mises d'accord, il appartiendrait aux actionnaires, réunis en Assemblée générale, d'adopter telle décision qui leur conviendrait.

Rien, depuis lors, n est venu modifier cette situation.

J'ai cru devoir, en vous fournissant ces éclaircissements, vous mettre à même de faire connaître la vérité aux actionnaires qui se seraient émus de cette nouvelle édition d'un projet de vente du canal.

La progression rapidement croissante des recettes à partir de cette époque, une prospérité qui semblait dès lors parfaitement assurée, enleva naturellement désormais aux adversaires de la Compagnie tout prétexte de parler encore de prétendus projets de vente du canal.

III. — Emprunt de 20 millions en Bons trentenaires

(Emprunt finalement limité à 12 millions)

(SEPTEMBRE 1871)

Dès la fin de février 1871, une Assemblée générale ordinaire et extraordinaire des actionnaires avait été convoquée pour le 29 avril suivant. Les événements de la Commune ne permirent pas à la réunion d'avoir lieu ; le journal de la Compagnie dut même cesser de nouveau sa publication qui ne fut reprise que le 8 juin. Une Assemblée générale des actionnaires fut convoquée pour le 20 juillet. A cette réunion, le Président fit connaître la nécessité pour la Compagnie de contracter un emprunt pour permettre de pourvoir immédiatement au paiement des deux derniers semestres échus d'intérêts des obligations et d'assurer le paiement des deux semestres suivants.

Pour fixer le chiffre de cet emprunt, le Président établissait comme suit la situation financière de la Compagnie :

	Francs
Ainsi que cela avait été déjà constaté dans la réunion précédente du 30 mars 1870, la Compagnie avait en caisse au commencement de l'exercice	20.836.000
Les recettes de l'année s'étaient élevées (approximativement) à	6.400.000
La Compagnie avait donc eu à sa disposition	27.236.000

pour faire face à une dépense de 33 millions, représentant, outre les dépense nécessitées par la marche des services, l'intérêt et l'armortissement des obligations et les travaux d'achèvement du canal ;

	Francs
D'où était résulté pour l'exercice une insuffisance de	6.000.000

Pour l'année 1871, les dépenses étaient estimées devoir s'élever à 18.500.000 francs, et les recettes à 10.000.000 de francs.

D'où une insuffisance de	8.500.000
Laquelle, ajoutée à celle de l'année précédente, donnait une insuffisance totale de[1]	14.500.000

1. En réalité, les chiffres relatifs à l'exercice 1871 ont été, en nombres ronds, les suivants :

Dépenses	19.000.000
Recettes	13.000.000
D'où, insuffisance de recettes	6.000.000

L'insuffisance totale des deux exercices n'a donc été, en définitive, que de 12 millions.

On verra plus loin, que, grâce à l'amélioration constante des recettes

Tenant compte de l'augmentation croissante des recettes mensuelles, il était à espérer qu'une ressource du montant de cette somme mettrait la Compagnie à l'abri de toute déception pour 1872. Toutefois, le Président, afin d'assurer complètement l'avenir, jugeait prudent de porter le chiffre de l'emprunt à 20 millions, de manière à avoir, au début de l'excercice 1872, une encaisse disponible de 5.500.000 francs.

L'Assemblée ne réunissant pas un nombre suffisant d'actions présentes ou représentées pour statuer sur une proposition d'emprunt, le vote sur cette proposition fut ajourné à une Assemblée extraordinaire qui eut lieu le 24 août 1871.

Dans cette nouvelle réunion, l'Assemblée donna tous pouvoirs au Conseil d'administration pour contracter l'emprunt proposé de 20 millions, laissant au Conseil le soin de déterminer l'époque, le mode, les garanties et les conditions de cet emprunt[1].

L'emprunt fut annoncé dès le 31 août dans les termes suivants :

à partir de la fin de 1871, qui permettait d'espérer qu'aucune insuffisance ne se produirait plus à l'avenir, c'est à ce chiffre de 12 millions que, par résolution du Conseil d'administration du mois de mars 1872, a été finalement limitée la réalisation de l'emprunt.

1. Le Président de la Compagnie avait fait à l'Assemblée, au sujet du projet d'emprunt, la communication suivante :

« Nous avions demandé au khédive d'Egypte, dans le cas où la Compagnie aurait besoin d'en faire usage, l'autorisation de percevoir temporairement une surtaxe de 1 franc par tonneau, affectée spécialement au service de l'emprunt et devant disparaître après son amortissement.

« Nous avons la satisfaction de vous annoncer que l'autorisation a été accordée et qu'elle a été ratifiée par une ordonnance impériale du sultan en date du 22 août 1871. Le Conseil n'usera de cette faculté que dans le cas où il le jugerait nécessaire.

« La nouvelle de la ratification du sultan vient de nous parvenir par une dépêche de l'ambassadeur de France à Constantinople que le Ministre des Affaires Etrangères a bien voulu nous communiquer. »

Disons de suite que la Compagnie n'a pas eu à profiter de l'autorisation qui lui avait été donnée.

EMPRUNT DE 20 MILLIONS[1]

Emission de 200.000 Bons trentenaires

AU PRIX DE 100 FRANCS, RAPPORTANT 8 0/0 L'AN, ET REMBOURSABLES A 125 FRANCS EN TRENTE ANS, PAR VOIE DE TIRAGE AU SORT ANNUEL, LE PREMIER REMBOURSEMENT DEVANT AVOIR LIEU LE 1er SEPTEMBRE 1873.

La souscription sera ouverte du 9 au 18 septembre 1871.
Les conditions de la souscription sont les suivantes :
Les versements auront lieu, savoir :

75 francs en souscrivant;
25 — du 1er au 15 mars 1872, sous déduction toutefois du coupon de 4 francs échu à cette époque.

100 francs.

Ils seront reçus, soit en coupons d'obligations de la Compagnie, soit en obligations sorties, soit en espèces.

L'intérêt de 8 francs l'an sera payable par semestre, les 1er mars et 1er septembre de chaque année, le premier paiement devant être effectué le 1er mars 1872.

A la date du vote de l'emprunt, on se trouvait au milieu de besoins financiers qui, de toutes parts, faisaient appel au crédit public dans d'énormes proportions; l'œuvre du canal était encore attaquée et son avenir discuté; les débuts de l'exploitation, par les raisons précédemment mentionnées, n'avaient pas répondu aux espérances; enfin, indépendamment de la cause générale qui pesait sur toutes les valeurs, le crédit de la Compagnie était alors si peu assis que les actions, émises à 500 francs, étaient cotées à la Bourse au cours moyen de 195 francs; les obligations, au cours moyen de 320 francs.

L'appel fait au public, malgré les conditions si avanta-

1. Ainsi qu'il a été déjà mentionné dans la note précédente et qu'il sera expliqué en détail plus loin, l'emprunt a été finalement limité à 12 millions. L'émission n'a donc été que de 120.000 bons trentenaires.

geuses du nouvel emprunt, n'ayant eu qu'un succès restreint pendant la durée de la souscription publique, la souscription continua de rester ouverte dans les bureaux de la Compagnie.

La portion de l'emprunt déjà assurée à la clôture de la souscription publique, bien que ne s'élevant qu'à environ 5 millions, permit pourtant à la Compagnie d'informer les porteurs d'obligations, par un avis du 1er octobre 1871, que les coupons et les lots échus le 1er octobre 1870 seraient payés à partir du 25 octobre 1871. (Les coupons échus le 1er avril 1870 et les lots échus jusqu'au 1er juillet avaient été payés à leur date.)

D'après une circulaire adressée aux correspondants de la Compagnie, la veille du jour fixé pour le paiement du premier coupon en retard, la situation financière de la Compagnie était alors la suivante :

A l'aide des ressources acquises, mais dont la rentrée ne devait pas être immédiate, l'Administration était assurée de pouvoir mettre en paiement dans le courant du premier trimestre de 1872 le coupon d'obligation échu en avril 1871 ainsi que les obligations sorties aux tirages de décembre 1870 et mars 1871. Pendant le même exercice 1872, la Compagnie aurait à payer les trois coupons d'octobre 1871 et d'avril et octobre 1872 et l'amortissement correspondant, déduction faite de la partie de cette dette éteinte par les souscriptions à l'emprunt des bons trentenaires : cette dépense s'élèverait à environ 13 millions et paraissait devoir être couverte par les recettes ordinaires de l'exercice[1].

1. La recette seule du service du transit, en progression constamment croissante, s'était élevée, en septembre 1871, à 626.000 francs, en augmentation de 50 0/0 sur la recette du même mois de l'année précédente. L'évaluation d'une recette minimun de 13 millions en 1872 était donc très modérée. On en jugera, du reste, par les chiffres suivants.

Voici, en effet, quelles ont été les recettes réelles des deux exercices 1871 et

Enfin, la Compagnie aurait, de plus, à pourvoir à ses frais généraux et d'entretien du canal, lesquels, se répartissant sur toute l'année, seraient de même certainement couverts par la continuation du placement des bons trentenaires, calculé sur la quantité qui en était journellement prise depuis la date de la clôture de la souscription publique.

Après avoir réalisé ce programme, après avoir placé 5 millions de bons trentenaires en plus de ce qui était déjà souscrit[1], la Compagnie se trouverait avoir encore devers elle 10 millions de ces bons dont elle poursuivrait l'émission et qui lui constitueraient une valeur importante en portefeuille.

En tenant compte de l'augmentation croissante des recettes, l'Administration regardait donc comme assuré d'une manière définitive, dès le commencement de 1872, le service régulier de l'intérêt et de l'amortissement des obligations. L'emprunt voté par l'Assemblée générale des actionnaires avait démontré la ferme volonté de la Compagnie de s'acquitter avant tout vis-à-vis des obligataires et d'employer toutes les ressources disponibles à les satisfaire.

Chacun avait supporté jusqu'alors la part des circonstances de force majeure qui avaient atteint la Compagnie

---

1872 (Les recettes du transit ont commencé à croître très rapidement à partir d'octobre 1871 où elles ont dépassé 1 million) :

	1871	1872
Service financier (produits de placements de fonds).	85.540f,68	462.716f,61
Service du domaine (ventes et locations de terrains).	1.069.560 ,59	1.056.723 ,34
Service du transit (recettes de toute nature).......	9.250.457 ,61	16.592.800 ,56
Service de l'entretien (ventes de vieux matériel, etc.).	2.709.819 ,53	135.432 »
Service des eaux (ventes d'eau).....................	154.760 ,09	77.351 ,95
Totaux.........	13.270.138f,50	18.325.024f,46

1. L'emprunt en bons trentenaires, ainsi qu'on l'a déjà fait remarquer dans les notes précédentes, a été finalement limité à 12 millions. Il a été réalisé comme suit :

Montant réalisé à la fin de 1871..............................	5.412.500
Montant réalisé du 1er janvier à la fin de février 1872.......	6.587.500
Montant total..........	12.000.000

pendant un an. Mais la circulaire informait les intéressés que, le calme étant revenu dans les affaires générales, et en attendant que l'emprunt eût produit un résultat satisfaisant, le Conseil d'administration avait décidé que le deuxième et le troisième coupon arriérés, pour le paiement desquels une date certaine serait fixée à bref délai, jouiraient, au moment de la présentation, d'un intérêt de 5 0/0 à partir du 25 octobre 1871, jour où commencerait le paiememt du premier coupon arriéré échu en octobre 1870.

Les prévisions de l'administration s'étant trouvées confirmées par le progrès constant des recettes, une nouvelle circulaire, du 5 décembre 1871, informa les obligataires que le paiement des coupons et amortissements échus audit jour aurait lieu à des dates qui étaient indiquées, échelonnées du 15 décembre 1871 au 1er juillet 1872. La circulaire rappelait d'ailleurs qu'il serait ajouté aux paiements un intérêt de 5 0/0, courant depuis le 25 octobre 1871 jusqu'aux dates respectivement indiquées.

En fait, grâce aux recettes croissantes de la Compagnie, le paiement du dernier coupon et des deux derniers amortissements arriérés put avoir lieu dès le 6 mars 1872; et, à partir de cette date, le service des obligations, aussi bien que celui des bons trentenaires, a eu lieu régulièrement aux dates réglementaires.

La souscription à l'emprunt, ouverte le 9 septembre 1871, s'est prolongée jusqu'aux derniers jours de février 1872. Elle atteignait alors le chiffre de 12 millions. Dans l'intervalle, la situation de la Compagnie s'était suffisamment améliorée pour que le Conseil d'administration pût, au commencement de mars, prendre la décision de borner à ce chiffre de 12 millions la quotité de l'emprunt.

Mention de cette résolution du Conseil fut faite par le Président dans son rapport à l'Assemblée générale des actionnaires du 12 mars 1872. Le rapport ajoutait, d'ailleurs, que les 80.000 bons non émis seraient conservés dans les caisses de la Compagnie, constituant ainsi une réserve de nature à donner une grande force au crédit de la Société et qui permettrait, à l'occasion, de parer à toute éventualité.

[Les choses sont restées en l'état jusqu'à l'Assemblée générale des actionnaires du 28 mai 1879, où, sur la proposition présentée par le Président au nom du Conseil d'administration, l'Assemblée, en autorisant un nouvel emprunt de 27 millions pour travaux d'amélioration du canal, « annula en même temps les bons trentenaires réservés non amortis[1] ».]

A la date sus-mentionnée de mars 1872, où fut décidée la limitation de l'émission des bons trentenaires, le cours moyen des actions était de 285 francs, et le cours moyen des obligations de 390 francs, alors qu'au moment du vote de l'emprunt ces cours étaient respectivement, comme on l'a dit déjà, de 195 francs et 320 francs. Le rapprochement de ces chiffres fait ressortir combien, dans l'intervalle de six mois écoulé, depuis l'ouverture de la souscription, s'était raffermi le crédit de la Compagnie.

---

1. Dans l'inventaire général du 31 décembre 1871, soumis à l'examen de la Commission de vérification des comptes figurait à l'actif, sous le titre *actif disponible ou réalisable*, un article ainsi libellé : Portion réservée de l'emprunt : 8.000.000 de francs, en même temps que l'emprunt figurait au passif pour la totalité des 200.000 bons trentenaires, ci 20.000.000 de francs. Au sujet de cet article de l'actif, on voit dans le rapport de la Commission, que, sur l'observation présentée par elle, « que le but que se proposait la Société du Canal, par un emprunt de 20 millions en bons trentenaires, ayant été atteint par une réalisation de 12 millions seulement, la dénomination d'actif disponible et réalisable ne paraissait pas convenir aux 8 millions réservés », l'Administration lui avait fait connaître « qu'à la date du 1er mars 1872, elle avait déjà rés lu que cette somme ne pourrait être réalisée sans le consentement préalable de l'Assemblée des actionnaires ».

Dans les inventaires suivants, jusqu'à celui inclus du 31 décembre 1878, le montant des 80.000 bons trentenaires non émis a figuré à l'actif sous la rubrique séparée et spéciale : *actif réservé*, en même temps qu'au passif l'emprunt de 1871 figurait en deux articles distincts, l'un comprenant les 120.000 bons émis, l'autre les 80.000 bons réservés.

Naturellement, par suite de la résolution de l'Assemblée générale des actionnaires du 28 mai 1879, il n'a plus été fait aucune mention des bons réservés dans les inventaires à partir de 1879.

A cette même date de mars 1872, la Compagnie, — ainsi que le fait a été signalé plus haut, — avait complètement désintéressé ses obligataires, et elle était désormais en situation d'assurer le service régulier des obligations et celui des bons trentenaires récemment émis. Elle se trouvait donc ainsi heureusement et définitivement sortie des difficultés financières qui avaient si fortement pesé sur elle pendant les deux premières années de son exploitation[1].

Les actionnaires, il est vrai, eurent encore à attendre pendant près de trois ans le règlement complet des intérêts arriérés de leurs actions; mais il est à peine besoin de faire remarquer que le paiement de ces intérêts, à l'encontre de celui des intérêts et de l'amortissement des obligations, ne constituait pas pour la Compagnie une véritable dette, surtout une dette immédiatement exigible. On va voir ci-dessous, dans quelles conditions et sous quelle forme s'est faite la liquidation de ces intérêts d'actions.

---

1. Dans un court historique des diverses phases difficiles qu'a traversées la Compagnie, présenté à l'Assemblée générale des actionnaires du 31 mai 1892, à l'occasion de la question des détaxes (dont il sera parlé en son temps), M. Ch. de Lesseps rappelait, dans les termes suivants, les difficultés des premières années de l'exploitation du canal.

« Quand le canal de Suez fut ouvert à la navigation universelle, nous n'étions pas riches. Rappellerai-je que, dans ce temps-là, en 1872, le canal de Suez ouvert, c'est bien un hasard que la Compagnie n'ait pas été mise en faillite. Nous devions trois coupons aux obligataires, soit 15 millions de francs, et nous n'avions pas ces 15 millions. Nous fîmes alors une émission de 20 millions afin de bien affirmer au public que nous ne reviendrions pas sur les emprunts, au moins de liquidation, du premier compte de construction; et, quand nous eûmes demandé au public ces 20 millions nécessaire, en disant aux obligataires qu'ils pourraient être ruinés s'ils ne venaient pas eux-mêmes à notre aide ; en leur disant : nous recevrons vos coup ns, vos lots en paiement; nous recevrons des valeurs, des coupons, tout,... mais sauvez-nous, sauvez-vous vous-mêmes ; nous donnâmes toutes les facilités possible ; 10 0/0 dont 8 d'intérêt et 2 d'amortissement, aux prêteurs. Eh bien, sait-on quel fut le résultat ? Nous n'obtînmes que 5 millions, et nous en devions 15 ! Et nous recevions des assignations continuelles devant le tribunal de commerce ; Enfin, en gagnant du temps, nous pûmes atteindre au jour où notre affaire se débrouilla..... Nous avions subi et passé une crise extrêmement grave. »

IV. — Création de 400.000 Titres représentatifs de Coupons arriérés d'actions

(TITRES APPELÉS : « COUPONS CONSOLIDÉS D'INTÉRÊTS ARRIÉRÉS D'ACTIONS »)

(AOUT 1874)

Les deux premiers coupons arriérés d'actions, ceux des 1er juillet 1870 et 1er janvier 1871, portant les numéros 23 et 24, ont été payés, sur les recettes des exercices, respectivement en avril 1873 et février 1874 :

[Disons de suite que l'amortissement des actions de 1870 à 1874 a été payé en 1876 sur l'ensemble des excédents de recettes des exercices 1872, 1873 et 1874.]

Lors de l'Assemblée générale des actionnaires du 2 juin 1874, la Compagnie se trouvait donc avoir encore envers les actionnaires un arriéré de six coupons d'intérêts; de plus un septième coupon devait échoir le 1er juillet. Le Président de la Compagnie, en faisant connaître cette situation dans son rapport à l'Assemblée, fit remarquer, en même temps, qu'aucun coupon ne pouvant être mis en paiement avant un délai de plusieurs mois, on devait considérer l'arriéré comme étant de sept coupons. Il ajoutait, d'ailleurs que, d'après les prévisions, établies avec le plus grand soin, on pouvait être assuré que l'arriéré ne dépasserait pas cette limite.

Dans de telles conditions, le Président croyait opportun de liquider immédiatement cet arriéré et de dégager ainsi, tout à l'avantage des actionnaires, la situation financière de la Compagnie qui permettrait ensuite de distribuer régulièrement, à partir du 1er janvier 1875, l'intérêt des exercices courants. A cet effet, le Président soumettait à l'Assemblée des propositions conçues dans les termes suivants :

Nous vous proposons de capitaliser les sept coupons du 1er juillet 1871 au 1er juillet 1874, représentant une valeur totale de 35 millions ou de 87 fr. 50 par action, de laquelle il y a à déduire les avances faites par la Compagnie pour les impôts, avances qui sont, pour les sept coupons, de 2 fr. 50 par titre; la somme nette revenant à chaque action est de 85 francs.

Il serait créé pour régler les coupons arriérés, autant de titres qu'il y a d'actions, c'est-à-dire 400.000 titres qui seraient remboursables au pair, à 85 francs, en quarante ans et qui produiraient un intérêt de 5 0/0; l'amortissement commencerait en 1882; l'intérêt courrait du 15 novembre 1874 et serait payable annuellement.

Nous devons bien nous expliquer sur ce point, que, dans la proposition qui vous est soumise, il ne s'agit en aucune manière de contracter un emprunt, ce qui serait contraire à la loi. Les actions, d'après nos statuts, ont droit à des intérêts de 5 0/0, après paiement des charges des emprunts et des dépenses d'exploitation et d'entretien du canal.

Dans l'état actuel, nos coupons arriérés, tout en ne constituant pas une dette, jouissent d'une priorité sur l'intérêt de l'exercice courant.

Telle est la situation qui serait maintenue par le règlement des coupons arriérés. Nous avons en vue d'affecter à ce règlement une annuité fixe qui ne chargera chaque exercice que dans une proportion déterminée à l'avance. L'annuité qui sera employée à l'intérêt et à l'amortissement des nouveaux tires sera prise sur les revenus disponibles après paiement des charges résultant des emprunts et de l'exploitation du canal et avant toute distribution d'intérêt ou de dividende pour l'année courante. Telle sera la nature de ces titres.

Etant donnée la création de 400.000 titres, il en reviendra aux délégataires 176.602, c'est-à-dire un nombre égal à celui des actions du khédive qu'ils représentent.

Conformément au contrat d'émission des délégations, sur ces 176.602 titres, 120.000 seront employés à payer aux délégataires, comme aux porteurs d'actions, sept coupons; le surplus, soit 56.000 titres, concourra à l'amortissement des délégations.

Ces 56.000 titres formeront un fonds spécial d'amortissement. La Caisse d'amortissement des délégations se trouvera de la sorte dotée d'un capital productif d'un intérêt de 240.000 francs environ. Cet intérêt, ainsi que le produit des remboursements des 56.000 titres, lorsqu'ils viendront eux-mêmes à être remboursés, seront exclusivement affectés à l'amortissement des délégations. Quant à ceux de ces titres qui n'auraient pas été amortis à l'expiration de la période de jouissance des délégations, ils seront, à cette époque, suivant que les délégations auront ou n'auront pas alors été amorties en totalité, négociés jusqu'à concurrence de la somme nécessaire pour compléter l'amortissement des délégations, et le surplus sera distribué aux délégataires.

On voit, par une note qui figure au *Compte rendu des résolutions de l'Assemblée générale des actionnaires*, que la question du règlement des coupons arriérés d'intérêts d'actions avait été étudiée et soumise à l'Assemblée sur la demande d'un grand nombre d'actionnaires; que le vote sur la proposition du Président a eu lieu au scrutin et que le Conseil d'administration a déclaré s'abstenir de prendre part au vote.

La résolution de l'Assemblée a d'ailleurs été formulée comme suit :

Les coupons d'intérêts arriérés des actions, du 1er juillet 1871 au 1er juillet 1874 inclusivement, seront réglés par la création de 400.000 titres, rapportant un intérêt de 5 0/0 l'an et remboursables au pair à 85 francs, en quarante ans, à partir du 15 novembre 1882, par voie de tirage au sort annuel. L'intérêt de ces titres courra du 15 novembre 1874 et sera payé annuellement.

L'intérêt annuel et l'amortissement de ces titres ne seront acquittés qu'après le paiement des charges définies par les articles 1 et 2 de l'article 62 des statuts et sur les produits disponibles.

Enfin, la création des nouveaux titres à été portée à la connaissance des actionnaires et des délégataires par l'avis suivant :

L'Assemblée générale des actionnaires du 2 juin 1874 a décidé la création, par l'Administration de la Compagnie, d'un titre nouveau représentatif de sept coupons d'intérêts d'actions échus, à détacher.

Les sept coupons à détacher et à échanger contre un titre nouveau portent les numéros 25 à 31 (du 1er juillet 1871 au 1er juillet 1874).

Il est créé 400.000 titres de 85 francs, produisant un intérêt annuel de 5 0/0, intérêt payable le 15 novembre de chaque année, sous déduction des impôts établis ou à établir par des lois de finances.

Ces titres, délivrés jouissance du 15 novembre 1874, seront remboursés à 85 francs, en quarante années, par voie de tirages au sort annuels.

Le premier tirage aura lieu le 1er novembre 1882.

Le remboursement à 85 francs des titres sortis s'effectuera quinze jours après le tirage.

Les titres nouveaux peuvent être pris au porteur ou nominatifs.

L'article 62 des statuts de la Compagnie est ainsi conçu :

« Les produits annuels de l'entreprise servent d'abord à acquitter,
« dans l'ordre ci-après :

« § 1. Les dépenses d'entretien et d'exploitation, les frais d'adminis-« tration, et généralement toutes les charges sociales;

« § 2. L'intérêt et l'amortissement des emprunts qui peuvent avoir « été contractés. »

En conséquence, l'intérêt et l'amortissement des titres représentatifs de coupons d'actions consolidés seront acquittés sur les produits disponibles, après le paiement des charges visées par les paragraphes 1 et 2 de l'article 62 des statuts de la Compagnie.

Les sept coupons attachés aux délégations, et portant les numéros 4 à 10 (du 1er juillet 1871 au 1er juillet 1874), seront échangés contre un titre représentatif aux conditions stipulées ci-dessus pour les actions.

L'échange contre le titre représentatif desdits sept coupons consolidés d'actions ou de délégations s'effectuera exclusivement aux guichets de l'administration centrale, à Paris, à partir du 18 août 1874[1].

---

1. A partir du 18 août 1874, date de l'échange, les actions et les délégations ont été admises à se négocier à la Bourse et à circuler indistinctement, soit en titres munis de leurs coupons arriérés, soit en titres unis au nouveau bon créé pour représenter lesdits coupons.

Les bons de coupons arriérés n'ont été cotés séparément, au comptant, qu'à partir du 15 novembre 1875. Les actions et les délégations, jouissance du 1er juillet 1875, c'est-à-dire bons ou coupons détachés, ont été cotées, au comptant à partir du 2 décembre 1875, à terme dès la liquidation du 15 novembre pour les opérations au 15 décembre suivant. Une cote spéciale de comptant a d'ailleurs été réservée en même temps aux titres d'actions et de délégations n'ayant pas encore effectué l'échange des coupons arriérés.

PREMIERS MODES D'APPLICATION DE LA TAXE DE NAVIGATION

(1870-1875)

I. Historique des règlements successivement édictés par les diverses nations maritimes pour le jaugeage des navires : § 1er Définition du tonnage ; § 2. Modes successifs de jaugeage français et anglais ; § 3. Règles de jaugeage des diverses nations maritimes en usage à l'époque de l'ouverture du canal à la navigation. — II. Premiers modes d'application de la taxe de navigation : § 1er Mode d'application de la taxe de navigation édicté par les règlements de navigation des 17 août 1869 et 1er février 1870 ; § 2. Etude d'une nouvelle base de perception du droit de navigation : Enquête spéciale auprès des Chambres de commerce ; avis du service du contentieux de la Compagnie ; Commission d'enquête ; § 3. Nouveau mode d'application de la taxe de navigation édicté par le règlement de navigation du 1er juillet 1872. — III. Difficultés suscitées à la Compagnie au sujet du mode d'application de la taxe de navigation édicté par le règlement du 1er juillet 1872. — Intervention du Gouvernement français.

La question du mode d'application du droit spécial de navigation, fixé par l'article 17 de l'acte de concession du 5 janvier 1856 au maximum de 10 francs par tonneau de capacité du navire, a été, dès le début de l'exploitation et n'a pas cessé, pendant les premières années, d'être la constante en même temps que la plus sérieuse préoccupation de la Compagnie, la juste rémunération à laquelle pouvaient légitimement prétendre les actionnaires dépendant de ce mode d'application.

Pour pouvoir se rendre bien compte des phases successives par lesquelles a passé cette grave question, des difficultés qui ont été suscitées à la Compagnie à son sujet, enfin de la solution qui a été finalement adoptée d'accord entre la Compagnie et sa clientèle intéressée, il est indispensable de se faire tout d'abord une idée nette de ce que sont les règlements de jaugeage des navires, puisque ce sont ces règlements qui servent à la détermination des tonnages auxquels s'applique la taxe de navigation.

I. — Historique des règlements successivement édictés par les diverses nations maritimes pour le jaugeage des navires.

§ 1er. — DÉFINITION DU TONNAGE

(La définition et les explications ci-dessous se rapportent naturellement à la manière de voir qui a cours en France sur la question.)

Le tonnage d'un navire est l'expression de sa capacité de chargement évaluée à l'aide d'une unité dite tonneau de jauge.

Le tonnage est établi principalement dans un but fiscal et sert à la fixation des droits de douane ainsi que des différentes taxes de navigation ; il fournit les données nécessaires à la statistique maritime ; il sert, enfin, d'unité ou de mesure dans toutes les transactions relatives au corps du navire, telles que achats, assurances, affrétements, etc.

Il y a deux manières de représenter la quantité de marchandises que peut transporter un navire : par son poids ou par son volume.

Le poids d'un chargement serait représenté très exactement par celui du volume d'eau de mer déplacé par la tranche de la carène comprise entre la flottaison lège et la flottaison en charge, ou, suivant l'expression consacrée, par le déplacement de la *tranche d'exposant de charge*. C'est, en effet, la pratique adoptée dans la marine militaire. Mais, pour la marine marchande, cette manière d'opérer présenterait de sérieuses difficultés, surtout pour la détermination des deux flottaisons limites entre lesquelles devrait être comprise la tranche d'exposant de charge. La flottaison lège pourrait, à la vérité, être fixée avec une exactitude suffisante, à la condition toutefois de bien s'assurer, au préalable, que la cale du navire est débarrassée de tout poids étranger à sa coque ; mais on rencontrerait un embarras des plus sérieux pour assigner la position de la flottaison en charge : cette dernière ne dépend, en effet, que de l'immersion à partir de laquelle la sécurité de la navigation serait compromise, laquelle varie entre des limites très étendues avec les mers que doit fréquenter le navire, les saisons dans lesquelles doit avoir lieu la navigation et même avec l'espèce du chargement; en sorte que, suivant la nature des services auxquels ils seraient affectés, des navires identiques devraient être cotés à des tonnages différents, ce qui, évidemment, ne saurait être admis.

C'est en raison de la difficulté qui vient d'être signalée que l'on a été contraint de recourir au deuxième mode de mesure et de représenter la capacité de chargement d'un navire par le volume de la cale destinée à recevoir ce chargement.

§ 2. — MODES SUCCESSIFS DE JAUGEAGE FRANÇAIS ET ANGLAIS

PREMIÈRE RÈGLE FRANÇAISE DE JAUGEAGE, D'AOUT 1681

En France, le premier règlement qui semble avoir été édicté sur le mode de jaugeage des navires remonte à l'Ordonnance sur la marine d'août 1681[1].

---

1. Il ne sera pas sans intérêt de reproduire ici, au sujet des origines des règlements de jaugeage, quelques renseignements qui figurent dans les procès-verbaux de la Commission internationale pour le tonnage réunie à Constantinople en 1873 et dont il sera parlé plus loin.

Renseignements donnés par M. le premier délégué des Pays-Bas. — Dès 1549, il existait en Hollande, au sujet du jaugeage des navires, une Ordonnance de Charles-Quint, connue même en Espagne depuis 1542, stipulant que, pour les voyages au long cours, les navires devraient être grands d'au moins 100 barriques. Le tonneau n'était pas encore connu.

La seconde Ordonnance, celle de Philippe II, date de 1653.

Mais, entre ces deux dates, en 1558, une Ordonnance de la ville d'Amsterdam prescrivit de mesurer dorénavant tous les navires avec la même unité de mesure, dont un étalon était placé à l'hôtel de ville ; on mesurait la longueur, la largeur et la profondeur du navire ; le mesurage se faisait par des experts-jurés. Ce fut là l'origine du jaugeage tel qu'il a été pratiqué généralement plus tard. On laissait d'ailleurs aux négociants le soin de tirer à leur gré leurs déductions des trois dimensions officielles de leurs bâtiments.

Après une longue expérience, on arriva à établir la relation moyenne exis-

On lit au livre II de cette Ordonnance, titre X, traitant *des navires et bâtiments de mer*, les dispositions suivantes :

« Art. iv. — Tous navires seront jaugés incontinent « après la construction par les gardes-jurés ou prud'hommes « du métier de charpentier qui donneront leur attestation

---

tante entre le volume du parallélipipède circonscrit à la cale et le chargement réel du navire et l'on put dès lors, en adoptant une unité spéciale de jauge, en déduire ce que l'on a appelé « l'exposant de la capacité du navire ».

L'unité de jauge adoptée en ce temps-là en Hollande était le last, contenant 36 sacs de seigle, pesant 4.250 livres d'Amsterdam (équivalant à 2.100 kilogrammes), et occupant dans la cale un volume de 125 pieds cubes d'Amsterdam (équivalant à 101 pieds cubes anglais ou 83 pieds cubes français) (*) ;

Et les nombreuses constatations faites avaient permis de reconnaître que, pour obtenir la contenance d'un navire en lasts, ou l'exposant de sa capacité, il fallait diviser par 200 le produit de ses trois dimensions, ou, en d'autres termes, le volume en pieds cubes du parallélipipède circonscrit à la cale.

Connaissant l'exposant de capacité d'un navire, on se rendait aisément compte des différentes charges que pouvait prendre le navire, soit en poids, soit en volume : pour le poids, on n'avait qu'à multiplier le nombre de lasts par 4.250 livres ; pour la capacité utilisable, le même nombre de lasts par 125 pieds cubes.

Plus tard, en 1680 ou 1690, dans le but de s'assurer du degré d'exactitude de l'ancienne méthode de jaugeage, on fit mesurer plusieurs navires d'après un système que, depuis, dans des documents officiels, on dit avoir été inventé par Moorsom. On savait bien, en Hollande, que c'était là une mesure exacte. Le résultat de ce mesurage prouva qu'il y avait peu de différence avec l'ancienne méthode de jaugeage aussi longtemps que l'on ne mesurait que la cale. On ne pouvait donc mieux faire que de continuer à appliquer l'ancien procédé.

C'est en ce même temps qu'apparaissait la célèbre Ordonnance de Colbert sur la marine, si mal appréciée dans sa juste valeur, la charge y ayant toujours été confondue avec le jaugeage. Cette Ordonnance contenait une vérité : c'est que, pour transporter le poids d'une tonne française, il fallait lui donner un espace une fois et demie l'équivalent en volume d'eau de mer. C'est là une vérité sur laquelle tout le monde est d'accord ; mais on n'a pas compris que le jaugeage n'est pas l'application de cette vérité. L'Ordonnance de Colbert, en disant que, pour connaître le port et la capacité d'un navire et en régler la jauge, le fond de la cale, qui est le lieu de la charge, sera mesuré à raison de 42 pieds cubes pour un tonneau de mer, a dit une vérité, puisque, en France,

---

(*) Valeurs, en mesures métriques, des mesures d'Amsterdam, des mesures anglaises et des anciennes mesures françaises :

	Amsterdam	Angleterre	France
Livre poids	0^{m},494	0^{k},453	0^{k},490
Pied	0^{m},283	0^{m},305	0^{m},325
Pied cube	0^{mc},023	0^{mc},028	0^{mc},034
Quintal anglais (112 livres)		50^{k},80	
Tonne anglaise (20 quintaux)		1.016^{k} »	
Ancien quintal français (100 livres)			48^{k},95
Ancien tonneau français ou tonneau de mer (2.000 livres)			979^{k} »

« du port du bâtiment, laquelle sera enregistrée au greffe de « l'amirauté.

« ART. V. — Pour reconnaître le port et la capacité d'un « vaisseau et en régler la jauge, le fond de la cale, qui est

---

28 pieds cubes d'eau de mer ont le poids d'un tonneau (*), et que, en ajoutant moitié en plus, on a précisément 42 pieds cubes.

Malgré l'Ordonnance de Colbert, on a continué dans les divers ports de France à jauger les navires de différentes manières.

Survint la Révolution de 1789. La Convention Nationale entendait que les lois fussent exécutées. On vit alors que l'Ordonnance de Colbert n'était pas exécutable. Par un décret de vendémiaire an II, on adopta d'abord le mode de mesurage anglais connu sous le nom de *Old builder's measurement*, avec la seule différence de l'adoption du diviseur 95, au lieu de 94. Cependant, les mesures étant prises en pieds français, le résultat ne pouvait être satisfaisant. C'est alors que furent adoptés la loi du 12 nivôse an II et, sur l'avis du célèbre mathématicien Lagrange, le diviseur 94 avec l'ancienne formule hollandaise, diviseur que les capitaines hollandais avaient déjà trouvé 50 ans auparavant par la proportion suivante :

4.250 (poids d'un last) : 2.000 (poids d'un tonneau)
:: 200 (diviseur de jaugeage last) : x (unité de jaugeage tonneau) ;

d'où

$$x = \frac{40.000}{4.250} = 94.$$

Le même système de jaugeage avait été adopté par les Anglais en 1773, avec la seule différence qu'on prenait la moitié de la largeur pour la profondeur et que l'on déduisait de la longueur les 3/5 de la largeur pour avoir la longueur de jaugeage.

Ainsi le même diviseur 94 avait été adopté en France, en Angleterre et en Hollande, bien que le poids d'une tonne fût en France égal à 28 pieds cubes d'eau de mer, en Angleterre à 35 pieds cubes et en Hollande à 42 pieds cubes et demi.

Renseignements donnés par M. le premier délégué d'Espagne. — Le problème du jaugeage des navires s'est posé depuis une époque très reculée en Espagne : les premières dispositions concernant la capacité des navires y remontent, en effet, à la découverte de l'Amérique (fin du XVe siècle). C'est dans une Ordonnance royale de 1542 qu'est mentionnée pour la première fois l'unité « tonneau » sous le nom, il est vrai, de « barrique » ; cette Ordonnance prescrivait que la capacité des navires se rendant aux Indes (occidentales) devait être d'au moins 100 barriques. Dans un « Guide du constructeur » publié en 1672, il est expliqué que la barrique était une capacité tout a fait égale au tonneau du temps ; et une Ordonnance royale du 19 octobre 1613 avait établi d'une manière claire et précise que le tonneau était un volume équivalent à

(*) Poids de 1 mètre cube d'eau de mer : 1.026 kilog. ou 2.096 livres

Poids de 1 pied cube.................. $\frac{2.096}{29,17} = 72$ livres.

Par conséquent,

Volume de l'ancien tonneau de mer, en pieds cubes, $= \frac{2.000}{72} = 28$ pieds cubes.

« le lieu de la charge, sera mesuré à l'aide de 42 pieds « cubes pour tonneau de mer. »

A défaut d'autres renseignements sur les considérations qui ont dicté la règle de jaugeage de 1681, on peut citer les com-

---

70 pieds cubes de Burgos (1^{mc},52); cette même Ordonnance prescrivait d'ailleurs une méthode de jaugeage d'après laquelle on mesurait la longueur, la largeur, la profondeur au creux, la longueur de la quille et la largeur au plan des warangues, et elle donnait en même temps des explications très minutieuses sur la manière de combiner ces différentes mesures pour arriver à la jauge.

Ainsi le mot « tonneau », à son origine, ne représentait qu'une unité de capacité ou de volume bien exactement définie. Cependant, on l'a confondu très souvent avec le tonneau de poids.

C'est d'après le jaugeage déterminé comme il est dit ci-dessus que les navires marchands étaient taxés à cette époque pour le paiement des droits de navigation. Ces droits étaient entièrements indépendants des quantités de marchandises que le navire pouvait transporter.

D'après l'Ordonnance de Colbert sur la marine, de 1681, le tonnage était le volume de la cale exprimé en unités de 42 pieds cubes; mais, en même temps, il exprimait aussi pour le vin ou les marchandises de même encombrement, en tonneaux de 2.000 livres, le poids que le navire pouvait transporter; cependant, sous ce dernier point de vue, l'exactitude disparaissait, d'autres conditions compliquant le problème par rapport aux conditions de navigabilité du navire.

Depuis cette Ordonnance mal interprétée, on a commencé à confondre le volume avec le poids. L'unité « Tonneau de poids », alors de 2.000 livres, aujourd'hui de 1.000 kilogrammes, a été certainement introduite en Espagne de France où elle eut son origine de la tonne de jauge.

A la suite de nombreuses réclamations, surtout de la part des agents des douanes alléguant les différences que l'on constatait entre le nombre de tonneaux de jauge d'après les papiers de bord et celui des tonneaux de marchandises débarquées, une nouvelle Ordonnance royale du 19 septembre 1842, destinée à rappeler que toute idée de poids se rattachant au tonneau de jauge, qui était une unité de volume, était inexacte, reproduisit, avec de très légers changements, la formule de jaugeage de 1613, avec son unité de jauge de 70 pieds cubes.

Malheureusement, l'erreur n'était pas éclaircie, et l'on continua longtemps encore à confondre le poids avec le volume.

Plus tard, une Ordonnance du 22 mars 1830, qui resta en vigueur jusqu'au 18 décembre 1844, taxa les navires d'après le poids des marchandises qu'ils pourraient transporter. L'Ordonnance indiquait la manière de déterminer la flottaison lège et la flottaison en charge pour le calcul du déplacement de la tranche de carène comprise entre les deux. Mais, par suite de l'extrême difficulté de fixer l'immersion de la carène jusqu'au point à partir duquel la sécurité de la navigation serait compromise, on a été contraint de revenir aux anciennes méthodes de 1742 et 1613, avec une unité de volume égale à 70 pieds cubes (ou 1^{mc},52) et une formule applicable à tous les navires, la même qui a continué jusqu'à ce jour à être appliquée en Espagne. Cette formule empirique se trouvait à présent très inexacte, attendu qu'elle supposait que la longueur de la quille était trois fois la largeur, ce qui était vrai en 1742, mais ne l'était plus maintenant.

mentaires qui en ont été donnés par Valin, avocat et procureur du roi au siège de l'Amirauté de la Rochelle, publiés en 1760 avec approbation et privilège du roi. Voici ce que disaient ces commentaires :

L'article V marque la manière de jauger un navire. Ce n'est que le fond de cale, qui est le lieu ordinaire de la charge, qu'il faut mesurer, et non l'entrepont, quoiqu'on y place souvent des marchandises, parce qu'il est naturellement réservé pour les rechanges du navire et les besoins de l'équipage.

La capacité ou le port d'un vaisseau se règle par le nombre de tonneaux qu'il peut porter; et, pour déterminer ce nombre de tonneaux, on mesure l'espace de son fond de cale en le réduisant en pieds cubes.

C'est la règle la plus sûre ou, en tout cas, la seule praticable, bien qu'elle soit quelque peu fautive à raison des différentes manières de construire les navires, qui exigent aussi différentes opérations pour la réduction juste en pieds cubes ; et tous les jaugeurs ne sont pas également en état de varier leurs combinaisons avec précision. D'ailleurs, tous les pieds cubes d'un vaisseau effilé ou de construction qui se termine en pointe de l'avant à l'arrière ne tournent pas à compte pour la charge comme ceux d'un navire de figure carrée ou approchante, et c'est à quoi on ne fait pas toujours assez d'attention.

Comme la navigation sur le Ponant a vraisemblablement commencé par les Bordelais ; que leur manière de régler le fret aussi bien que la portée des mariniers était par tonneau ; et, qu'enfin, pour fixer le tonneau, ils employèrent d'abord 4 barriques de vin, pesant chacune 500 livres ou environ, parce que c'était la denrée dont ils faisaient le plus grand débit, il y a apparence que c'est d'eux qu'on a emprunté l'usage de compter le port d'un navire par tonneaux, et de régler le tonneau à un poids de 2.000 livres en prenant pour guide le tonneau de vin composé de 4 barriques pesant chacune 500 livres.

Mais, comme toutes les marchandises ne sont pas d'un poids égal ou approchant, eu égard à leur volume, il a paru juste, dans la suite, de déterminer le tonneau, non précisément à 2.000 livres de poids, mais à raison de l'encombrement ou espace, occupé par les marchandises. En quoi, toutefois, on a encore pris pour modèle les 4 barriques faisant le tonneau bordelais, c'est-à-dire que l'on a calculé l'espace occupé par 4 barriques, et l'on a trouvé qu'il donnait les 42 pieds cubes qui, aux termes de l'article V, doivent composer le tonneau de mer.

Les Rochelais ont aussi, de tout temps, pratiqué la mesure des Bordelais pour le tonneau, et la preuve en résulte de ce qu'ils ont toujours mis de même 4 barriques au tonneau. Mais ils ont fait plus : ils ont trouvé la réduction du tonneau en pieds cubes, comme le prouve l'ancienne mesure de leur boisseau qui est exactement de 1 pied cube et dont ils ont réglé qu'il en fallait 42 pour faire le tonneau de blé égal au tonneau de mer.

Les Flamands, les Anglais et les Hollandais comptent par lests ou lasts. Le last vaut 2 tonneaux chez les premiers et 2 tonneaux et demi chez les Hollandais.

Il ne sera pas inutile de joindre au commentaire qui précède sur la règle de jaugeage de 1681 un extrait de commentaire du même auteur sur les frets ou nolis, au sujet desquels l'article 1er du titre III, livre IV de l'Ordonnance s'exprime ainsi :

« Art. 1er. — Le loyer des vaisseaux, appelé fret ou nolis, « sera réglé par la charte-partie ou par le connaissement, « soit que le bâtiment ait été loué en entier ou pour partie, « au voyage ou au mois, avec désignation ou sans dési- « gnation de portée, au tonneau, au quintal ou à cueillette « et en quelque autre manière que ce puisse être. »

Voici donc l'extrait en question :

Le plus fréquent usage de l'affrètement est au tonneau, au quintal ou à la cueillette.

Dans l'affrètement au tonneau ou au quintal, le maître s'oblige simplement à donner place dans son navire pour tant de tonneaux ou quintaux de marchandises. On sait que le quintal est un cent de pesanteur. Pour ce qui est du tonneau il est de 2 milliers ou 20 quintaux, et son encombrement est réglé à 42 pieds cubes. Mais, comme il est des marchandises d'inégale pesanteur et qu'il en est de grand encombrement quoique beaucoup moins pesantes que d'autres, c'est moins au poids qu'on fait attention pour régler le fret du tonneau qu'à l'encombrement effectif des marchandises. Lorsqu'elles sont en futailles, la règle générale est que 4 barriques, 6 tierçons ou 8 quarts font le tonneau.

Les affrètements, « en quelque autre manière que ce puisse être », regardent certaines marchandises d'un poids au-dessous de 100 livres, dont le fret dépend d'une convention à part. Mais pour tout ce qui est du poids d'un cent et au dessus, c'est toujours au tonneau ou au quintal que le fret se règle. Il y a pourtant encore les barres de fer, les pierres, carreaux et briques que l'on peut arbitrer à tant au tonneau, ou dont le fret peut être fixé à tant la pièce ou à tant par centaine en nombre.

Pour compléter les renseignements sur l'interprétation donnée, dès les premiers temps où elle a été rendue, à l'Ordonnance de 1681, on citera encore l'opinion d'un autre commentateur, Bouguer, célèbre géomètre-hydrographe qui écrivait cinquante ans seulement après la promulgation de l'Ordonnance, antérieurement, par conséquent, à la publication des commentaires de Valin.

Après avoir expliqué les manières employées pour mesurer le fond de cale, Bouguer s'exprimait ainsi :

Il ne reste plus, après cela, qu'à convenir de la juste étendue du tonneau pour pouvoir réduire la capacité qu'on ne connaît qu'en pieds cubes. Supposé que cette capacité soit de 10.000 pieds cubes et que le tonneau soit déterminé à 42, comme on le prétend ordinairement, le navire sera de 288 tonneaux. Mais, comme il ne paraît pas que l'Ordonnance ait eu en vue de rien statuer sur le jaugeage intérieur, on ne doit donner aucune préférence à cette détermination. Ce qui nous persuade, c'est, non seulement que l'espace qu'occupent 4 barriques et que l'on a toujours pris pour le tonneau d'arrimage est considérablement plus grand que 42 pieds cubes, ce qui était trop facile à reconnaître pour que les experts consultés pussent s'y tromper ; c'est encore le témoignage de tous ceux qui ont écrit avant ou depuis l'Ordonnance sur les matières qui ont rapport à ce sujet. Tous ne parlent que du tonneau de poids ou font entendre qu'il ne s'agit que de celui-là, de sorte que l'autre, s'il est permis de parler de la sorte, n'est connu que par une espèce de tradition orale.

On voit par le texte rappelé plus haut, de l'Ordonnance de 1681, aussi bien que par les commentaires dont ce texte a été l'objet, que le premier règlement français de jaugeage établissait une certaine corrélation entre la mesure de la capacité de la cale et celle du poids que le navire était capable de transporter ; il considérait un volume de 42 pieds cubes comme représentant l'espace occupé par l'unité de poids ou « tonneau de mer » qui, aujourd'hui de 1.000 kilogrammes, était alors de 2.000 livres (979 kilogrammes).

D'après l'Ordonnance de 1681, en effet, on obtenait le tonnage d'un navire en évaluant, aussi exactement que possible, le volume de la cale en pieds cubes et en divisant ce volume par 42. Dans ces conditions, il est clair que le tonnage n'était autre chose que le volume de la cale exprimé en fonction de l'unité spéciale de 42 pieds cubes, nommée, depuis lors, *tonneau d'encombrement*. Pour un navire destiné à transporter des marchandises dudit encombrement, il représentait le poids, en tonneaux de mer de 2.000 livres, que pouvait transporter le navire.

Cependant, même avec ce point de départ, l'indication du poids transportable, déduite de la jauge, serait loin, comme on l'a reconnu dès l'origine, de comporter la même précision que celle du volume, attendu que le poids réellement transporté par un navire peut différer en plus ou en moins de son tonnage suivant que le volume occupé par une tonne de marchandise embarquée est inférieur ou supérieur à 42 pieds cubes. Aussi, les affrétements ne sont-ils jamais faits au poids et l'usage du commerce a-t-il toujours été de tenir compte de l'encombrement des marchandises embarquées. Les marchandises sont spécifiées, il est vrai, par leur poids, mais le *tonneau de fret* est essentiellement variable avec le volume occupé par le tonneau de poids de ces marchandises ; la quotité du fret est établie dans un tarif officiel dressé par l'Administration, avec le concours des Chambres de Commerce, et dans lequel l'unité d'encombrement est toujours restée les 42 pieds cubes primitivement adoptés, (aujourd'hui, en mesures métriques, 1^{mc},44) [1].

---

1. Il ne sera pas inutile d'ajouter ici quelques explications un peu plus détaillées au sujet du *tonneau de fret*.

Le tonneau de fret, comme le tonneau de jauge ou tonneau d'encombrement, dérive de l'ancien tonneau de poids ou tonneau de mer de 2.000 livres, aujourd'hui 1.000 kilogrammes ; mais comme, sous ce poids, les marchandises légères occupent un plus grand volume que les marchandises lourdes, le prix du fret a été établi pour elles d'après l'emplacement qu'elles occupent dans le navire ; et, quand les armateurs chargent au poids des marchandises légères, la tonne de fret est inférieure à 1.000 kilogrammes.

Ainsi, pour les boissons, le tonneau de fret, comme l'ancien tonneau de jauge, est de 4 barriques de 230 litres occupant dans le navire un peu plus de 1^{mc},44. Pour les marchandises lourdes, le tonneau de fret est le poids de 1.000 kilogrammes, quel que soit le volume. Enfin, pour certaines marchandises

RÈGLE ANGLAISE DE JAUGEAGE DE 1773[1]

En Angleterre, antérieurement à l'année 1836, le tonnage était calculé d'après la règle suivante, établie en 1773, et connue sous le nom de *Builders measurement* (tonnage du constructeur) ou de *Old measurement* (tonnage ancien) :

« Pour obtenir le tonnage d'un navire, multipliez la lon-« gueur du navire pour le tonnage (*length for tonnage*), par « la largeur et par la moitié de la largeur (prise pour la pro-« fondeur),— toutes ces dimensions étant prises en pieds « anglais — et divisez par 94. »

---

très légères, chargées au volume, l'affréteur taxe quelquefois le prix du transport en rapportant le volume plein des caisses au mètre cube ; mais cette manière de calculer le fret ne change rien à la valeur officielle du tonneau d'encombrement qui est toujours restée fixée à 1^{mc},44.

En Angleterre, la tonne de fret varie, quant au poids, d'après les mêmes considérations qu'en France ; elle est de 20 quintaux (1.015 kilogrammes) pour les marchandises lourdes, et d'un poids plus faible pour les marchandises légères. Le volume auquel on rapporte le poids de la tonne de fret est le plus généralement de 50 pieds cubes anglais, quelquefois 52 (1^{mc},42 à 1^{mc},47), et diffère, par conséquent, très peu du tonneau français de 1^{mc}44. Pour les marchandises les plus légères, chargées au volume, le fret se compte à raison de 40 pieds cubes (1^{mc},13) au tonneau.

1. Antérieurement à la règle de jaugeage de 1773, d'autres règles de jaugeage étaient déjà appliquées en Angleterre.

On peut citer, notamment, une règle édictée dès 1694 par les Acts 6 et 7 Guillaume et Marie « en raison de diverses fraudes, supercheries et nouveaux abus dans les comtés de Northumberland et Durham pour le mesurage et la marque des carènes ». Cette règle fut plus tard étendue en vertu de l'Act 15 George III, pour les navires charbonniers, à tous les autres ports de la Grande-Bretagne, dans les termes suivants :

« Les navires seront mesurés par un poids mort de plomb ou de fer compor-« tant 20 *hundred weight avoir-du-poids* à la tonne, et ils seront marqués et « *nailed*, comme il est dit ci-dessus pour indiquer la quantité de charbon qu'ils « peuvent porter jusqu'à la marque tracée. »

On voit, d'après cette ancienne règle anglaise de jaugeage, que, dans les premiers temps, en Angleterre, comme en France, le tonnage d'un navire représentait le nombre de tonnes de poids qu'il était capable de porter avec sécurité, c'est-à-dire le volume entre la ligne de lest et la ligne de chargement, ou, en d'autres termes, la différence entre son déplacement sur lest et son déplacement en charge exprimés en tonnes. Cette différence était très correctement appelée la *portée du navire*.

Il est à peine besoin de faire remarquer qu'à l'époque où l'Act 15 George III a été édicté, les navires auxquels il s'appliquait étaient comparativement de

La longueur pour le tonnage s'obtenait en retranchant de la longueur du pont supérieur, savoir : 1° les 3/5 de la largeur du maître-bau ; 2° les 2/10 de la hauteur de la barre d'Hourdi au-dessus de la quille ; 3° enfin, une longueur représentant la projection de l'étrave et de l'étambot sur le pont dans l'épaisseur du bordé.

Les données manquent relativement à la manière dont cette formule de jauge a été établie. Ce que l'on peut constater seulement, c'est qu'elle était à peu près la même que la règle hollandaise alors en usage, avec de légères différences seulement dans la manière de prendre les dimensions, mais avec le même diviseur 94 trouvé, paraît-il, auparavant, par les capitaines hollandais. L'une comme l'autre règle revenait à prendre plus ou moins approximativement le volume du parallélipipède circonscrit à la cale (en pieds cubes de la nation) et à diviser ce volume par 94[1].

---

petites dimensions, en sorte que la règle prescrite pour déterminer leur capacité de transport au poids pouvait être facilement appliquée.

En même temps que la règle de jaugeage ci-dessus était appliquée aux navires charbonniers, une autre règle, édictée (vers 1720) par l'Act 6 George I, et différant entièrement, comme principe, de la précédente, était appliquée pour les navires faisant les transports de spiritueux.

Cette règle était la suivante :

« Prendre la longueur de la quille à l'intérieur, la largeur à l'intérieur au « maître-bau, de bordage à bordage, et la moitié de la largeur pour la profon « deur ; multiplier alors la longueur par la largeur et le produit par la profon- « deur ; enfin, diviser le produit final par 94 ; le quotient donnera le véritable « chiffre du tonnage. »

Les données manquent relativement à la manière dont cette règle a été établie. On peut constater seulement qu'elle est à peu près la même que la règle hollandaise en usage vers le même temps, avec de légères différences seulement dans la manière de prendre les dimensions, mais avec le même diviseur 94, dont la détermination paraîtrait devoir être attribuée aux anciens capitaines hollandais. (Voir, à ce sujet, la note de la page 21.)

C'est l'Act concernant les transports des spiritueux, au lieu de l'Act relatif aux transports des charbons qui a formé la base du premier Act général 13 George III, de 1773, sur le jeaugeage des navires. Plus tard, en 1819, comme on le verra plus loin, un Act additionnel 59 George III fut édicté pour la déduction de la longueur de la chambre des machines dans les navires à vapeur.

1. On remarquera que la règle anglaise faisant entrer dans la formule une longueur moindre que celle du pont, et le pied anglais étant plus grand que le

RÈGLE FRANÇAISE DE JAUGEAGE DU 12 NIVOSE AN II (1er JANVIER 1794)

La règle de jaugeage de 1681 avait donné une définition précise de la jauge ; mais son application présenta de grandes difficultés et de sérieux inconvénients : la mesure de la capacité de la cale, en effet, était faite suivant des procédés très imparfaits, variables d'une localité à une autre, en sorte que des navires semblables, jaugés dans des ports différents, étaient loin d'y avoir la même jauge : celle-ci présentait souvent, au contraire, les plus choquants écarts.

Ce n'est néanmoins, comme on va le voir, qu'un siècle plus tard, après la Révolution de 1789, que la règle de 1681 a été remplacée par une nouvelle règle de jaugeage d'une application plus pratique.

L'Assemblée Nationale Constituante décréta d'abord, le 9 août 1791, « qu'il y aurait pour tous les bâtiments de « mer une méthode de jauger uniforme qui serait déterminée « par un règlement ».

En exécution, un premier décret de la Convention Nationale du 27 vendémiaire an II (18 octobre 1793) détermina, comme suit, la manière de calculer le tonnage des bâtiments.

Décret du 27 vendémiaire an II. — « Art. 34. — Le tonnage des bâtiments sera calculé ainsi : déduire de la « longueur du maître-pont les 3/5 du bau ; multiplier le « reste par la largeur du bau; multiplier encore par la « moitié de la largeur du bau pour la profondeur de la « cale, puis, diviser par 95. Si le bâtiment n'a qu'un « pont, multiplier sa longueur et sa largeur par la profon- « deur de la cale, et puis diviser par 95. »

---

pied d'Amsterdam d'environ 1/14, les chiffres de tonnage donnés par la formule anglaise se trouvaient assez notablement moindres que ceux qu'aurait donnés l'application de la formule hollandaise.

Comme on peut le voir par la comparaison des textes, cette règle de jaugeage n'était autre que la règle anglaise de 1773, seulement avec le diviseur 95 au lieu de 94.

Le décret du 27 vendémiaire, an II, n'avait probablement été rendu qu'à titre provisoire, car, peu après, une Commission dont aurait fait partie, paraît-il, le géomètre Legendre, fut instituée pour étudier à nouveau la question du mode de jaugeage des navires ; et c'est après avoir entendu le rapport de cette Commission [1] que la Convention rendit le nouveau décret suivant :

Décret du 12 Nivôse an II. — « Le tonnage des bâtiments « sera calculé de la manière suivante : ajouter la longueur « du pont prise de tête en tête à celle de l'étrave à l'étambot ; « déduire la moitié du produit ; multiplier le reste par la « plus grande largeur du navire au maître-bau ; multiplier « encore le produit par la hauteur de la cale et de l'entre- « pont et diviser par 94. Si le bâtiment n'a qu'un pont, « prendre la plus grande longueur du bâtiment, multiplier « par la plus grande largeur du navire au maître-bau, et le « produit par la plus grande hauteur et diviser par 94. »

Cette nouvelle règle de jaugeage, qui, tout au moins dans son principe, était encore en vigueur au début de l'exploitation du canal maritime, consistait, comme on le voit, à déduire la jauge légale du parallélipipède circonscrit. Elle se traduisait, en définitive, par la formule suivante :

$$\text{Jauge} = \frac{\text{P (volume du parallèlipipède circonscrit en pieds cubes)}}{94};$$

Cette formule, d'ailleurs, n'était autre que la formule hollandaise alors en usage et trouvée cinquante ans auparavant par les capitaines hollandais [2].

1. Malgré toutes les recherches faites dans les bibliothèques publiques et dans les bureaux des Ministères, il a été impossible de trouver aucune trace de ce rapport.

2. Voir la note de la page 21.

La formule ci-dessus peut être mise sous cette autre forme faisant ressortir l'unité de jauge de 42 pieds cubes :

$$\text{Jauge} = \frac{0,446\,\text{P}}{42}.$$

Traduite sous cette forme, on voit que la règle de jaugeage ne pouvait donner le même tonnage que la règle primitive de 1681 que tout autant que la capacité du fond de cale se trouvait être exactement les 0,446 du volume du parallélipipède circonscrit.

La Commission qui avait été chargée, comme il est dit plus haut, d'étudier à nouveau la question du mode de jaugeage des navires, avait, paraît-il, cherché à établir, à l'aide de mesures prises sur un grand nombre de navires de types variés (toutefois de formes qui, en réalité, étaient peu dissemblables à cette époque), le rapport moyen existant véritablement entre la capacité du fond de cale et le volume du parallélipipède circonscrit. Il paraît difficile d'admettre que ce rapport ait été trouvé de 0,446 seulement; il semble, au contraire, probable que le rapport adopté a été volontairement choisi au-dessous de la réalité, de manière à avoir dans la nouvelle formule française de jauge le même diviseur 94 que dans les formules hollandaise et anglaise; en d'autres termes, de manière à mettre autant que possible la jauge française en rapport avec la jauge en usage dans les autres pays, notamment avec la jauge de l'Angleterre qui, en raison de la puissante marine et de l'étendue du commerce de cette nation, devait naturellement servir de régulateur. On a pu avoir aussi pour but, en forçant le diviseur, d'adoucir les taxes de navigation par la réduction du tonnage; d'avoir égard aux chargements incomplets, afin d'offrir aux statistiques commerciales une base plus rationnelle; enfin, de tenir compte des espaces non utilisables pour la marchandise et occupés par l'équipage, les rechanges et les approvisionnements d'eau et de vivres.

La règle de jaugeage du 12 nivôse an II présentait l'avantage d'une application facile et régulière ; elle a coupé court aux interprétations variables et aux fraudes auquelles pouvaient donner lieu les manières de procéder antérieures ; mais elle avait l'inconvénient d'introduire une obscurité regrettable au sujet du tonneau de jauge qui, n'étant plus que le résultat numérique d'une opération arbitraire, cessait d'avoir une définition rigoureuse. Le tonneau de jauge, en effet, ainsi que la remarque en a été faite plus haut, ne pouvait, d'après la formule, être égal aux 42 pieds cubes de la règle de 1681 que dans l'hypothèse peu vraisemblable où la capacité de la cale se trouverait être exactement les 0,446 seulement du volume du parallélipipède circonscrit. On peut affirmer que le tonneau de jauge, compris implicitement dans la formule de jaugeage de l'an II, était toujours plus élevé que 42 pieds cubes et en différait d'autant plus que la valeur vraie du rapport du volume de la cale à celui du parallélipipède circonscrit était plus éloigné du rapport hypothétique.

NOUVELLE RÈGLE ANGLAISE DE JAUGEAGE DE 1835-1836

(*New measurement*)

L'ancienne règle anglaise de jaugeage de 1773 faisait dépendre exclusivement le jaugeage de deux des dimensions du navire : la longueur et la largeur ; cette dernière dimension était même prédominante puisque l'on prenait la moitié de la largeur pour la profondeur et que l'on diminuait la longueur des 3/5 de cette même largeur. Cette règle de jaugeage produisit ce fâcheux résultat qu'un constructeur, tout en maintenant la longueur et la largeur d'un navire, pouvait, en augmentant la profondeur, en augmenter la capacité sans rien changer au tonnage. Il sacrifiait ainsi pour gagner du fret, sans payer de droit, les qualités de son bâtiment au double point de vue de la sécurité et de la vitesse de marche.

Les conséquences regrettables qu'entraînait l'ancienne

règle anglaise motivèrent une première fois sa revision en 1835-1836[1].

A cette occasion, les questions de principe furent soumises à une discussion longue et approfondie ; et c'est après avoir reconnu que la grande majorité des cargaisons, y compris les passagers, exige plutôt du volume intérieur que du déplacement ; après avoir reconnu, en outre, que la mesure du déplacement limite d'un navire présente des difficultés insurmontables dans la pratique, qu'il a été décidé définitivement d'établir le tonnage, sans préoccupation de poids, proportionnellement à la totalité des capacités intérieures du navire.

Basée sur ce principe, la règle de 1835-1836 prescrivit des procédés géométriques propres à donner une mesure très approchée des capacités de la cale, des entre-ponts, des dunettes, teugues, etc. ; et le volume total de ces capacités divisé par 92,4, représentant l'unité de jauge, donnait le tonnage. Pour les navires à vapeur, la même règle prescrivait de calculer le tonnage brut comme il vient d'être dit

1. Dès l'année 1821, le mécontentement contre la règle de jaugeage de 1773 était devenu si grand, qu'une Commission avait été nommée pour étudier une revision de la loi.

Cette Commission formula ses conclusions dans les termes suivants :

Il y avait, — disait-elle, — des raisons suffisantes d'être mécontent du mode légal de mesurage employé par suite de la grande différence existante, dans certains cas, entre les résultats du jaugeage et la véritable capacité des navires. La Commission aurait désiré dégager la question de tous doutes en proposant le mesurage de la portion du navire comprise entre la ligne de flottaison lège et la ligne de flottaison en charge ; mais elle avait considéré cette méthode comme donnant lieu à des objections insurmontables en raison de l'impossibilité de fixer la position de ces lignes d'une manière satisfaisante. La Commission, en conséquence, recommandait finalement une autre méthode qu'elle reconnaissait, pourtant, ne pas devoir annihiler les erreurs dans tous les cas. Mais le Gouvernement d'alors n'adopta pas cette recommandation.

Une coordination des divers acts sur le tonnage eut lieu par les Acts 3 et 4 Guillaume IV, et une seconde Commission fut nommée en 1833 « pour rechercher le meilleur mode de mesurer le tonnage des navires ».

Cette Commission formula l'avis « que le mesurage intérieur des navires offrirait la méthode la plus exacte et la plus convenable d'en déterminer la capacité » ; et c'est en conformité que furent édictés les Acts 5 et 6 Guillaume IV, constituant la nouvelle règle de jaugeage de 1835-1836, laquelle fut ensuite amendée par les Acts 6 et 7, puis revisée par les Acts 8 et 9 Victoria.

et d'en retrancher celui de la chambre des machines.

Bien que la nouvelle règle de jaugeage eut une supériorité incontestable sur la règle ancienne, on reconnut promptement, néanmoins, paraît-il, qu'elle était défectueuse encore, et elle ne fut pas généralement appliquée. Il importe d'ailleurs à ce sujet de faire remarquer notamment que le tonnage total du Royaume-Uni n'a jamais été constaté d'après cette nouvelle règle; et, qu'à l'époque où fut édictée la règle définitive de jaugeage de 1854, dont il sera parlé plus loin, tous les bâtiments étaient jaugés suivant l'ancienne règle.

RÈGLE ANGLAISE DE JAUGEAGE DE 1836 POUR LES NAVIRES A VAPEUR

La première loi édictée en Angleterre au sujet des déductions à faire pour les navires à vapeur remonte à 1819. D'après cette loi, la longueur de la chambre de la machine était calculée en raison de la longueur de la quille, cette dernière longueur étant alors une des trois dimensions dont la multiplication donnait le cubage pour constater le tonnage. La déduction était en proportion directe de ces deux longueurs. Elle comprenait la section entière du navire entre les extrémités de la chambre. La loi interdisait, d'ailleurs, de mettre des marchandises dans la chambre.

En 1824, rappel de la même loi, sans prohibition de mettre des marchandises dans la chambre.

Chacune de ces deux premières lois accordait la déduction d'un espace notablement plus grand que celui réellement occupé par la machine, ce qui prouve indirectement que l'on avait voulu accorder un espace pour le combustible.

Le grand défaut de ces lois était de permettre que la machine pût être installée en deux compartiments très espacés entre lesquels on trouvait moyen d'intercaler des cabines et une cale prélevées ainsi sur un espace qui avait été déduit du tonnage.

En 1836, intervint une nouvelle loi qui prescrivit de prendre pour base de déduction le contenu cubique de la chambre entre les cloisons extrêmes. Cette loi avait l'avantage de donner un jaugeage exact de l'espace au lieu d'une proportion variant en raison de la longueur; mais, comme la précédente, elle avait le défaut de soumettre à la déduction toute la section du bâtiment comprise entre les cloisons extrêmes.

Rappelons que ce n'est qu'en 1854 qu'ont été édictées les règles définitives de jaugeage à la fois pour les navires à voiles et pour les navires à vapeur.

RÈGLE FRANÇAISE DE JAUGEAGE DU 28 NOVEMBRE 1837 POUR LES BATIMENTS A VOILES

Sur les réclamations des armateurs français, se plaignant de ce que les règles de jaugeage employées en Angleterre et en Amérique donnaient des résultats très inférieurs à ceux de la règle française de l'an II, ce qui constituait un état d'infériorité très préjudiciable pour le commerce maritime français, la nécessité fut reconnue de modifier cette règle de l'an II.

Une loi du 5 juillet 1836 relative aux douanes édicta tout d'abord, en ce qui concerne le jaugeage des navires, la disposition suivante :

« Art. 6. — Des ordonnances du roi pourront modifier « le mode d'établir la jauge des navires du commerce, « afin d'en rapprocher les résultats de ceux que produit la « méthode adoptée par les autres pays de grande naviga- « tion. »

Une autre loi, du 4 juillet 1837, prescrivit d'ailleurs, d'une manière générale, l'emploi exclusif des mesures métriques.

Intervint alors, à la date du 18 novembre 1837, une ordonnance royale qui édicta la nouvelle règle de jaugeage suivante :

ORDONNANCE ROYALE DU 18 NOVEMBRE 1837

Article premier. — A partir du 1er mai 1838, le jaugeage « des bâtiments à voiles du commerce dans les ports français « aura lieu anisi qu'il suit :

« Les trois dimensions principales servant à l'évaluation « du tonnage continueront à être prise conformément à « la loi du 12 nivôse an II.

« Ces trois dimensions serons exprimées en mètres et « fractions décimales du mètre.

« Leur produit, divisé par le nombre 3,80, exprimera le « tonnage légal des bâtiments. »

La nouvelle règle de jaugeage se traduisait donc par la formule suivante :

$$\text{Jauge} = \frac{\text{P(produit des trois dimensions du navire, mesurées en mètres)}}{3{,}80}.$$

Le diviseur 3,80 avait été obtenu en substituant le diviseur 110 au diviseur 94 dans la formule de jauge de l'an II[1].

L'ancien tonnage se trouvait ainsi réduit d'environ 1/6.

Nous croyons utile de reproduire ici, en raison des considérations qui y sont développées pour justifier la nouvelle règle de jaugeage établie par l'ordonnance de 1837, le rapport au roi à la suite duquel cette ordonnance à été rendue.

Rapport au Roi

Tous les gouvernements, lorsqu'ils ont établi des droits sur le corps des navires, ont cherché à les rendre proportionnels à la quantité de marchandises que ces navires peuvent prendre à fret, c'est-à-dire à leur capacité utile, qu'on appelle *tonnage*.

Le tonnage devenant ainsi la mesure des droits de navigation, il importe de le constater aussi exactement que possible, afin qu'il n'y ait dommage ni pour l'Etat, ni pour l'armateur.

---

1. Un mètre cube étant égal à 29,17 pieds cubes, le diviseur de la formule en mesures métriques devait être $\frac{110}{29{,}17} = 3{,}77$, en nombre rond 3,80.

En France, la loi du 12 nivôse an II est la dernière qui ait réglé le mode de constater la jauge légale des bâtiments de commerce; elle l'a fait d'après le travail des hommes les plus compétents; parmi eux se trouvait Legendre. Aussi est-il reconnu que, si les besoins du commerce n'avaient pas obligé à changer la forme des navires qui transportent certaines marchandises encombrantes, les formules employées depuis quarante-quatre ans seraient encore plus exactes qu'aucune de celles qui ont été postérieurement essayées en différents pays.

Si l'on n'avait à s'enquérir que des changements survenus dans le mode de construction, peut-être ne serait-il pas indispensable de revenir sur notre jauge actuelle, attendu que, si ces changements, qui ont principalement pour objet d'exhausser les bords des navires, font ressortir un tonnage plus considérable, dont une partie n'est pas utilisée, ils donnent aussi plus de bénéfices.

Mais d'autres pays de grande navigation ont tenu compte de ces changements et, sans se préoccuper de calculs trop rigoureux, ont surtout voulu favoriser le commerce. A cet effet, ils ont adopté pour la jauge des méthodes qui n'atteignent pas toute la profondeur du navire et dont l'application produit un tonnage moindre que le nôtre. De là résulte pour les bâtiments français un désavantage relatif qui, depuis longtemps, fait l'objet de vives réclamations. Il est effectivement très réel, car ce n'est pas seulement la perception des droits exigibles dans les ports du royaume qui s'opère d'après notre jauge légale, c'est encore celle des droits étrangers, toutes les fois que l'on s'en rapporte aux papiers de bord exhibés par les capitaines français.

On a souvent mis cette circonstance au nombre des causes qui empêchent notre marine marchande de prendre le rang qu'elle devrait naturellement avoir.

Mais quoique à cet égard il y ait eu quelque exagération, nous avons voulu nous mettre en mesure de faire droit à ce que les plaintes du commerce avaient de fondé; et c'est dans ce but que nous avons obtenu de la dernière législature l'autorisation de changer le mode de jaugeage déterminé par la loi du 12 nivôse an II.

Mais, avant d'user de ce pouvoir, nous avons désiré vérifier les faits et arrêter avec certitude tous les termes de la question. A cet effet, nous avons formé une Commission composée d'hommes spéciaux et à laquelle tous les renseignements nécessaires ont été fournis. Avant de formuler son avis, cette Commission a demandé que des expériences comparatives fussent faites dans plusieurs ports et sur un grand nombre de bâtiments, afin de constater les divers résultats que devait produire l'application simultanée, aux mêmes navires, de notre jaugeage actuel, du jaugeage anglais suivant le bill du 9 septembre 1835, du jaugeage américain et de celui que les calculs déjà vérifiés sembleraient devoir faire adopter.

C'est d'après ces expériences comparatives, dues aux soins de l'administration des douanes, que la Commission a reconnu que, pour des navires d'une construction spéciale, et comparativement à la jauge américaine, la nôtre produisait un excédent d'un cinquième. Passant ensuite à la recherche des moyens par lesquels on pourrait relever notre navigation du dommage qui la grève : en France, dans le cas où elle est passible de taxes, et, à l'étranger, lorsqu'on s'en rapporte aux chartes-parties dont elle est pourvue, la Commission a reconnu qu'il suffisait de changer un seul des termes donnés par la loi de l'an II pour former le calcul du tonnage ; ce terme est le diviseur qui, de 94, doit être élevé à 110, chiffre auquel se substitue le nombre 3,80 dans le calcul décimal dont la loi du 4 juillet ne permet plus de s'écarter.

Il est à peine besoin de faire remarquer que la règle de jaugeage, consacrée par l'ordonnance de 1837, conservait le même caractère que celle de la loi du 12 nivôse an II. Seulement le *tonneau de jauge*, dont la définition restait aussi vague que par le passé, se trouvait augmenté dans le rapport des diviseurs de l'ancienne et de la nouvelle formule. Quant au *tonneau d'encombrement*, représentant le volume moyen d'un *tonneau de poids* et servant dans les usages commerciaux à établir le prix du fret, c'était toujours les 42 pieds cubes primitifs, représentés désormais par $1^{mc},44$.

RÈGLE FRANÇAISE DE JAUGEAGE DU 18 AOUT 1839 POUR LES NAVIRES A VAPEUR

Dans le but de favoriser l'essor de la navigation à vapeur, — inconnue à l'époque du décret du 12 nivôse an II, — une Ordonnance royale du 8 août 1821 avait prescrit une première règle de jaugeage pour les navires à vapeur, consistant, en résumé, à ne pas faire entrer dans le calcul du tonnage, suivant la règle de l'an II, l'espace occupé par la machine et par son approvisionnement de combustible.

Une nouvelle Ordonnance royale du 18 août 1839 fixa invariablement, pour les navires à vapeur, à 40 0/0 du tonnage brut, évalué d'après la règle de jaugeage de 1837, la déduction à opérer pour tenir compte de l'espace occupé par les machines et l'approvisionnement de combustible, et avoir ainsi le *tonnage net*.

Cette déduction fixe de 40 0/0, admise à l'origine pour les navires à vapeur, se trouvait alors assez en rapport d'approximation avec le mode de détermination de la jauge brute; mais l'extrême variabilité des conditions dans lesquelles se trouvèrent bientôt les navires à vapeur fit que cette déduction devint promptement et de plus en plus en désaccord avec les faits.

RÈGLE ANGLAISE DE JAUGEAGE DE 1854[1]

La règle anglaise de jaugeage de 1835-1836 (*New measurement*), — ainsi qu'il a été mentionné précédemment, — ayant été promptement reconnue d'une exactitude insuffisante, la question du mode de jaugeage fut de nouveau mise à l'étude; des Commissions d'enquête furent instituées à cet effet; finalement, une nouvelle règle de jaugeage proposée par Moorsom fut édictée par le *Merchant shipping act* de 1854.

C'est cette dernière règle de jaugeage qui est depuis lors en usage dans le Royaume-Uni; quelques modifications de détail y ont été seules apportées par des bills successifs, le dernier et le plus important datant de 1889. Les principes de ce dernier bill sont inscrits au *Merchant shipping consolidation act* de 1894.

Au lieu de la méthode empirique de l'ancienne règle de jaugeage qui ne tenait aucun compte des formes si variables

1. La règle de jaugeage de 1835-1836, bien que revisée ultérieurement, donnant lieu encore à des résultats inexacts et pouvant encore être éludée, une troisième Commission avait été nommée en 1849 « dans le but de rechercher les défauts de la méthode de mesurage des navires pour le tonnage ». Cette Commission, contrairement à la précédente, estima « que la base équitable sur laquelle devaient être perçus les droits de docks, de feux, de ports, et autres, était celle de la contenance cubique entière des navires mesurée extérieurement ». Mais cet avis fut repoussé par les intérêts maritimes. De nouvelles commissions d'enquête furent alors instituées, et c'est à la suite de leurs travaux et conformément aux propositions de l'amiral Moorsom, qu'intervint, enfin, le *Merchant Shipping act* de 1854.

des navires, le système Moorsom était basé sur un mode de mesurage des capacités intérieures du navire qui s'approchait aussi exactement que possible d'une détermination géométrique.

La règle anglaise de jaugeage de 1854, que l'on désigne habituellement sous le non de système Moorsom, consiste essentiellement à prendre pour base de l'établissement de la jauge des navires le volume exact de toutes les capacités intérieures propres à recevoir du chargement tant au-dessus qu'au-dessous du pont, et à fixer comme unité de jauge un certain volume qui, ici, a été choisi de manière à donner dans les applications des résultats concordant autant que possible avec ceux de la règle ancienne et a été trouvée par Moorsom devoir, dès lors, être fixé à 100 pieds cubes anglais[1], le volume des capacités intérieures étant lui-même évalué en pieds cubes. On obtient ainsi le *gros tonnage* ou *tonnage brut.* Touchant les déductions à faire pour les navires à vapeur, deux méthodes sont laissées à la disposition des armateurs : ou bien, on mesure exactement, pour le déduire du tonnage brut, l'espace réellement occupé par l'appareil moteur, avec augmentation, pour tenir compte des soutes à charbon, de moitié ou de trois-quarts suivant qu'il sagit de navires à roues ou de navires à hélice ; ou bien, le plus souvent, la déduction se fait d'après un certain pourcentage du tonnage brut. Le résultat de la déduction par l'une ou l'autre méthode donne le *tonnage net.*

---

1. Moorsom, avant de formuler sa proposition, avait constaté, paraît-il, — d'après une remarque faite par le délégué russe à la 5e séance de la Commission internationale réunie à Constantinople, en 1873, — que le tonnage total enregistré de la marine marchande anglaise était alors, d'après l'ancienne règle de jaugeage de 1773, de 3.700.000 tonneaux. Il aurait constaté, en même temps, que, par l'application de son système de mesurage, la capacité totale de cette immense flotte était réellement de 363.412.456 pieds cubes anglais. En divisant cette capacité réelle totale par le tonnage total de registre, on devait obtenir le nouveau diviseur à adopter pour maintenir à son chiffre ledit tonnage de registre. Moorsom ayant ainsi trouvé pour diviseur 98,22, il avait, pour la facilité des calculs, adopté le diviseur 100.

Pour permettre d'apprécier l'ordre d'idées et l'ensemble des considérations qui ont guidé Moorsom dans l'élaboration de son système de jaugeage, nous donnerons ici quelques extraits d'une communication faite par lui, en 1860, au sujet de la nouvelle règle de jaugeage, devant l'*Institution of naval architects*.

Les règles pour la détermination du tonnage des navires, telles qu'elles sont prescrites par la nouvelle loi du *Merchant shipping act*, 1854, ayant été appliquées pendant près de cinq années, durant lesquelles environ 16.000 navires anglais et un nombre beaucoup plus grand de navires étrangers ont été mesurés en conformité, l'expérience ainsi faite a démontré que l'application du système entier était éminemment satisfaisante, excepté en ce qui est de la déduction accordée aux steamers pour leur appareil de propulsion, ainsi qu'il sera expliqué ci-après.

1. D'après la nouvelle loi, le tonnage est simplement la capacité intérieure de la cale du navire en pieds cubes (estimée par une des règles de Sterling) et divisée par 100, de manière à faire ressortir, avec tous espaces additionnels construits sur le pont, aussi près que possible le même total de tonnage nominal que par les anciennes lois ; de telle sorte que le tonnage de statistique du royaume ne soit pas altéré, non plus que tous revenus qui, depuis l'origine, peuvent avoir été fondés sur cette base. On voit par là que la tonne nominale (tonneau-type) de la nouvelle loi consiste simplement en 100 pieds cubes.

Il a été bientôt généralement reconnu que le principe du nouveau système de jaugeage constitue un mode pratiquement exact de mesure de tous espaces propres à recevoir des marchandises ou à l'accomodation des passagers, et que tous les mesurages ou dimensions y indiqués sont de nature, par leur nombre et par leur position, à prévenir efficacement, même de la part de nos plus ingénieux constructeurs, tout essai d'échapper à leur dû effet, à quelques formes ou dimensions de navires que l'on puisse avoir affaire.

4. Il y a lieu maintenant d'observer que la question a été posée de savoir si le tonnage légal d'un navire ne devrait pas représenter, numériquement, les tonnes commerciales effectivement transportées, soit par chargement au volume, soit par chargement au poids, soit par les deux ensemble, plutôt que d'exprimer simplement, comme à présent, la capacité relative des navires. Sur ce point, il suffit de faire remarquer que le maintien du tonnage actuel du royaume a été, pour les raisons déjà mentionnées, le *sine qua non* imposé à toutes les Commissions publiques chargées de l'étude de la question. En outre, il est reconnu par la généralité du monde maritime que le mode de jaugeage actuel constitue un meilleur étalon de capacité, dans les circonstances générales, que l'es-

timation des cargaisons transportées, soit au poids, soit au volume, lesquelles doivent nécessairement varier avec les circonstances toujours variables de voyages plus ou moins longs, sans parler, d'ailleurs, de la presque impossibilité reconnue d'arriver d'une manière satisfaisante, par une règle générale quelconque, à déterminer la véritable position des lignes de flottaison lège et en charge, dont dépend uniquement la détermination des poids transportés.

C'est pour ces diverses raisons, ainsi qu'il a été indiqué plus haut, que la préférence a été donnée à une loi de la nature de celle qui est maintenant établie. Toutefois, dans le but de venir en aide au public maritime en ce qui est des points plus spéciaux des chargements effectifs, — aide à dériver uniquement du caractère légitime des présentes règles, — le papier ci-dessous a été publié avec ordre de l'adresser aux armateurs dans tous les cas de jeaugeage suivant la nouvelle loi :

« *Explications succintes sur la nature du* Register tonnage *d'un navire établi d'après le* Merchant Shipping act. 1854, *et sur les moyens faciles qu'il offre d'estimer approximativement les chargements au volume et au poids des navires.* — « 1° Le tonnage de registre d'un navire exprime sa capacité cubique intérieure tout entière en tonnes de 100 pieds cubes; en sorte qu'il suffit de multiplier ce tonnage par 100 pour connaître immédiatement la sus-dite capacité en pieds cubes; et dès lors l'armateur peut, en faisant pour les passagers, les provisions et les approvisionnements telles déductions que les circonstances du voyage peuvent le comporter, en déduire l'espace net en pieds cubes destiné à la cargaison.

« 2° Pour évaluer approximativement, pour une longueur moyenne de voyage, le chargement au volume, à raison de 40 pieds cubes la tonne, que peut porter le navire (beaucoup d'armateurs étant peu disposés à s'embarrasser des déductions sus-mentionnées), il suffit de multiplier le nombre de tonnes de registre contenues sous le pont de tonnage, tel que ledit nombre ressort du certificat de registre, par le facteur 1 7/8, et le produit donnera approximativement le chargement au volume cherché.

« 3° Pour évaluer approximativement le chargement au poids, en tonnes, qu'un navire peut transporter avec sécurité dans un voyage d'une longueur moyenne (le poids présentant une certaine relation déterminée avec la capacité intérieure) il suffit de multiplier le nombre de tonnes de registre sous le pont de tonnage par le facteur 1 1/2 et le produit donnera aproximativement le chargement aù poids cherché[1].

---

1. Suivant l'opinion d'armateurs et de courtiers expérimentés, il est tenu un juste compte des déductions à faire pour provisions, approvisionnements, etc.,

4° En ce qui est des chargements des caboteurs et des navires charbonniers déterminés comme ci-dessus, dont les courts voyages n'exigent qu'un faible équipement de provisions et d'aprovisionnements, et dont les membrures ou les coques sont de plus grand échantillon, en proportion de leur capacité, que dans les navires d'une classe plus élevée, 10 0/0 doivent être ajoutés aux résultats ci-dessus. Au contraire, environ 10 0/0 doivent être déduits pour les grands navires faisant de longs voyages.

« 5° Dans le cas du chargement au volume des steamers, l'espace occupé par la machine, le combustible et les passagers ainsi que les cabines sous le pont doit être déduit de l'espace ou du tonnage sous le pont avant l'application du facteur y afférent : et, dans le cas de leur chargement au poids, le poids de la machine, de l'eau dans la chaudière et du charbon doit être déduit du mesurage du poids entier déterminé comme ci-dessus par l'application du facteur correspondant. »

Il doit pourtant être bien compris que les évaluations telles qu'elles sont établies d'après les documents ci-dessus ne sont pas recommandées comme faisant autorité pour les armateurs ou les négociants dans la spécification de leurs contrats. Une simple estimation de chargement moyen, en effet, ne peut jamais être une base suffisamment certaine pour les arrangements financiers d'un voyage quelconque ; plus spécialement en ce qui est du chargement au poids, soit qu'il soit déterminé par son rapport moyen avec la capacité intérieure, soit à l'aide de la position supposée des lignes de flotaison lège et en charge [1].

---

par le choix entre les deux facteurs respectifs ; mais les espaces sous le pont qui peuvent être appropriés pour passagers n'étant régis par aucune règle, ils doivent, dans le cas de chargement au volume, être l'objet d'une déduction distincte à déterminer, d'après ce qui est constaté, dans chaque cas particulier.

1. Considérations présentées par M. Chapman, ancien armateur, dont l'opinion sur les questions de tonnage fait autorité en Angleterre :

Lettre à l'Editeur de la Shipping and mercantile Gazette *en mai* 1873. — « D'après l'ancienne loi de George III sur le tonnage, la capacité de transport des navires (*the Carrying capacity*) était, *grosso modo*, reconnue comme excédant d'un tiers le tonnage de registre. Il est aujourd'hui universellement admis que la tonne de registre actuelle de 100 pieds cubes de volume ne représente ni la tonne de poids ni la tonne de volume. Il en résulte que tous les anciens étalons, employés pratiquement pour calculer le poids, la capacité d'arrimage, le poids des ancres et des chaines, ou le nombre d'hommes par 100 tonnes sont abandonnés.

« Lorsque j'étais armateur, j'avais établi, pour ma gouverne, une règle grossière me donnant la quantité de tonnes-poids qu'un navire peut porter en restant navigable. La voici : en supposant un navire de 500 tonnes *gross*, suivant le nouveau jaugeage, soit 50.000 pieds cubes, ce chiffre divisé par 35 (quantité de pieds cubes contenus dans le volume d'une tonne d'eau de mer) donne un tonnage total intérieur, en volume, de 1.428 tonnes ; je divisais ce résultat

La règle anglaise de jaugeage de 1854 se traduit en définitive, en ce qui est du tonnage brut, par la formule :

$$\text{Jauge} = \frac{\text{V (volume des capacités intérieures, en pieds cubes anglais)}}{100}.$$

Il est à noter qu'avec le nouveau système de jaugeage, l'unité de jauge se trouvait désormais parfaitement définie puisque, au lieu de dépendre d'une formule empirique, elle s'appliquait au volume exact des capacités intérieures du navire. Cette unité de jauge, comme il est dit plus haut et comme l'indique la formule, est de 100 pieds cubes anglais.

RÈGLE FRANÇAISE DE JAUGEAGE DU 24 MAI 1873

La règle de jaugeage de 1837, complétée par la règle de 1839 concernant la déduction à opérer pour les navires à vapeur, était loin de donner une solution satisfaisante de la question du mode de jaugeage des navires. Les défectuosités que présentaient ces règles de jaugeage peuvent se résumer de la manière suivante :

La règle de 1837, basée sur le même principe que celle de l'an II, se rapportait à des navires construits sur un type à peu près uniforme. Par suite des progrès réalisés dans les constructions navales et des formes nouvelles données aux navires, elle était devenue tout à fait défectueuse. En outre, depuis longtemps déjà, les navires étaient pourvus de spardecks et de superstructures qui avaient pour

---

par 2, afin de tenir compte du poids de la coque et de la flottaison, et j'avais 714 tonnes, ou le tonnage de capacité d'un navire marchand de 500 tonnes de *gross register*. J'ai également cherché ce résultat en divisant les 50.000 pieds cubes par l'ancien diviseur 94, ce qui donnait un tonnage de registre officiel de 532 tonnes, et ce chiffre, augmenté d'un tiers, donne une capacité de transport de 709 tonnes-poids.

« L'excès de chargement des navires étant actuellement l'objet de beaucoup de plaintes, les inspecteurs, guidés par une telle règle générale, pourraient arriver pratiquement à l'estimation approximative de la bonne navigabilité des navires. »

résultats d'accroître notamment leur capacité, soit pour les aménagements des passagers, soit pour le transport des marchandises, et, cependant, ces constructions n'étaient jamais relevées au tonnage.

La règle de 1839 pour les navires à vapeur présentait de son côté une grave anomalie. C'était, il est vrai, à la suite d'un grand nombre de constatations, qu'à l'origine, la déduction afférente aux espaces occupés par l'appareil moteur avait été fixée d'une manière invariable à 40 0/0 du tonnage brut, quelles que fussent les machines et les chaudières, que le navire fût à roues ou à hélice. C'est qu'en effet, au début de la navigation à vapeur, les appareils étaient sensiblement identiques pour les différents navires ; la consommation du charbon par heure et par cheval indiqué sur le piston était également à peu près la même, en sorte que l'on avait pu déterminer assez exactement le rapport du volume de l'appareil à celui du navire. Mais, depuis, des perfectionnements considérables avaient été apportés, tant aux machines elles-mêmes qu'aux chaudières : c'est ainsi que les chaudières tubulaires avaient été partout adoptées et que l'emploi des hautes pressions et des grandes détentes avait permis de réduire la consommation de charbon dans de notables proportions, de la faire descendre, de 3 à 4 kilogrammes par cheval indiqué jusqu'à 1 kilogramme et même moins. Il en était résulté beaucoup moins d'encombrement, sinon pour le volume de l'appareil lui-même, du moins pour celui des soutes à charbon. Bref, les observations prouvaient que la réduction de 40 0/0 était beaucoup trop élevée ; qu'en effet, le rapport entre l'espace occupé par la machine et les soutes à charbon et la capacité totale de la coque était descendu à 25 et même dans certains cas à 20 0/0.

Une Commission dite de jaugeage fut chargée, dès l'année 1855, d'une étude en vue de remédier aux défectuosités qui viennent d'être signalées. Il lui avait été donné communication du nouveau système de jaugeage anglais récemment établi par le *Merchant shipping act*, 1854, afin de la comparer au système français de 1837-1839 et de proposer, s'il y avait lieu, les améliorations dont celui-ci paraîtrait susceptible.

La Commission conclut à l'abandon complet de la règle française et à l'adoption du principe de la règle anglaise. Elle proposa, en même temps, de supprimer l'unité spéciale connue sous le nom de tonneau de jauge et de lui substituer le mètre cube. Enfin, pour les navires à vapeur, elle proposa de déduire de la jauge brute le tonnage exact des capacités occupées par les machines et les chaudières et par l'approvisionnement de combustible.

Ce système, après un certain temps d'expérience dans les ports de commerce, donna lieu finalement à diverses objections de la part de l'Administration des douanes. Notamment, le mètre cube comme unité de jauge était repoussé par ce motif « que son emploi apporterait dans l'expression de la jauge officielle des navires des changements considérables qui entraîneraient la revision complète de tous les tarifs douaniers et de tous les articles de la législation maritime et internationale se rapportant au tonneau de jauge. » L'Administration des douanes objectait en outre que le mode proposé pour l'évaluation de la déduction à opérer pour les navires à vapeur présenterait de graves difficultés de mesurage et autres, et elle proposait quant à elle une échelle de réduction de 20 à 60 0/0 suivant l'espèce du navire : à rouet, à hélice ou mixtes et, suivant le tonnage : supérieur ou inférieur à 1.000 tonneaux.

La Commission de jaugeage fut de nouveau, en 1861, saisie de la question, mais circonscrite, cette fois, à la fixation de la déduction à opérer pour les navires à vapeur. Elle proposa de fixer cette déduction par catégories de navires, d'après la puissance nominale des machines, telle qu'elle se trouverait spécifiée sur les papiers de bord, ou, à défaut, telle qu'elle serait évaluée à l'aide de la surface des grilles des foyers. La jauge nette devait, suivant les catégories, varier de 40 à 70 0/0 de la jauge brute.

Ce nouveau système ayant été, comme le précédent, mis en expérience dans les différents ports, souleva à son tour, de la part de l'Administration des douanes, des objections fondées sur le peu d'exactitude qu'il semblait présenter.

Une nouvelle Commission fut instituée en 1863 avec la double mission :

D'une part, d'examiner le système de jaugeage en vigueur pour les bateaux à vapeur « afin de réformer la déduction fixe de 40 0/0 qui ne paraissait pas suffisamment en rapport avec l'extrême sensibilité de poids et d'encombrement des appareils à vapeur marins ».

D'autre part, d'étudier le système de jaugeage anglais établi par l'Acte de navigation de 1854 et d'émettre un avis sur l'opportunité de son adoption en France « dans le but, — proposé par le Gouvernement Britannique, — d'arriver à en faire un système de jaugeage international commun à tous les peuples ».

La Commission, dans un rapport de 1865, émit l'avis :

En premier lieu, que, si les méthodes approximatives alors en usage pour calculer la jauge brute des navires devait rester en vigueur, on pourrait fixer la déduction pour les navires à vapeur à raison de 1 tonneau 1/3 de jauge par cheval de puissance, la puissance en chevaux étant obtenue en mesurant la surface des grilles des foyers en décimètres carrés et en la divisant par 6 ;

En second lieu, que, dans l'hypothèse où l'on reconnaîtrait l'utilité de rechercher une plus grande précision dans l'évaluation des jauges, dût-on pour l'obtenir avoir recours à des méthodes plus compliquées, les règles de jaugeage anglaises de 1854 remplissaient d'une manière satisfaisante les conditions d'exactitude et d'équité; qu'à ce point de vue, elles avaient une supériorité incontestable sur les règles françaises et, qu'en conséquence, elles seraient propres à devenir les règles de jaugeage internationales.

En supposant admises les règles de jaugeage anglaises et la capacité des navires mesurée en mètres cubes, le diviseur 100 de la formule anglaise, représentant l'unité de jauge de 100 pieds cubes anglais, devrait être remplacé par son équivalent $2^{mc},83$ dans la formule française.

La Commission faisait observer, d'ailleurs, en comparant, pour un assez grand nombre de navires, les chiffres de jauge respectivement obtenus par la règle française de 1837 et par la règle anglaise de 1854, que l'adoption de celle-ci n'apporterait que des modifications insignifiantes dans la jauge des navires français, l'abaissant seulement, en moyenne, d'environ 2 0/0[1].

Elle faisait remarquer, enfin, que le tonneau de jauge, $2^{mc},83$, se trouverait être à peu près le double du tonneau d'encombrement, $1^{mc},44$.

A l'époque de l'ouverture du canal maritime à la navigation, la question de la réforme de la règle française de jau-

1. Les formules de jaugeage, avec les mesures métriques, sont les suivantes :
Pour la règle anglaise de 1854 :

$$\text{Jauge} = \frac{\text{V (volume des capacités intérieures)}}{2{,}83};$$

Pour la règle française de 1837 :

$$\text{Jauge} = \frac{\text{P (volume du parallélipipède circonscrit)}}{3{,}80};$$

Cette dernière formule peut se mettre sous cette autre forme :

$$\text{Jauge} = \frac{0{,}74\,P}{2{,}83},$$

qui montre que la règle française de 1837 ne pouvait donner le même tonnage que la règle anglaise de 1854 que tout autant que le volume des capacités intérieures du navire se trouvait être les 0,74 du volume du parallélipipède circonscrit. Or, même dans les navires à voiles, le rapport est généralement moindre. Dans les navires à vapeur construits pour une marche rapide, il descend jusqu'à 0,60.

geage n'avait pas encore reçu de solution. Le tonnage des navires français étant toujours évalué suivant la règle établie par l'Ordonnance de 1837, avec la réduction de 40 0/0 pour les navires à vapeur.

C'est surtout à partir du moment où le transit par le canal commença à prendre une certaine importance, que, de grandes difficultés s'étant produites, — ainsi qu'il sera expliqué plus loin, — au sujet du mode d'application de la taxe de navigation, la nécessité de l'adoption d'une règle de jaugeage internationale s'imposa énergiquement à tous les esprits [1].

Pour la France, en particulier, une Commission spéciale fut instituée en mai 1872 par le Ministre de l'Agriculture et du Commerce pour une nouvelle étude de la question du mode de jaugeage des navires. Sur le rapport du ministre, conforme à l'avis de cette Commission, un décret du 24 décembre 1872, exécutoire à partir du 1er juin de l'année suivante, décida l'adoption de la règle anglaise de jaugeage de 1854, seulement avec l'emploi des mesures métriques pour les déterminations des dimensions servant au calcul du tonnage. En conformité, un décret du 24 mai 1873, modifié plus tard dans quelques-unes de ses dispositions secondaires par un nouveau décret du 7 mars 1889, est venu fixer avec beaucoup détails la nouvelle règle française de jaugeage.

---

1. Dans les premiers mois de l'année 1872, le Board of trade (Ministère du Commerce de la Grande-Bretagne) avait adressé aux Puissances maritimes un memorandum dans le but d'arriver à une entente pour l'adoption d'un système de jaugeage uniforme.

La question se posait ainsi :

L'Angleterre proposait l'adoption de la méthode de jaugeage Moorsom, basée sur ce principe que, dans un navire, tout espace couvert ayant un caractère permanent et pouvant recevoir du fret était sujet au jaugeage. Le but recherché était d'obtenir l'uniformité dans la manière de calculer le tonnage brut. Quant aux déductions à faire pour l'espace occupé par le moteur et par l'équipage, elles seraient réglées, après une entente des Puissances, par une convention internationale.

Les Etats-Unis, le Danemark, l'Italie, l'Autriche et la Prusse avaient déjà adhéré à ce programme. La France, de son côté, avait adopté également le principe de la méthode Moorsom.

De même que nous avons jugé utile, précédemment, de reproduire le rapport au Roi à la suite duquel a été rendue l'ordonnance de 1837, nous croyons également utile, et pour des raisons semblables, de reproduire ici le rapport au Président de la République à la suite duquel a été rendu le décret du 24 décembre 1872.

Rapport au Président de la République

Les navires du commerce sont soumis, dans presque tous les pays, à des taxes qui se perçoivent d'après le tonnage officiel de ces navires, c'est-à-dire d'après le résultat de leur jaugeage par les agents de l'État.

En France, le tonneau de mer est fixé par l'Ordonnance de la marine d'août 1681 à 42 pieds cubes, correspondant dans le système métrique à 1^{mc},44. La méthode de jaugeage que la douane française applique remonte à la loi du 12 nivôse an II. La formule en avait été donnée par le géomètre Legendre, et elle exprimait, dans la mesure où ces appréciations sont possibles, le nombre de tonneaux de marchandises que les navires étaient présumés pouvoir prendre à fret. Mais d'autres pays ayant adopté des méthodes moins exactes, on fut amené à agir comme eux. L'Ordonnance du 18 novembre 1837, qui fait règle aujourd'hui, réduisit d'un sixième le tonnage officiel. Il équivalait avant cette ordonnance, aux 3/5 environ de la capacité totale des navires. Il n'a représenté, depuis 1837, qu'un peu plus de la moitié de cette capacité.

L'Angleterre est arrivée par une autre voie à des résultats analogues. Chez elle, le tonneau commercial de fret est compté habituellement pour 50 ou 52 pieds cubes (mesure anglaise), répondant en moyenne, à très peu près, au tonneau de 42 pieds cubes en mesures françaises. Dans la jauge officielle anglaise, le tonneau est calculé à raison de 100 pieds cubes. On lui assigne ainsi un volume presque double du tonneau commercial.

La méthode anglaise et la méthode française ont donc cela de commun qu'elles ne font porter la taxe que sur la moitié environ de la capacité totale des navires. Mais leurs procédés pratiques diffèrent essentiellement. La méthode française attribue indistinctement à tous les navires une seule forme théorique sur laquelle elle établit ses calculs. La méthode anglaise tient compte, au contraire, pour chaque navire, de sa forme effective. Le tonnage officiel anglais a, de la sorte, sur le tonnage officiel français, l'avantage d'être toujours proportionnel au volume effectif des navires. Quand il s'agit des déductions à accorder aux bâtiments à vapeur, l'avantage appartient aussi à la méthode anglaise qui calcule ces déductions d'après l'espace occupé par le moteur et ses dépendances, tandis que la méthode française les fixe uniformément aux 2/5 du tonnage total.

La plupart des nations maritimes emploient aujourd'hui la méthode anglaise. Récemment encore, elle a été appliquée en Autriche, aux Etats-Unis et en Allemagne. Après avoir pris l'avis d'une Commission spéciale, j'ai pensé avec mes collègues aux départements des Affaires étrangères, de la Marine et des Finances, que la France devait aussi adopter cette méthode. De fait, le régime actuel de notre marine ne sera pas sensiblement modifié, et notre adhésion à un système de mesurage qui tend à se généraliser aura pour elle une incontestable utilité. L'industrie maritime est essentiellement, en effet, une industrie internationale. Ses navires ont à lutter avec ceux de tous les autres pays. Il lui importe beaucoup que, partout et pour tous les pavillons, les droits de tonnage soient perçus d'après les mêmes errements.

L'article 6 de la loi du 5 juillet 1836 donne au Gouvernement la faculté de modifier les méthodes de jaugeage. En vertu de cet article, j'ai préparé un décret que j'ai l'honneur, Monsieur le Président, de soumettre à votre signature.

D'après la nouvelle règle française de jaugeage, le tonnage brut des navires est évalué suivant le système Moorsom de la règle anglaise; les déductions à faire sur la capacité totale pour espaces servant à la navigation présentent seules quelques légères différences. En ce qui est des déductions pour les navires à vapeur, la règle française stipule, — différant en partie sous ce rapport de la règle anglaise, — qu'elles comprendront les espaces occupés par l'appareil moteur ou nécessaires à son fonctionnement, ainsi que ceux occupés par les magasins ou soutes à charbon, lorsque ces magasins ou soutes sont établis à titre permanent et installés de telle sorte que le charbon puisse être immédiatement versé dans l'emplacement occupé par les machines; dans aucun cas les déductions ne doivent dépasser 50 0/0 du tonnage total. La règle française stipule encore, comme mesure transitoire, que tant que les déductions afférentes aux machines à vapeur seront calculées en Angleterre suivant les dispositions de l'Acte de 1854, les armateurs ou consignataires des navires auront la faculté de profiter des mêmes dispositions, sous la réserve que les déductions ne pourront pas dépasser 40 0/0 du tonnage brut total.

La règle française de jaugeage de 1873 se traduit, en définitive, en ce qui est du tonnage brut, par la formule :

$$\text{Jauge} = \frac{\text{V (volume des capacités intérieures, en mètres cubes)}}{2,83}.$$

$2^{mc},83$ étant l'équivalent des 100 pieds cubes de la règle anglaise et représentant désormais en France, comme ceux-ci en Angleterre, le nouveau tonneau de jauge.

§ 3. — RÈGLES DE JAUGEAGE DES DIVERSES NATIONS MARITIMES EN USAGE A L'ÉPOQUE DE L'OUVERTURE DU CANAL A LA NAVIGATION

Les diverses nations maritimes, même avant l'ouverture du canal à la navigation, montraient, depuis longtemps déjà, une tendance générale à adopter en principe la règle anglaise de jaugeage du *Merchant Shipping act* 1854, comme règle internationale de jaugeage. Ce n'est toutefois, comme la remarque en a déjà été faite précédemment, qu'à partir du moment où le transit par le canal commença à prendre une certaine importance, que de sérieuses négociations s'engagèrent entre toutes les nations maritimes pour arriver à l'adoption d'un mode de jaugeage international.

Au début de l'exploitation du canal, la situation, au point de vue des modes de jaugeage en usage chez les diverses nations maritimes était la suivante :

En Angleterre, la règle de jaugeage appliquée était celle définitivement établie par le *Merchant Shipping act*, 1854.

En France, on continuait à appliquer la règle de jaugeage de 1837, qui conduisait, comme on l'a vu, à un tonnage un peu plus élevé que celui qui serait résulté de l'application de la règle anglaise.

Les Etats-Unis avaient déjà adopté la règle anglaise de jaugeage.

Chez les autres nations maritimes, les modes de jaugeage en usage présentaient une grande diversité qui se traduisait, en définitive, par des tonnages différant, quelques-uns avec des écarts notables, du tonnage anglais.

Ainsi qu'il va être expliqué, ces différences de tonnages furent constatées officiellement par la Commission internationale dite *Commission européenne du Danube*, constituée en vertu de l'article 16 du traité de Paris du 30 mars 1856 pour l'étude et l'exécution des travaux propres à dégager les embouchures du Danube, lorsque ladite Commission eut à régler le mode d'application du droit de navigation qu'elle était autorisée à percevoir pour se couvrir de ses dépenses.

Un acte public du 2 novembre 1865, émané de commissaires délégués à cet effet par les sept Puissances signataires du traité de Paris, détermina « les droits et obligations que le nouvel état de choses établi sur le Danube avait créés pour les différents intéressés et notamment pour tous les pavillons qui pratiquaient la navigation du fleuve ». Par l'article 13 de cet acte public fut arrêté un tarif de droits de navigation portant à son article 14 la disposition suivante :

« On comprendra par la dénomination de tonneau de « jauge le tonneau de registre anglais. Le tonnage des bâti« ments sera tiré des papiers de bord. La réduction des ton« neaux des différents pays en mesures anglaises sera faite « d'après le tableau annexé au présent tarif. »

La Commission européenne du Danube avait adopté, comme on le voit, la règle anglaise de jaugeage de 1854. Toutefois, en ce qui est des déductions à faire pour l'espace occupé par la chambre des machines et les soutes à charbon dans les navires à vapeur, la règle du Danube stipule uniquement que « la déduction consistera dans le tonnage de l'espace occupé par la machine et les bouilleurs, avec addition de 75 0/0 dans le cas des navires à hélice et de 50 0/0 dans les navires à roues, pourvu que la déduction totale, excepté dans le cas de steamers employés exclusivement au remorquage, n'excède pas la moitié du gros tonnage ».

Le tableau annexé au tarif de 1865 fut revisé à l'occasion de l'adoption d'un nouveau tarif établi en novembre 1870 et appliqué à partir du 14 mars 1871.

Le nouveau tableau, indiquant les coefficients par lesquels devaient être multipliés les tonnages officiels des bâtiments des diverses nations pour les ramener au tonnage anglais, donnait notamment les chiffres suivants, se rapportant aux principales nations maritimes :

BATIMENTS	COEFFICIENTS	BATIMENTS	COEFFICIENTS
Austro-Hongrois......	0,77	Américains (Etats-Unis).	1 »
Français.............	0,94	Belges...............	0,95
Italiens..............	0,94	Danois...............	1,02
Ottomans.............	0,76	Espagnols............	1 »
Prussiens............	0,98	Hollandais...........	0,89
Russes...............	1,08	Norvégiens..........	0,98
		Suédois..............	1,02

Nous croyons devoir faire remarquer spécialement, en ce qui est du coefficient 0,94, indiqué pour les bâtiments français, que ce coefficient n'avait pas été déterminé par des constatations directes sur les rares bâtiments français fréquentant alors le Danube, mais simplement par assimilation aux bâtiments italiens pour lesquels les règles de jaugeage différaient peu alors des règles françaises. On a vu précédemment que des constatations faites en Angleterre aussi bien qu'en France avaient prouvé que la jauge des bâtiments français établie suivant la règle de 1837 ne dépassait en réalité que d'environ 2 0/0 celle qui résulterait de l'application de la règle anglaise.

II. — Modes d'application de la taxe de navigation successivement édictés par les règlements de navigation de 1870 et de 1872.

I. — MODE D'APPLICATION DE LA TAXE DE NAVIGATION ÉDICTÉ A TITRE PROVISOIRE PAR LES RÈGLEMENTS DE NAVIGATION DES 17 AOUT 1869 ET 1er FÉVRIER 1870.

Dès le mois d'octobre 1868, c'est-à-dire plus d'une année avant l'ouverture du canal à la navigation, le Président de la Compagnie avait renvoyé à une Commission, dite Commission de navigation, l'examen des conditions de la future exploitation du canal.

Cette Commission était composée d'officiers généraux de la marine et d'ingénieurs des constructions navales, des membres de la Commission consultative des travaux, des ingénieurs et des entrepreneurs du canal, enfin, du chef du service du transit et de la navigation.

L'un des objets sur lesquels la Commission était appelée à donner son avis concernait le *mode de mesurer le tonnage*.

Dans l'exposé présenté à la Commission, après avoir rappelé les termes de l'article 17 de l'acte de concession qui détermine le mode de péage dans le canal, stipulant, notamment « que la perception des droits de navigation et « autres sera faite sans aucune exception ni faveur sur « tous les navires, dans des conditions identiques, et que le « droit spécial de navigation n'excédera pas le chiffre maxi- « mum de 10 francs par tonne de capacité des navires et « par tête de passager », le Président s'exprimait ainsi :

Notre règle de conduite est toute tracée dans le libellé de l'article 17 de notre acte de concession. Notre préoccupation constante doit être de percevoir des droits strictement égaux pour les navires de toutes les nations,

Tous les navires sont porteurs de permis de navigation sur lesquels le tonnage officiel est indiqué. Le jaugeage déterminé dans chaque pays pour servir de base à la perception des impôts ou droits de toute nature que les navires ont à payer est donc très exact en principe.

Mais, ainsi que vous ne l'ignorez pas, Messieurs, la méthode de jaugeage diffère d'une manière très sensible suivant les pays, et la Compagnie ne peut percevoir des droits dans des conditions qui avantageraient certains pavillons.

Nous appelons votre examen le plus attentif sur l'adoption d'un tonneau-type et l'application proportionnelle de ce tonneau-type au tonneau officiel des diverses nations; et, permettez-nous, Messieurs, d'émettre le vœu que la mesure prise par la Compagnie du canal devienne l'occasion d'une entente internationale, désirée par tous les marins, pour l'adoption d'un même mode de mesurage officiel des navires chez toutes les nations.

La Commission était finalement appelée, en ce qui était spécialement du mode de mesurer le tonnage, à répondre aux deux questions suivantes :

Quel tonneau-type convient-il d'adopter comme base de la perception des droits?

Quel rapport existe-t-il entre le tonneau-type choisi et les tonneaux officiels des diverses nations?

Dans son rapport général daté du 14 novembre 1868, la Commission formula ainsi qu'il suit son avis sur ces deux questions.

La Commission reconnaît que le tonnage officiel anglais serait le meilleur type à adopter; mais elle constate qu'aucun rapport exact ne saurait être établi entre ce tonneau-type et le tonneau officiel des autres nations, les jaugeage n'étant pas même toujours comparables entre navires d'un même pavillon.

La question de l'unification des jaugeages étant soumise actuellement à une Commission internationale, et une solution paraissant devoir intervenir prochainement, la Commission est d'avis, qu'en attendant un règlement international, qui serait alors adopté, la Compagnie du canal doit s'en tenir purement et simplement, pour la perception des droits, au tonnage établi par les papiers de bord sans distinction de pavillon.

Telle a été, en effet, — en conformité de l'avis de la Commission, — la base de perception du droit de navigation au début de l'exploitation.

L'article 11 du règlement de navigation, promulgué par la Compagnie, le 17 août 1869, et mis en vigueur trois mois après, conformément à l'article 17 du second acte de concession, était libellé comme suit :

Les droits à payer sont calculés sur le tonnage réel des navires quant aux droits de transit, de remorquage et de stationnement.

Le tonnage est déterminé jusqu'à nouvel ordre d'après les papiers officiels du bord.

Dans un nouveau règlement, promulgué le 1er février 1870, l'article 11, conservé, fut complété par un troisième paragraphe ainsi conçu :

Pour les steamers, la perception se fait d'après le tonnage officiel net (non compris l'espace occupé par les machines).

II. — ÉTUDE D'UNE NOUVELLE BASE DE PERCEPTION DU DROIT DE NAVIGATION

Avant même la fin de la première année d'exploitation, l'Administration de la Compagnie reconnut la nécessité de procéder à un nouvel examen de la question de la base de perception des droits. Il résultait, en effet, d'un ensemble d'informations recueillies par elle, que le jaugeage officiel inscrit sur les papiers de bord et provisoirement adopté par la Compagnie comme base de perception était notablement inférieur à la capacité réelle de chargement des navires, ce qui faisait subir à la Compagnie des pertes qu'il était essentiel pour elle d'éviter; qu'en outre, ce jaugeage officiel, variait suivant les différentes nationalités, de telle sorte que certaines marines se trouvaient favorisées aux dépens des autres.

Des négociations étaient à ce moment, il est vrai, engagées entre toutes les nations maritimes pour arriver à l'adoption d'un mode de jaugeage uniforme[1], et le Ministre des Affaires étrangères de France, consulté par la Compagnie, l'avait engagée à attendre l'issue de ces négociations avant de rien changer à la base de perception établie; mais, le jour d'une entente entre les Puissances paraissant devoir beaucoup tarder, la Compagnie se trouvait dans la nécessité de passer outre et d'adopter une prompte réforme; il lui semblait rationnel, puisque l'acte de concession portait que les droits de péage seraient perçus par *tonneau de capacité*, d'établir cette capacité et et de l'adopter pour base des droits à percevoir.

La question, toutefois, était complexe : il s'agissait de savoir comment devait être entendue la tonne de capacité; quel serait le mode légal et pratique de la définir autrement qu'on ne le faisait alors ; mais on avait, en même temps, à apprécier quels avantages retirerait la Compagnie du nouveau mode d'évaluation du tonnage ou quels inconvénients en pourraient résulter au point de vue du développement de la navigation.

Afin de préparer une étude sérieuse de cette importante question, le Conseil d'administration, dès le mois de décembre 1870 (en plein siège de Paris), chargea le chef du contentieux de la Compagnie de rédiger un rapport destiné à servir d'élément à l'enquête reconnue nécessaire. L'absence

---

1. La lettre suivante, adressée le 16 octobre 1869 par le Ministre des Affaires Étrangères de France au Président de la Compagnie fait connaître la nature des négociations alors engagées :

« Je ne puis que confirmer l'exactitude des informations qui vous ont été données sur les démarches faites par le Gouvernement de l'Empereur pour provoquer l'adoption, par les diverses Puissances, d'un mode uniforme de jaugeage basé sur la méthode anglaise. Mon département s'est, en effet, préoccupé précédemment de cette importante question de concert avec les autres administrations compétentes, et sur les instances de la Commission européenne du Danube, il s'est mis en rapport avec le Gouvernement de Sa Majesté Britannique pour élaborer en commun un système international de jaugeage destiné à être soumis à l'acceptation de tous les Etats.

« Ces démarches n'ont pas encore abouti à un résultat définitif, mais elles se poursuivent, et l'ouverture du canal de Suez aura pour effet de hâter une solution qui intéresse le commerce maritime du monde entier, en faisant ressortir l'impossibilité de maintenir plus longtemps l'état de choses actuel. »

de communications avec le dehors, à cette époque, ne permettant pas de se procurer tous les renseignements utiles, le travail du chef du contentieux se trouva forcément retardé. Sans attendre la remise de ce travail, le Conseil d'Administration institua une nouvelle Commission, dite *Commission d'enquête*, chargée d'étudier la question du tonnage dans l'ordre d'idées ci-dessus indiqué, ayant pour mission « d'examiner s'il ne conviendrait pas de changer le mode de perception provisoirement adopté et s'il ne serait pas possible de substituer à la base des papiers de bord une autre évaluation de la capacité des navires ». Dans cette nouvelle Commission, comprenant, comme la précédente, des officiers généraux de la marine, un ingénieur des constructions navales, des inspecteurs et ingénieurs des Ponts et Chaussées et des Mines, figuraient, en outre, un haut fonctionnaire de chacun des trois ministères des Affaires Etrangères, du Commerce et des Finances (Administration des douanes).

La Compagnie fit publier, en même temps, que toutes les personnes, actionnaires ou autres, désirant déposer dans l'enquête qui allait s'ouvrir, seraient entendues par la Commission.

ENQUÊTE AUPRÈS DES CHAMBRES DE COMMERCE (1871-1872)

En même temps que la question du mode d'application de la taxe de navigation était étudiée par le chef du contentieux de la Compagnie, le Président, dans le but de fournir à la Commission d'enquête qui venait d'être instituée, les éléments les plus complets d'examen et d'étude, ouvrit directement, par une lettre-circulaire du 23 août 1871, une enquête sur la question auprès des Chambres de Commerce des diverses nations intéressées.

Le Président rappelait d'abord, dans cette lettre-circulaire, que le mode d'application de la taxe pratiqué par la Compagnie depuis le début de l'exploitation n'avait été adopté par elle que comme provisoire, son but étant de se renfermer strictement dans son acte de concession qui édictait un traitement égal pour tous les pavillons ; et que la Compagnie, sans attendre que les négociations entamées par le Gouvernement Français pour arriver à une unification de jaugeage eussent abouti, était intervenue directement auprès des divers Gouvernements pour obtenir cette unification.

Le Président exposait ensuite que, pendant que se poursuivaient les négociations dont il vient d'être parlé, une nouvelle question avait été soulevée, celle de savoir si, en supposant même l'unification de jaugeage réalisée, le mode de perception basé sur le tonnage net, d'après les papiers officiels du bord, donnait à la Compagnie la recette à laquelle elle avait droit en vertu de son acte de concession :

Le Président demandait donc l'avis des Chambres de Commerce sur le point de savoir si, tout en poursuivant et, au besoin, en imposant aux navires passant par le canal d'unification de jaugeage basée sur le mode de mesurage anglais, la Compagnie devait maintenir sa base de perception sur le tonnage officiel net, ou bien si elle ne pouvait pas, par l'adoption d'un autre mode d'évaluation de la capacité des navires, augmenter les droits de passage que ceux-ci payaient actuellement, sans, par là, nuire à la navigation.

Vingt Chambres de Commerce, dont la désignation suit, répondirent à l'appel du Président :

Allemagne : Hambourg ;
Angleterre : Cardiff, Liverpool, Malte ;
Belgique : Anvers ;
Danemark : Copenhague ;
France : Bordeaux, Le Havre, Nantes, Toulon ;
Indes : Bombay, Madras ;
Italie : Cagliari, Catane, Gênes, Naples, Palerme, Venise ;
Russie : Odessa, Riga.

Dans les réponses de ces Chambres de Commerce, il y a eu unanimité pour constater combien il importait de voir s'établir l'uniformité des règles de jaugeage des bâtiments de mer, ce moyen étant, aux yeux de tous, le seul pratique d'arriver à l'application exacte de la clause de l'acte de concession qui impose à la Compagnie l'obligation de percevoir le droit de passage sans aucune exception ni faveur, et intéressant grandement, en même temps, le commerce maritime de concurrence, puisque les différences de jaugeage produisent des inégalités de taxes qui mettent certains pavillons dans des conditions d'infériorité très regrettables.

L'avis des Chambres de Commerce a été également unanime pour recommander l'adoption par toutes les nations maritimes des règles anglaises de jaugeage.

En attendant un règlement international à ce sujet, les Chambres de Commerce estimaient, eu égard aux difficultés que présenterait et aux retards qu'occasionnerait un jaugeage effectif des navires avant leur entrée dans le canal, que la Compagnie, pour la perception des droits, devait s'en tenir, comme elle l'avait fait jusqu'alors, au tonnage officiel inscrit sur les papiers de bord. Elles signalaient d'ailleurs, en même temps, comme moyen de remédier aux inégalités de traitement résultant des différents systèmes de jaugeage, un mode d'application de la taxe consistant à adopter comme unité de jauge la tonne de registre anglaise et à y rapporter les unités de jauge des autres nations au moyen d'un barême de réduction.

En outre, la presque totalité des Chambres posait, en principe, qu'à partir du jour où la jauge légale serait devenue la même dans tous les pays à la suite d'une étude impartiale et complète des divers systèmes de jaugeage, ni la Compagnie ni le commerce ne pourraient valablement contester l'application qui en serait faite dans la perception des tarifs dérivant de l'acte de concession.

Ces mêmes Chambres, pour la période transitoire, se

déclaraient hostiles à toute idée de relèvement de la taxe ; elles considéraient ce relèvement comme devant être aussi nuisible aux intérêts de la Compagnie qu'au commerce maritime en ce sens qu'il entraverait certainement le développement du transit par la voie du canal.

Plusieurs Chambres étaient même d'avis que la Compagnie devrait tendre plutôt à une réduction de taxe.

Les Chambres de commerce d'Italie, allant plus loin encore, mais dans un autre ordre d'idées, exprimaient le vœu qu'une combinaison pût être trouvée permettant la suppression de tous droits, comme cela avait eu lieu pour le Sund et l'Escaut, sauf à dédommager la Compagnie de ses dépenses et sacrifices de tout genre, ce résultat ne leur semblant pas impossible à obtenir avec le concours de toutes les nations.

Quatre Chambres de Commerce seulement, les Chambres de Bordeaux, de Malte, de Madras et de Bombay admettaient le droit pour la Compagnie d'augmenter, dans une certaine mesure, la taxe appliquée au tonnage net indiqué par les papiers de bord ; elles justifiaient leur opinion à ce sujet par cette considération que la taxe perçue d'après le tonnage officiel ne représentait nullement le maximum de droit (10 francs par tonne de capacité) que la Compagnie était autorisée à percevoir aux termes de son acte de concession ; qu'en effet la jauge réelle ou véritable capacité de chargement du navire dépassait d'au moins 25 0/0 la jauge officielle ; d'où elles concluaient que la Compagnie, en percevant les droits sur la jauge officielle augmentée de 25 0/0, ne sortirait pas des conditions qui lui étaient imposées par son acte de concession ; elles n'admettaient pas, d'ailleurs, que cette faible augmentation de taxe pût nuire en rien au développement naturel du transit par le canal.

AVIS DU SERVICE DU CONTENTIEUX DE LA COMPAGNIE (octobre 1871)

Le rapport qui avait été demandé au chef du Contentieux de la Compagnie fut remis à la Commission d'enquête, le 6 octobre 1871.

Ce rapport, dans son préambule, indiquait comme suit le programme qu'avait arrêté le Service du Contentieux pour son étude :

Il s'agit d'examiner et de déterminer,

En droit :

Quelle est la mesure et la nature légale des droits et avantages institués, au point de vue du transit, par les actes de concession en faveur de la Compagnie ;

Quelles sont les charges et obligations que ces mêmes actes lui imposent dans l'intérêt du commerce général ;

En fait :

Si le mode actuellement appliqué pour la perception des droits de passage dans le canal est conforme aux diverses prescriptions obligatoires du statut souverain, constitution et condition d'être de l'entreprise ;

Si ce mode de perception ne porte pas une profonde atteinte aux recettes légitimes du canal ;

Si, d'accord avec les véritables intérêts du commerce universel, il maintient, comme il doit le faire, l'égalité, c'est-à-dire la loyauté et la réalité de la concurrence, soit entre les divers pavillons, soit entre les nationaux du même pavillon ;

Et, enfin, s'il y a lieu de rechercher et d'organiser un mode de perception légale plus utile à tous les intérêts légitimes.

Chacune des questions posées par ce programme a été l'objet d'une minutieuse étude.

L'étude spéciale des questions de fait était précédée de considérations générales sur la question du tonnage des navires.

A ce sujet, le rapport distingue du tonnage brut et surtout du tonnage net ce qu'il appelle le *tonnage réel*, consistant dans la quantité de marchandises qu'un navire peut porter à pleine charge, et il pose comme principe que l'acte de concession, en fixant le droit spécial de navigation au chiffre maximum de 10 francs par *tonneau de capacité*, a certainement entendu que ce serait le tonnage réel du navire qui devrait servir de base à la perception.

Le rapport signale ensuite, en appuyant ses dires des résultats de nombreuses constatations :

Que, par suite des différents modes en usage chez les diverses nations pour la détermination du tonnage brut, des navires identiques présentent des différences de tonnage plus ou moins importantes d'une nation à une autre et même parmi les navires d'une même nation;

Que le tonnage brut est toujours et partout inférieur au tonnage réel d'au moins 30 0/0 :

Enfin, que pour les navires à vapeur, lorsque l'on passe du tonnage brut au tonnage réel, on fait subir à la capacité du navire une nouvelle réduction d'au moins 30 0/0, de telle sorte, en définitive, que le tonnage réel subit une diminution totale qui n'est pas moindre de 50 à 60 0/0 :

D'où, cette conclusion :

Que le mode de perception provisoirement adopté par la Compagnie, consistant à prendre le tonnage net comme base d'application de la taxe de navigation, a pour double résultat de soumettre les navires des diverses nations à un traitement différent et de porter une profonde atteinte aux recettes légitimes de la Compagnie.

Le rapport termine en passant en revue divers modes de perception qui ont été proposés pour remédier à une pareille situation, et il formule finalement les conclusions suivantes :

La perception en raison de la capacité réelle du navire est la seule conforme à la loi constitutive de la Compagnie.

Dans la limite de 10 francs par tonneau de capacité pour le droit spécial de navigation, et sans limite pour les autres droits, la Compagnie est maîtresse de régler ses tarifs comme elle l'entend;

Elle est obligée de maintenir, par ces tarifs, la loyauté de la concurrence par l'égalité réelle du péage entre les pavillons et les navires de même pavillon;

La perception par le tonnage net n'est pas compatible avec ces dispositions

La perception par le tonnage net fait perdre, dès à présent, à la Compagnie au moins 50 0/0 des recettes réalisées, et cette perte menace de s'aggraver encore dans des proportions plus fâcheuses;

La perception, d'après les papiers de bord, met à la merci des Gouvernements et des jaugeurs l'augmentation ou l'abaissement des revenus de la Compagnie;

Le retour aux prescriptions de la loi constitutive de la Compagnie est juste, équitable, raisonnable, nécessaire;

Ce retour doit être adopté par le Conseil d'administration, défenseur naturel des intérêts des actionnaires;

Parmi les divers systèmes de perception proposés, deux paraissent avoir droit à l'attention toute spéciale de la Commission d'enquête, savoir :

Le système qui admettrait le péage de 10 francs sur le tonnage brut au minimum, avec préférence facultative de la Compagnie pour le prélèvement de 10 francs sur le tonnage réel;

Et le système qui prélèverait tout simplement le droit en raison de la contenance du navire vide ou plein, soit en constatant cette contenance par le manifeste du navire, soit au moyen du mesurage réclamé, ou par la Compagnie, ou par le capitaine ou l'armateur du navire, aux frais du réclamant.

AVIS DE LA COMMISSION D'ENQUÊTE (janvier 1872)

La Commission d'enquête instituée par la Compagnie le 22 août 1871 « pour examiner s'il ne conviendrait pas de changer le mode de perception provisoire et s'il ne serait pas possible de substituer à la base des papiers de bord une autre évaluation de la capacité des navires », après avoir pris connaissance du rapport du chef du Contentieux et de tous les dires produits dans l'enquête ouverte par les soins de la Compagnie, et après de nombreuses délibérations a formulé son avis sur la double question qui lui était posée le 20 janvier 1872.

Les considérations qui ont dicté l'avis de la Commission peuvent se résumer de la manière suivante :

La Commission déclarait tout d'abord qu'elle avait été unanime à reconnaître :

En premier lieu, que, s'il était constaté que le jaugeage officiel du navire n'était point équitable, la Compagnie avait le droit de le décliner et d'en adopter un autre plus en rapport avec la justice et ses intérêts ;

En second lieu, que tous les documents attestant l'insuffisance du tonnage officiel, lequel était de beaucoup inférieur au tonnage réel et était évalué sur des bases très préjudiciables aux intérêts de la Compagnie, la modification de ces bases par la Compagnie était légitime.

La question de principe ainsi résolue, la Commission s'était posée ensuite les deux questions suivantes :

1° Que devait-on entendre par le terme de *tonneau de capacité des navires* employé dans l'acte de concession ;

2° Comment devait-on évaluer le nombre de tonneaux de capacité d'un navire.

Sur la première question, la Commission était d'avis que dans l'intention des parties contractantes, le tonneau de capacité devait s'entendre du tonneau officiel français de 42 pieds cubes (en mesure actuelle, $1^{m},44$). La Commission faisait d'ailleurs remarquer que ce tonneau était à très peu près le même que le tonneau commercial anglais, lequel varie généralement de 50 à 52 pieds cubes anglais ($1^{m},42$ à $1^{m},47$).

Sur la seconde question, il y avait à décider si, le tonneau de capacité une fois déterminé, on devait en conclure qu'un navire renfermait autant de ces tonneaux que la capacité entière contenait de fois $1^{m},44$. La Commission était d'avis, à ce sujet, que, conformément à l'usage général, il y avait lieu de ne jauger que la capacité utile du navire, et, en conséquence, de faire dans la capacité totale une déduction pour le logement de l'équipage, les magasins d'agrès, les approvisionnements d'eau et de vivres, et généralement, pour toutes les parties du navire non susceptibles de recevoir des marchandises. D'après les méthodes de jaugeage en usage dans les divers pays, notamment en Angleterre et en France, cette déduction était d'environ moitié de la capacité totale. Or, la Commission avait pu constater que cette réduction était beaucoup trop forte; qu'en effet, la capacité utilisable et utilisée de la capacité des navires était, en réalité, non pas seulement de 50 0/0 de la capacité totale, mais en moyenne de 65 0/0. D'où il résultait, en prenant pour exemple et pour base la marine anglaise, qui formait à elle seule, et de beaucoup, la majeure partie de la clientèle du canal, que son tonnage officiel devait être relevé dans la propotion de 50 à 65, c'est-à-dire de 15 pour 50 ou de 30 0/0. La Commission était donc finalement d'avis que c'était au tonnage des papiers de bord préalablement augmenté de 30 0/0 qu'il conviendrait d'appliquer le prix de 10 francs que la Compagnie était autorisée à percevoir par tonneau de capacité.

L'avis qui précède ne s'appliquait qu'aux navires à voiles. Pour les navires à vapeur, la Commission rappelait que les méthodes de jaugeage en usage comportaient une réduction sur le tonnage brut pour tenir compte du poids et de l'emplacement de la machine et de ses approvisionnements; que le tonnage ainsi réduit constituait le tonnage net, et que c'était sur ce tonnage net qu'avait été perçu jusqu'alors le droit de navigation dans le canal. La Commission rappelait également que la réduction sur le tonnage brut pour obtenir le tonnage net était en moyenne d'environ 30 0/0 pour les navires anglais, uniformément de 40 0/0 pour les navires français.

La Commission admettait le principe de la réduction; mais, en même temps, elle estimait que la réduction telle qu'elle était pratiquée était un peu trop forte et qu'elle devait être ramenée à 25 0/0. D'où elle concluait naturellement que, pour obtenir le tonnage net rectifié des navires à vapeur anglais, on aurait à relever d'abord de 30 0/0 le tonnage brut et à réduire ensuite de 25 0/0. Or, on retombait ainsi à très peu près sur le tonnage brut officiel. C'était, en conséquence, ce tonnage brut officiel que la Commission proposait de prendre désormais pour base de la perception en ce qui était des navires à vapeur anglais[1].

Bien que les méthodes de jaugeage des diverses nations ne donnassent par des résultats très différents, on n'en devait pas moins tenir compte des différences, ne fut-ce que pour assurer à tous les pavillons le même traitement, ainsi que la Compagnie y était tenue par son acte de concession. C'est ce que la Commission proposait de faire en ramenant les diverses jauges officielles à la jauge anglaise au moyen d'un barème rédigé d'avance; les tonnages, ainsi modifiés devaient

1. Une importante minorité de la Commission était d'avis que la Compagnie avait le droit, pour les navires à vapeur aussi bien que pour les navires à voiles, de percevoir la taxe de 10 francs sur la capacité totale du navire. Elle invoquait à l'appui de cette opinion les considérations suivantes :

« L'acte de concession, en parlant de la capacité du navire, n'avait fait aucune restriction. Vouloir réduire le volume de la capacité imposable à celui de l'espace que peuvent occuper les marchandises, c'était faire de l'acte de concession une interprétation arbitraire en même temps que dommageable aux intérêts de la Compagnie. Les parties destinées à contenir les marchandises n'étaient pas les seules capacités utiles : les machines qui donnent la vitesse, le combustible qui alimente la machine, les agrès, les vivres, etc., ne pouvaient, en effet, être considérés comme occupant des espaces inutiles.

« Basée sur de telles distinctions, la perception deviendrait, dans certains cas, difficile à établir, et, dans d'autres, contestable. Comment, en effet, seraient taxés les navires qui ne sont établis que pour porter peu ou point de marchandises, comme les bâtiments à passagers, les remorqueurs, les navires de guerre, etc. ?

« D'un autre côté, c'était en vertu d'une moyenne générale et unique qu'était fixée la capacité utile de chaque bâtiment. Or, un navire à qui cette moyenne serait défavorable ne serait-il pas en droit de réclamer contre son inexactitude en ce qui le concerne et se refuser à l'application de cette moyenne ?

« Enfin, c'était par suite d'une hypothèse dont rien ne démontrait l'exactitude qu'on prêtait aux parties contractantes l'intention d'avoir traité d'après la manière dont se percevaient les droits de navigation à l'époque du contrat. Si, en effet, telle avait été leur intention, elles ne se seraient pas servies de l'expression de *tonneau de capacité* qui n'était pas dans les usages officiels. D'ailleurs, le Gouvernement Egyptien et la Compagnie étaient libres de prendre telle base de perception qui leur paraîtrait convenable, aussi bien la capacité totale que la contenance en marchandises, aussi bien une base en rapport avec les usages admis par les Gouvernements étrangers que sans relation avec eux. Leur droit à ce sujet ne saurait être dénié. C'était donc à tort que, dans la circonstance, on voulait faire une loi pour les parties d'errements auxquels celles-ci étaient, d'une manière absolue, maîtresses de déroger.

« Il n'était d'ailleurs pas bien exact de dire, qu'à l'époque de la concession, c'était réellement la contenance marchande qui servait de base à la taxe de navigation. Il était notoire, en effet, que, depuis longtemps déjà, les jauges officielles dissimulaient une partie variable de cette contenance, de manière à réduire les charges des navires ; qu'en ce qui concernait spécialement la jauge

ensuite servir de base à la perception des droits de la manière indiquée pour les navires anglais, soit à voiles, soit à vapeur. La Commission croyait d'ailleurs devoir recommander à la Compagnie l'usage du barême le plus récent (celui de 1871) adopté par la Commission européenne du Danube. Ce barême indiquait pour les navires à voiles des différentes nationalités les coefficients par lesquels devait être multiplié leur tonnage pour le ramener au tonnage anglais. Les

---

anglaise, qui était plus particulièrement à considérer au point de vue du canal, il était constant qu'elle n'était en rapport direct qu'avec la capacité totale (dont elle était la moitié) et qu'elle ne pouvait être considérée comme l'expression de la capacité utile.

« Dans le même ordre d'idées, comment comprendre que la règle de perception de la Compagnie dût être nécessairement déduite de celle qui était en usage dans les ports, où il ne s'agit pas de navigation, mais surtout de stationnement et de chargement et de déchargement des marchandises, tandis qu'au canal il est question de navigation proprement dite, de l'emploi d'une voie de communication?

« Les taxes, dans les deux cas, ayant des origines et des causes différentes, n'avaient aucun lien nécessaire entre elles et rien n'obligeait à appliquer à l'un des cas les usages qui pouvaient concerner l'autre.

« En résumé, on se trouvait en présence d'un texte que certains membres de la Commission proposaient de prendre à la lettre, tandis, que d'autres membres le traduisaient dans un sens qui leur paraissait être celui de l'usage. Il ne semblait pas douteux, si l'on se bornait à la question de droit, que le premier point de vue ne fût le plus avantageux pour la Compagnie. La minorité de la Commission estimait donc que la situation la meilleure à prendre serait de conseiller à la Compagnie de maintenir en principe l'intégrité de son droit, tout en en modérant l'exercice dans l'application si, d'après l'étude des faits, elle le jugeait dans son intérêt. »

Parmi les arguments que fit valoir la majorité de la Commission pour combattre l'opinion ci-dessus de la minorité, on citera notamment les suivants :

« Si le Gouvernement Egyptien, pour favoriser les intérêts de la Compagnie, était libre de l'autoriser à percevoir le droit de navigation, non seulement sur la capacité utile, mais sur la capacité totale, il n'était pas nécessaire, pour atteindre le but, de s'écarter des usages du commerce, et il suffisait pour cela d'élever le droit en respectant ces usages, auxquels il n'était pas admissible qu'on ait voulu déroger au mépris des règles admises par toutes les nations.

« Pour déterminer, d'ailleurs, la nature du tonnage que la Compagnie avait eu l'intention de taxer, il suffisait de se reporter à la manière dont elle avait établi à l'origine ses prévisions de recettes.

« Or, en consultant à ce sujet les documents publiés par M. de Lesseps, on reconnaissait que les évaluations se rapportaient au tonnage légal, officiel, de douane, et non au tonnage qu'avait en vue la minorité de la Commission et qui eut donné des résultats deux fois plus grands.

« Si l'expression *tonneau de capacité* avait été employée au lieu de ton-

mêmes coefficients pouvaient servir à la transformation du tonnage brut des navires à vapeur. Malheureusement, ce tonnage brut n'était pas toujours inscrit, avec le tonnage net, sur les papiers de bord, comme en Angleterre. Aussi, pour les navires à vapeur qui se trouveraient dans ce cas, et, également, pour les navires qui n'auraient pas de papiers de bord ou n'en auraient que de suspects, la Commission conseillait-elle à la Compagnie de jauger directement ces navires par la méthode approximative anglaise applicable aux

---

neau de fret ou tonneau de jauge, c'était uniquement parce que la Compagnie avait voulu se réserver le droit de taxer aussi bien les navires à vide que les navires en charge.

« C'était donc bien du tonnage en usage chez toutes les nations commerciales qu'il s'agissait, et il ne pouvait être question maintenant que de la rectification du mode d'évaluation de ce tonnage en ce qu'il pouvait avoir de défectueux et de dommageable pour la Compagnie.

« Enfin, il y avait lieu de faire remarquer encore que l'adoption du tonnage comme base imposable n'était pas en usage exclusivement dans les ports, où l'on prétendait à tort, du reste, qu'il ne représentait qu'un droit de stationnement et de transbordement de marchandises; mais qu'il avait été aussi et qu'il était encore employé sur les voies de communications maritimes ou d'embouchures comme élément de la taxe de navigation proprement dite : que c'était ainsi qu'il était procédé pour la traversée du Bas-Danube et qu'il l'avait été pour le Sund avant le rachat du droit de passage. »

Parmi les opinions exprimées dans le sein de la Commission d'enquête, nous croyons utile de citer encore, spécialement, quelques-unes des observations présentées par l'administrateur des douanes qui faisait partie de cette Commission :

« Le rapport au roi du 18 novembre 1837 rappelle expressément qu'à l'époque où les méthodes de jauge étaient combinées en vue de procurer au Trésor tout ce qui lui était équitablement dû, le tonnage légal exprimait la quantité de marchandises que les navires pouvaient prendre à fret, c'est-à-dire leur capacité utile.

« En définitive, capacité, port en tonneaux de fret, volume utile, tonnage légal, ont été, dans l'intention du législateur, des termes équivalents jusqu'au jour où les méthodes de jaugeage ont été volontairement faussées ; et, si ces méthodes avaient conservé leur ancienne exactitude, la Compagnie de Suez paraîtrait sans titre pour percevoir sa taxe sur un tonnage autre que celui qui serait porté aux papiers de bord.

« Ce qui autorise la Compagnie à récuser le tonnage légal actuel, c'est uniquement l'inexactitude notoire de ce tonnage. A l'exemple des Américains, tous les peuples commerçants ont modifié leur jauge dans le but avoué de dissimuler une partie de la contenance utile des navires et de réduire ainsi les charges que ces navires supportent dans les ports étrangers. La Compagnie de Suez ne peut être contrainte à subir un désavantage qui, pour elle, est sans compensation possible. Là, et là seulement, est son droit. Mais, dans cette limite, ce droit ne saurait être contesté. »

navires chargés (règle II du *Merchant shipping act* de 1854).

Enfin, pour les cas de navires renfermant des espaces couverts propres à recevoir des marchandises et qui ne seraient pas compris dans le jaugeage officiel, la Commission estimait que ces espaces pourraient être jaugés par la Compagnie d'après les règles en usage en Angleterre, et que le tonnage en devrait être ajouté à celui des papiers de bord pour servir de base à la perception.

En conséquence des considérations résumées ci-dessus, la Commission d'enquête formula finalement l'avis suivant :

AVIS DE LA COMMISSION D'ENQUÊTE

Les bases actuelles de la perception des droits de navigation sur le canal étant peu équitables et ne donnant pas satisfaction à ses légitimes intérêts, la Compagnie est fondée à les modifier;

Elle est en droit de percevoir la taxe de 10 francs par tonneau de capacité, qui lui est attribuée par l'article 17 de l'acte de concession du canal, d'après les bases suivantes :

1° *Bâtiments ayant des papiers de bord en règle.* — En ce qui est des navires de nationalité anglaise :

Pour les navires à voiles, le droit de 10 francs est applicable au tonnage officiel des papiers de bord augmenté de 30 0/0;

Pour les navires à vapeur, et dans l'état actuel de ce mode de navigation, le droit de 10 francs est applicable au tonnage brut officiel des papiers de bord;

En ce qui est des navires des autres nationalités :

Le tonnage des papiers de bord de ces navires, soit vapeurs, soit voiliers, sont d'abord ramenés au tonnage officiel anglais, d'après le barême le plus récent de la Commission du Bas-Danube, rectifié et complété au besoin; après quoi le droit de 10 francs sera applicable au tonnage ainsi converti, de la même manière que pour les navires anglais.

2° *Bâtiments n'ayant pas de papiers de bord, ou n'en ayant que de suspects, ou dont le tonnage ne pourrait pas être converti en tonnage anglais par le barême.* — Les navires de cette catégorie devront être jaugés par la Compagnie d'après la règle en usage pour le jaugeage des navires chargés, et le droit de 10 francs sera applicable au tonnage ainsi déterminé pour les navires anglais.

3° *Bâtiments ayant exceptionnellement des espaces couverts non compris dans la jauge officielle.* — Ces espaces pourront être jaugés par la Compagnie d'après les règles en usage en Angleterre pour les cas de l'espèce, et le tonnage en sera ajouté au tonnage officiel pour la perception des droits.

Après avoir formulé cet avis, la Commission d'enquête faisait remarquer, en terminant, que si ses propositions étaient adoptées par la Compagnie, il en résulterait dans les recettes savoir : pour les navires anglais, une augmentation de 30 0/0 sur les voiliers et une augmentation de 43 0/0 en moyenne sur les vapeurs, qui formaient la majeure partie du trafic du canal [1] ; pour les navires des autres pavillons, une augmentation peut-être un peu moindre sur les voiliers, mais au moins égale, sinon supérieure, sur les vapeurs ; de telle sorte, en définitive, que, sur l'ensemble du trafic, on aurait une augmentation moyenne de recette d'au moins 40 0/0. Un pareil résultat, ajoutait la Commission, serait déja considérable et de nature à contribuer, avec le progrès croissant de la navigation, à la prochaine amélioration de la position intéressante des actionnaires du canal [2].

---

1. Le tonnage net, sur lequel, à titre provisoire, se percevait le droit de navigation sur les vapeurs, en conformité de l'article 11 du premier règlement de navigation du 17 août 1869 — 1er février 1870, n'étant, en moyenne, que de 70 quand le tonnage brut était de 100, la substitution du tonnage brut au tonnage net devait effectivement avoir pour résultat de relever cette base de 30 pour 70 ou de 43 0/0.

2. La Commission faisait remarquer finalement que ce résultat serait bien plus considérable encore si l'on appliquait, dans toute leur rigueur, les idées émises par la minorité de ses membres (*), en supposant toutefois qu'un accroissement de charges donnât toujours un accroissement correspondant de produits et ne pût jamais nuire au mouvement et au développement de la navigation : le nouveau mode d'évaluation qui découlerait de cette application augmenterait en effet le tonnage imposable, non pas de 40 0/0 seulement, mais d'environ 180 0/0 (**), en sorte que la base de perception se trouverait ainsi presque triplée ; et, ajoutait la Commission, ce serait bien autre chose encore si, suivant le vœu de quelques-uns, le mètre cube était pris pour tonneau de capacité : l'augmentation serait alors d'environ 300 0/0 (***) et le tonnage imposable se

* Voir la note de la page 70.

** Pour une capacité totale de 100 tonneaux de 1mc,44, la jauge brute n'est que de 50 tonneaux, et la jauge nette les 0,70 ou 35 tonneaux.

Ainsi un tonnage net de 35 tonneaux serait remplacé pour l'application de la taxe par 100 tonneaux de capacité réelle ; d'où une augmentation de 65 pour 35 ou de 186 0/0.

*** Dans les mêmes conditions de tonnage net que ci-dessus, la capacité en mètres cubes serait de 144 tonneaux ; d'où une augmentation de 109 pour 35 ou de 311 0/0.

§ 3 — NOUVEAU MODE D'APPLICATION DE LA TAXE DE NAVIGATION ÉDICTÉ PAS LE RÈGLEMENT DE NAVIGATON DU 1er JUILLET 1872

A la suite de la longue instruction dont il vient d'être rendu compte, et après avoir consulté le Conseil judiciaire de la Compagnie, le Conseil d'administration prit, le 4 mars 1872, la décision suivante :

Le Conseil,

Considérant que la taxe de 10 francs par tonne perçue, depuis l'ouverture du canal à la grande navigation, sur le tonnage net officiel des navires, n'était établie sur cette base que provisoirement ;

Considérant que ce mode de perception ne devait être maintenu que jusqu'à l'époque où, soit par suite d'études nouvelles, soit par suite de négociations internationales déjà entamées, il deviendrait possible de fixer une base de perception plus en rapport avec la capacité réelle des navires et avec les droits accordés à la Compagnie par l'acte de concession;

Considérant que les faits constatés par les agents du transit dans le canal et les enquêtes poursuivies démontrent :

D'une part, que la taxe de 10 francs perçue d'après le tonnage net indiqué sur les papiers de bord officiel entraîne, pour les marines de pavillons différents, des inégalités de traitement contraires à la lettre et à l'esprit de l'acte de concession[1].

---

trouverait quadruplé. Les deux solutions avaient paru à la Commission également inadmissibles ; elle estimait que la moins extrême irait encore au-delà du but et ne pourrait manquer de créer à l'Administration du canal de sérieuses difficultés, soit que, voulant user de la plénitude de son nouveau droit, elle allât se heurter aux résistances universelles du commerce ; soit que, voulant, au contraire, par calcul ou par prudence, n'en user qu'avec restriction, elle se vit exposée au reproche de compromettre les intérêts de la Compagnie en négligeant de profiter de tous ses avantages. Il ne semblait donc pas bien regrettable, disait en terminant la Commission, qu'elle n'eût pu reconnaître à la Compagnie, même en principe, comme l'aurait voulu la minorité, un droit aussi étendu et qui n'aurait eu que de semblables conséquences.

1. Le *Board of trade* avait écrit, le 11 mai 1871, à l'agent de la Compagnie à Londres pour lui signaler le tort fait à la marine anglaise par la différence de mesurage des papiers de bord. Cette situation lui paraissait démontrer la nécessité pour la Compagnie de faire mesurer uniformément les navires passant par le canal au lieu d'accepter leur tonnage officiel de quelque façon qu'il fût calculé. Le *Board of trade* annonçait qu'il avait en conséquence demandé au Ministère des Affaires Étrangères d'insister à ce sujet, par qui de droit, auprès de la Compagnie.

D'autre part, que ce même tonnage net officiel est notoirement inférieur à la capacité utilisée pour le chargement et qu'il dépend d'aménagements intérieurs arbitraires, variables suivant la destination du navire et pouvant même donner lieu à contestations au sujet de leur emploi (soutes à charbon par exemple);

Considérant que, pour les navires jaugés d'après la méthode anglaise, les papiers de bord mentionnent, outre le tonnage net, dit de registre, un autre tonnage, dit gross tonnage ou tonnage brut, dépendant uniquement de la capacité totale du navire avec laquelle il est toujours dans un rapport constant;

Considérant que, dans l'état actuel des constructions navales, ce tonnage brut ou gross tonnage correspond aussi exactement que possible à la capacité totale susceptible d'être utilisée pour la cargaison :

Considérant que le pavillon britannique représente les 7/10 de la navigation totale dans le canal ;

Considérant que, dans ces deux dernières années, par l'initiative des Gouvernements ou par suite des négociations poursuivies par la Compagnie, les principales Puissances maritimes, y compris la France, ont déjà adopté ou sont d'accord, en principe, pour adopter la méthode de jauge anglaise ;

Considérant que la Commission internationale de navigation siégeant à Galatz a également adopté le tonnage anglais comme base de perception des droits à payer aux embouchures du Danube;

Considérant que le Conseil possède dans les documents de l'enquête les éléments nécessaires pour fixer d'une manière équitable et impartiale pour tous un nouveau mode de perception applicable à tous les navires transitant par le canal, quel que soit leur pavillon ;

Par ces motifs, sur la proposition du Comité de Direction, le Conseil décide :

1° A partir du 1er juillet 1872, la Compagnie universelle du Canal maritime de Suez percevra le droit spécial de navigation de 10 francs par tonne sur la capacité réelle des navires ;

2° Le *gross tonnage* ou tonnage brut, inscrit sur les papiers de bord des navires jaugés d'après la méthode anglaise *actuellememt en usage*, servira de base à cette perception ;

3° Les navires de toutes nations, dont les papiers de bord n'indiqueront pas ce tonnage établi d'après la méthode ci-dessus y seront ramenés au moyen du barême le plus récent de la Commission internationale du Danube rectifié ou complété au besoin ;

4° Les bâtiments qui n'auraient pas de papiers de bord ou n'en auraient que d'incomplets seront jaugés par les agents de la Compagnie d'après la règle *actuellement en usage* en Angleterre pour mesurer les navires chargés ;

5° Tous les espaces couverts à demeure ou provisoirement, qui ne seraient pas compris dans le tonnage officiel du navire, seront jaugés par les agents de la Compagnie, suivant la règle actuellement en usage en Angleterre, Le tonnage obtenu sera soumis à la taxe ;

6° Les bâtiments d'Etat seront traités, pour la perception des droits dus à la Compagnie, conformément aux règles appliquées aux navires de commerce.

Tout en adoptant comme base de perception de ses droits le tonnage résultant du mode de mesurage d'après la méthode indiquée, la Compagnie du canal maritime de Suez ne renonce pas, pour l'avenir, à l'application de tel mode nouveau de jaugeage qui se présenterait avec des avantages de précision supérieurs à ceux du mode actuel [1]. »

La décision du Conseil d'administration du 4 mars 1872 fut portée à la connaissance des actionnaires par le rapport du Président à l'Assemblée générale du 12 du même mois, et envoyée, le 17, aux Gouvernements de toutes les Puissances maritimes, en même temps que le public était informé par la publication du rapport du Président dans le journal de la Compagnie.

La Compagnie se trouvait ainsi en règle, en conformité de la disposition de l'article 17 des statuts qui stipule l'obligation de la publication des tarifs trois mois d'avance, pour la mise en vigueur du nouveau mode d'application de la taxe de navigation à partir du 1er juillet.

Dès le commencement d'avril, le Ministre du Commerce de France accusa réception à M. de Lesseps de la communication de la Compagnie. Loin de soulever aucune objection, le Ministre, après accord avec son collègue des Finances, indiquait de quelle manière le nouveau mode de taxation

---

1. En rapprochant de l'avis de la Commission d'enquête la décision du Conseil d'administration, on remarquera que le Conseil n'a pas donné de suite à la proposition formulée par la Commission, en ce qui concerne les navires à voiles, d'augmenter le tonnage officiel de ces navires de 30 0/0 pour l'application de la taxe de navigation. Le Conseil avait jugé, en effet, que l'expérience des deux années écoulées était concluante : qu'il était dores et déjà à peu près certain que les voiliers ne passeraient jamais par le canal que dans une proportion absolument sans importance ; enfin, que, dans le cas même où la faveur qui leur était faite, — où ils trouveraient une compensation aux frais de remorquage assez lourds qui leur étaient imposés, — les attirerait dans le canal, ce serait encore une affaire avantageuse pour la Compagnie.

devrait être appliqué aux navires français dont le jaugeage était encore réglé par l'ordonnance de 1837.

En même temps, par une déclaration du 8 avril, le *Board of trade*, en réponse à la communication qui lui avait été également faite par la Compagnie de la décision du 4 mars, faisait savoir à M. de Lesseps qu'il était heureux de la résolution prise par la Compagnie, attendu, déclarait-il, qu'il considérait comme exact le principe de la perception des droits sur le tonnage brut des navires évalué d'après la méthode anglaise de jaugeage[1].

Le *Board of trade* accompagnait d'ailleurs son adhésion de l'envoi d'un exemplaire du certificat anglais d'enregistrement sur lequel se trouvait marqué par un signe distinct le tonnage sur lequel les droits devraient être désormais payés.

Ainsi, en Angleterre, aussi bien qu'en France, le nouveau mode d'application de la taxe de navigation avait été accepté sans conteste par les deux Gouvernements. Aucune protestation n'avait d'ailleurs été formulée par les Gouvernements des autres nations maritimes.

On se rappellera, en outre, que si, lors de l'enquête ouverte par la Compagnie auprès des Chambres de Commerce, un certain nombre de celles-ci avaient critiqué le relèvement de la taxe, elle n'avaient pas, toutefois, dénié le droit de la Compagnie.

Bref, le principe de la perception de la taxe sur la capa-

---

1. Voir à ce sujet la note de la page 75.

Postérieurement à la communication du *Board of trade*, le 18 juin, l'Amirauté anglaise soumettait à la considération de la Compagnie, les conséquences qu'aurait, pour les transports indiens de Sa Majesté Britannique, le nouveau mode d'application de la taxe de navigation. Elle ne disait pas que la Compagnie avait outrepassé son droit ; elle demandait seulement un traitement de faveur pour les transports de troupes.

Plus tard encore, le 13 août, les lords de l'Amirauté, qui avaient d'abord refusé de payer les droits de transit dus par les navires de l'Etat et taxés sur le gross tonnage, firent une enquête à la suite de laquelle ils payèrent, sans réserves, les droits réclamés.

cité réelle et utilisable des navires, d'où dépendait alors l'existence financière de la Compagnie, n'avait soulevé, dans les premiers temps après sa publication, aucune réclamation étrangère.

Le droit de la Compagnie, — ainsi qu'il sera expliqué plus loin, — ne commença à être contesté qu'un peu plus tard, presque en même temps, par le Gouvernement Italien, protestant à Constantinople et à Alexandrie contre le nouveau mode d'application de la taxe, et par la Compagnie des Messageries maritimes de France, intentant, contre la Compagnie de Suez, une action devant les tribunaux français[1].

---

1. Le mouvement général du transit depuis l'inauguration du canal jusqu'au 30 juin 1872, c'est-à-dire pendant la période des trente premiers mois de l'exploitation, était représenté par les chiffres suivants :

Anglais	1.237	navires,	jaugeant	1.204.928	tonneaux
Français	182	—	—	232.806	—
Autrichiens	130	—	—	89.383	—
Italiens	93	—	—	55,235	—
Egyptiens	65	—	—	40.729	—
Ottomans	63	—	—	38.024	—
Autres pavillons	77	—	—	61.609	—
MOUVEMENT TOTAL	1.847	navires,	jaugeant	1.812.814	tonneaux

Dans le mouvement des navires français, la part des Messageries avait été de 100 navires, jaugeant 160.586 tonneaux.

On voit, par l'ensemble des chiffres ci-dessus, que, dans le mouvement total du transit pendant les trente premiers mois de l'exploitation :

La part du pavillon anglais avait été d'environ	71 0/0
La part du pavillon français	13 0/0
(La part spéciale des messageries d'un peu moins de 9 0/0)	
La part du pavillon italien	3 0/0
La part des autres pavillons	13 0/0

III. — Difficultés suscitées à la Compagnie au sujet du mode d'application de la taxe de navigation édicté par le règlement de navigation, du 1er juillet 1872. — Intervention du Gouvernement français.

(18 juin 1872-1er septembre 1873)

Pour permettre d'apprécier combien la Compagnie était fondée à vouloir jouir complètement de ce qu'elle jugeait être son droit indéniable touchant le mode d'application de la taxe de navigation, et d'apprécier en même temps le caractère de la lutte qui fut bientôt entreprise, puis poursuivie sans relâche contre elle par certains gouvernements et par les clients du canal jusqu'en 1876, où intervint enfin un accord, on rappellera tout d'abord, ici, quels furent les résultats financiers des six premières années de l'exploitation.

MOUVEMENT DU TRANSIT

ANNÉES	NOMBRES DE NAVIRES	TONNAGE	
		BRUT	NET
		Tonneaux	Tonneaux
1870.........	486	654.915	436.609
1871.........	765	1.142.200	761.467
1872.........	1.082	1.744.481	1.160.743
1873.........	1.173	2.084.922	1.367.767
1874.........	1.264	2.423.672	1.635.111
1875.........	1.494	2.940.708	2.009.984

RÉSULTATS FINANCIERS DES EXERCICES

Pendant les deux premières années où la taxe n'a été appliquée que sur le tonnage net indiqué par les papiers de bord :

1870. —	Dépenses	18.863.343f,34
	Recettes	9.274.328 ,87
	Insuffisance de recette reportée au compte de premier établissement	9.589.014f,97
1871. —	Dépenses	15.918.579f,38
	Recettes	13.276.074 ,50
	Insuffisance de recette reportée au compte de premier établissement	2.642.504f,88

Pendant les deux années suivantes où la taxe a été appliquée sur le tonnage brut à partir du 1er juillet 1872 :

1872. —	Dépenses	16.253.745f,46
	Recettes	18.325.024f,46
	Recette nette reportée à l'exercice suivant	2.071.279 »
1873. —	Dépenses	17.346.108f,42
	Recettes	24.831.126 »
	Recette nette de l'exercice	7.485.017f,58
	Recette nette de 1872	2.071.279 »
	Total	9.556.296f,58

Sur lequel a été distribué, en avril,

Le coupon de juillet 1870	5.000.000
Solde reporté sur l'exercice suivant.	4.556.296f,58

Enfin, pendant les deux années 1874 et 1875, où la taxe a été appliquée sur le tonnage adopté par la Commission de Constantinople à partir du 29 avril 1874 :

1874. —	Dépenses	18.667.567f,86
	Recettes	26.726.144 ,71
	Recette nette de l'exercice	8.058.576f,85
	Report disponible de 1873	4.556.296 ,58
	Total	12.614.873f,43

Sur lequel il a été distribué :

En février 1874, le 2e coupon de 1870.	5.000.000	10.466.500 »
En janvier 1875, le 2e coupon de 1874.	5.000.000	
Le montant des amortissements des actions de 1870 à 1874	466.500	
RESTE disponible, affecté à des travaux d'amélioration		2.148.373f,43

Le 18 août 1874, la Compagnie a contracté un emprunt de 34 millions, en coupons consolidés d'intérêts arriérés d'actions, pour payer les sept coupons arriérés des années 1871, 1872 et 1873 et du 1er semestre de 1874.

1875. —	Dépenses	17.946.547f,13
	Recettes	30.844.635 ,91
	RECETTE NETTE	12.898.088f,78

Sur laquelle il a été distribué :

Intérêts des titres des coupons consolidés.	1.700.000	11.780.500 »
Intérêts du capital social	10.000.000	
Amortissement des actions	80.500	
EXCÉDANT		1.117.588f,78
Réserve statutaire, 5 0/0		55.879 ,43
BÉNÉFICE NET		1.061.709f,35

Il ressort des chiffres ci-dessus :

Que, pendant les deux premières années d'exploitation, 1870 et 1871, non seulement les actionnaires n'ont reçu aucun intérêt, mais encore qu'il a fallu, pour parer à l'insuffisance des recettes des exercices, prélever sur les fonds de premier établissement une somme de 12.231.519 fr. 85 qui, autrement, eut été si utilement employée à des améliorations du canal;

Que, pendant les deux années suivantes, 1872 et 1873, grâce à l'application de la taxe sur le tonnage brut à partir du 1er juillet 1872, en même temps qu'au développement progressif du transit, l'ensemble des recettes nettes des deux exercices a permis, enfin, de payer aux actionnaires, en avril 1873, le premier coupon de la période d'exploitation échu le 1er juillet 1870, en laissant, en outre, un solde reporté sur l'exercice 1874;

Que, pour l'année 1874, les recettes de l'excercice augmentées du report de l'exercice précédent, ont permis de payer aux actionnaires deux coupons d'intérêts, celui du deuxième semestre de 1870 et celui du deuxième semestre de 1874 ainsi que les amortissements d'actions de 1870 à 1874, en laissant, en outre, un solde de 2.148.373 fr. 43 qui a été finalement employé à des travaux d'amélioration du canal;

Que, pendant cette même année 1874, la Compagnie a dû contracter un emprunt de 34 millions (en coupons consolidés) pour pouvoir payer les sept coupons arriérés des années 1871, 1872 et 1873 et du 1er semestre 1874;

Enfin, que ce n'est qu'à partir de 1875, et grâce à cette liquidation antérieure, qu'un dividende, bien faible encore, a pu commencer à être distribué aux actionnaires.

On voit, par ce qui précède, combien la Compagnie était fondée à se préoccuper de sa situation financière pendant les premières années de l'exploitation et à user alors de tout ce qu'elle considérait comme son droit pour chercher à l'améliorer. Nous avons à rendre compte maintenant de la lutte incessante qu'elle a eu à soutenir pendant trois années pour la défense de son droit, vivement et inexorablement contesté par des intérêts coalisés, lutte soutenue énergiquement par elle, non seulement pour la sauvegarde si légitime des intérêts de ses actionnaires, mais aussi pour la sauvegarde même des intérêts bien compris des clients du canal.

Ainsi qu'il est dit plus haut, c'est presque simultanément quoique par des voies différentes, que le Gouvernement Italien et la Compagnie des Messageries maritimes de France ont, les premiers, ouvert la campagne contre la Compagnie de Suez au sujet du nouveau mode d'application de la taxe de navigation.

Dépêche du 18 juin 1872, adressée au nom du Vice-Roi à M. de Lesseps — Réponse de M. de Lesseps. — Nouvelle dépêche du Gouvernement Égyptien.

La protestation du Gouvernement Italien fut portée, le 18 juin, à la connaissance de M. de Lesseps, par une dépêche du Gouvernement Egyptien. Il était dit, dans cette dépêche, que « Son Altesse était persuadée que, si le Conseil d'administration de la Compagnie s'était écarté du firman en décrétant la mesure en question, il serait le premier à revenir sur cette mesure ou du moins à y surseoir jusqu'à ce que les parties qui avaient participé à l'acte de concession eussent pris la détermination qu'elles seraient appelées à prendre ».

M. de Lesseps, qui se trouvait alors en Egypte, répondit aussitôt, que la Compagnie, en adoptant la base de perception du droit de 10 francs par tonne de la capacité des navires, s'était expressément conformée à la lettre du firman de concession et des statuts, au lieu de s'en écarter; que, par conséquent, elle était prête à soutenir son droit; et que tout navire devant passer par le canal à partir du 1er juillet serait tenu de payer la taxe de navigation conformément à la décision du 4 mars 1872, publiée dans les délais légaux, sans aucune opposition.

Quelques jours plus tard, le 22 juin, la Compagnie était invitée par le Gouvernement Egyptien au nom de la Sublime Porte « à surseoir à toute modification de la taxe de transit ».

26 *Juin* 1872. — *Assignation de la Compagnie de Suez par la Compagnie des Messageries maritimes de France devant le Tribunal de Commerce de la Seine.*

Dès le 13 juin 1872, la Compagnie des Messageries maritimes de France annonçait son intention de résister à l'application du nouveau mode de taxation; elle publiait à ce sujet un mémoire qu'elle faisait distribuer partout; finalement, le 26 juin, elle assignait la Compagnie de Suez devant le Tribunal de Commerce de la Seine « pour faire juger la question de la légalité de la nouvelle base de perception du droit de navigation ».

Plus tard, le 4 septembre, à l'approche du jour où l'affaire devait être appelée, la Compagnie des Messageries maritimes faisait adresser une lettre circulaire à tous les armateurs anglais pour leur demander « d'exprimer énergiquement en sa faveur leur influent concours moral »; elle jugeait, disait-elle, ce concours d'autant plus nécessaire qu'il était à craindre que l'opinion exprimée par le *Board of trade* ne lui fût opposée comme un point auquel le tribunal français pourrait attacher une grande importance; elle exprimait le désir que ce concours fût donné sous la forme d'une adresse dont le modèle accompagnait la lettre circulaire, que les armateurs devaient signer et qui contenait la déclaration d'un entier acquiescement à l'action intentée à la Compagnie de Suez. Il est à noter, d'ailleurs, que les armateurs anglais refusèrent la signature qui leur était demandée[1].

Lettre du 4 juillet 1872, *de M. de Lesseps au Ministre des Affaires Étrangères de France*

Nonobstant les injonctions du Gouvernement Egyptien et les protêts d'armateurs, le nouveau mode de perception de la taxe fut appliqué à partir du 1er juillet.

Dès son retour à Paris, M. de Lesseps s'empressa, par lettre du 4 juillet 1872, de mettre le Ministre des Affaires Étrangères au courant de la situation.

Au sujet de l'action intentée par la Compagnie des

1. Il y a lieu de mentionner pourtant que M. de Lesseps, dans son rapport à l'Assemblée générale des actionnaires du 15 juillet 1873, s'est cru autorisé à dire, qu'en même temps que l'assignation des Messageries maritimes parvenait à la Compagnie, il avait appris que certains armateurs étrangers se disposaient à résister, de leur côté, et que cette résistance avait été provoquée par la circulaire des Messageries maritimes.

Messageries maritimes, il ajoutait que, quel que dût être le jugement à intervenir, il lui semblerait fort désirable de voir les Gouvernements s'entendre pour l'unification d'une jauge de capacité réelle, afin de donner aux papiers de bord des navires de toutes les nations un caractère de vérité et de justice qu'ils n'avaient pas, depuis longtemps, et qui lui paraissait être seulement représenté par le gross tonnage du mesurage anglais.

Lettre, du 25 juillet 1872, du Ministre des Affaires Étrangères à l'Ambassadeur de France à Constantinople

Le nouveau mode de perception de la taxe de navigation avait soulevé, de la part des armateurs, de nombreuses réclamations qu'ils avaient portées devant leurs Gouvernements respectifs. Des communications ayant été adressées à ce sujet par les représentants de quelques Puissances maritimes au Ministre des Affaires Étrangères de France dans le but de connaître l'opinion du Gouvernement Français sur la suite que comportaient ces réclamations, le Ministre fit part de son intention de s'abstenir de toute intervention diplomatique jusqu'à l'issue du procès intenté en France par la Compagnie des Messageries maritimes à la Compagnie de Suez.

Et, en même temps que par dépêche du 25 juillet le Ministre informait l'Ambassadeur de France à Constantinople de cette détermination, il lui annonçait que, quant au point de savoir si l'interprétation donnée par la Compagnie aux mots *tonneau de capacité* était conforme au sens que le Gouvernement territorial avait entendu leur attribuer dans le firman de concession, « il était disposé, pour sa part, à considérer cette interprétation comme équitable, puisqu'elle tendait à prendre pour base de la perception le nombre de tonneaux représentant la capacité utile du navire au lieu du nombre de tonneaux, toujours inférieur à la réalité, qui s'obtenait par l'application des méthodes de jaugeage en vigueur chez les différentes nations ».

On vient de voir, par la citation qui précède, que le Gouvernement Français, après la mise en application du nouveau mode de taxation des navires transitant par le canal, continuait de rester, comme il s'était montré dès l'origine, entièrement favorable à l'interprétation donnée par la Compagnie aux mots *tonneau de capacité.*

On va voir maintenant, par les citations ci-dessous de déclarations faites en deux circonstances par le Sous-Secrétaire d'État des Affaires Étrangères de la Grande-Bretagne, qu'au début du moins de la nouvelle taxation, le Gouvernement Anglais, se disant, d'ailleurs, d'accord en cela avec les jurisconsultes de la Couronne et avec l'opinion du Gouvernement Ottoman, acceptait de son côté, comme du reste le *Board of trade* l'avait acceptée dès l'origine (en même temps que le Ministre du Commerce de France) la nouvelle base de perception adoptée par la Compagnie.

Déclarations du Sous-Secrétaire d'État des Affaires Étrangères d'Angleterre des 31 juillet et 7 août 1872

Le 31 juillet 1872, dans une lettre en réponse à une communication que le Président de la Chambre de Commerce de Newcastle et Gateshead avait adressée au Ministre des Affaires Étrangères relativement « aux changements effectués dans les droits du canal de Suez », le Sous-Secrétaire d'État, chargé de répondre, donnait les informations suivantes :

L'affaire, disait-il, avait été examinée de concert avec les légistes de la Couronne, et le Gouvernement, d'après ses propres informations, était d'avis que « l'interprétation donnée par la Compagnie aux mots *tonneau de capacité* des navires écrits dans son acte de concession, c'est-à-dire le gross tonnage des navires, après que déduction avait été faite de l'espace occupé par les machines et les soutes à charbon, était une bonne interprétation ». Le Sous-Secrétaire d'État disait encore, en terminant, que cette manière de procéder avait été adoptée par la Commision européenne du Danube.

Le 7 août suivant, en séance de la Chambre des Communes, répondant à une demande faite par un des membres de la Chambre, à savoir, « si des négociations quelconques avaient été entamées avec le Gouvernement Ottoman relativement à l'élévation des droits imposés depuis le 1er juillet par la Compagnie de Suez », le Sous-Secrétaire d'État des Affaires Étrangères fit la déclaration suivante :

« Par suite de communications de l'Italie et d'ailleurs, au sujet de la perception, projetée par la Compagnie du Canal, de 10 francs sur le gross tonnage et non pas sur le tonnage enregistré, l'Ambassadeur de Sa Majesté à Constantinople avait été chargé de se renseigner sur les vues de la Porte à ce sujet. Il avait fait savoir que la Porte s'était montrée disposée d'abord à croire que la Compagnie n'était pas fondée, dans les termes de la concession, à considérer le *tonnage de capacité* comme le gross tonnage ; mais il résultait d'une dépêche ultérieure de l'Ambassadeur, que la Porte, après un nouvel examen très attentif, en était arrivée à conclure que la Compagnie pouvait imposer le gross tonnage, après avoir accordé pour la machine et les soutes à charbon la même concession que la Commission du Danube. C'était aussi le point de vue admis par les jurisconsultes de la Couronne. »

Lettre du 31 août 1872, du Ministre des Affaires Étrangères à l'Ambassadeur d'Angleterre à Constantinople

L'opinion du Gouvernement Anglais sur la question, à son début, a été surtout longuement exposée et très nettement formulée dans des instructions adressées le 31 août 1872 par le Ministre des Affaires Étrangères à l'Ambassadeur d'Angleterre à Constantinople en réponse à une dépêche de celui-ci du 7 juillet.

Par cette dépêche, l'Ambasseur informait le Gouvernement de Sa Majesté Britannique que la Porte était disposée à considérer que, d'après le firman de concession, la Compagnie du Canal de Suez serait en droit de percevoir les droits sur le gross tonnage des navires, en faisant pour les machines et le charbon les déductions fixées par la Commission du Danube; que, toutefois, elle paraissait désirer de connaître l'opinion du Gouvernement Anglais avant de consentir finalement à la mesure indiquée.

Les instructions envoyées par le Ministre en réponse à cette dépêche peuvent se résumer de la manière suivante :

Le Ministre faisait observer tout d'abord que la marche que la Compagnie voulait faire prévaloir était très différente de celle qui avait été adoptée au Danube.

Après avoir rappelé la série de considérations qui avaient guidé la Compagnie dans la détermination du tonnage à taxer et d'après lesquelles ledit tonnage serait le nombre de tonnes de poids que la capacité intérieure totale d'un navire était capable de transporter, le Ministre faisait remarquer que l'ordre d'idées de la Compagnie semblait au Gouvernement de Sa Majesté être fondé sur une interprétation entièrement fausse de la signification du mot *tonnage* tel qu'il était connu du monde maritime et devoir conduire à des conséquences qui rendraient impraticable le but si désirable de l'assimilation des lois de tonnage des différents pays. En Angleterre, ajoutait le Ministre, et, autant que le savait le Gouvernement de Sa Majesté, dans tous les grands pays maritimes, la tonne, en tant qu'appliquée au mesurage des navires, était depuis longtemps, quelle qu'ait pu être son origine, simplement une unité de volume ; toute idée de recourir à la capacité de transport de poids, comme base servant à la déterminer, était abandonnée depuis longtemps dans la pratique; notamment, lors des études qui aboutirent à la règle anglaise de jaugeage de 1854, la possibilité de recourir à une semblable base avait été soigneusement examinée par la Commission chargée de ces études et finalement rejetée par elle, puis, par le Parlement ; cette base n'était d'ailleurs adoptée par aucune autre nation.

Dans de pareilles conditions, il paraissait au Gouvernement de Sa Majesté qu'il ne pouvait être fait usage de la base en question pour déterminer la signification du mot *tonneau* dans la concession du canal de Suez et que tenter d'en faire usage à semblables fins conduirait à de nouvelles difficultés.

Le Ministre faisait observer encore qu'il résultait de renseignements publiés par la Compagnie elle-même, que les recettes effectuées par elle semblaient présenter, par rapport à celles qu'aurait produites l'application de la taxe au tonnage net, un excédant qui paraissait plus élevé que celui qui serait résulté de l'application au tonnage brut; des explications lui paraissaient dès lors nécessaires au sujet de la marche réellement suivie par la Compagnie dans l'application de la taxe.

Toutefois, le Gouvernement de Sa Majesté ne méconnaissait pas les difficultés financières de la Compagnie, et il désirait voir donner à la concession qui lui avait été faite une intepr étation libérale et équitable. Il savait aussi les difficultés et les inégalités résultant des déductions pour les navires à vapeur par la règle anglaise et par les règles des autres nations. Mettant de côté la question du quantum de ces déductions ainsi que la question de l'interprétation de la concession, le Gouvernement de Sa Majesté, — déclarait le Ministre, — serait disposé, d'après les avis qu'il avait reçus, à envisager favorablement l'adoption du gross tonnage anglais comme la meilleure base de taxation. Il ne croyait pas, cependant, devoir exprimer d'opinion finale ni positive sur ce point, parce que l'on avait à prendre notamment en considération cette circonstance, que les navires à passagers de grande puissance et les navires-transports de troupes auraient, d'après ladite base, par comparaison avec les autres navires, à payer beaucoup plus que par le passé, puisque, en vertu de la concession, ils avaient à payer une taxe de 10 francs par passager ; en d'autres termes, puisqu'ils avaient, contrairement à ce qui arrivait pour les autres navires, à payer pour le chargement qu'ils transportaient aussi bien que pour l'espace qu'occupait ce chargement. Le Gouvernement de Sa Majesté ne pouvait d'ailleurs admettre que la Compagnie eût, de par les termes de sa concession, le droit de percevoir 10 francs par tonne sur le gross tonnage anglais, sans déduction, ou que, considérant la situation de la Compagnie, une pareille taxation serait juste et raisonnable.

Dans ces conditions, ajoutait le Ministre, le Gouvernement de Sa Majesté désirait savoir :

1° Quelle était la perception exacte de la Compagnie et sur quelle base elle était fondée ;

2° Quelle était la signification des termes *tonneau de capacité des navires* contenus dans l'acte de concession ;

3° Par quelle autorité cette signification devait être déterminée ;

4° Si la signification était incertaine, quelle limite de taxation il serait juste et expédient d'adopter, eu égard ; d'une part, à l'entretien du canal et aux intérêts des armateurs ; d'autre part, aux intérêts des créanciers et des actionnaires ;

5° Quelle part le Gouvernement Français et les autres Gouvernements prendraient à l'affaire.

De la solution de ces questions dépendrait, dans une large mesure, la marche que suivrait finalement, de son côté, le Gouvernement de Sa Majesté.

Avec les seules informations en sa possession, il paraissait fort difficile au Gouvernement de déterminer le maximum exact de ce que la Compagnie était en droit de percevoir en vertu de sa concession. Les mots *capacité du navire* pouvaient signifier, d'après la portée donnée aux mots, soit capacité pour porter du poids, soit capacité en volume ou en dimensions, soit capacité pour porter un chargement productif de fret, c'est-à-dire capacité en volume après déduction pour la chambre des machines et pour l'espace réservé à l'équipage. En outre, le mot *tonneau*, — en l'absence de tonnage égyptien ou turc, — pouvait signifier, soit la tonne anglaise, soit la tonne française, soit celle de quelque autre nation, ou bien un de ces types de tonne dans le cas des navires d'une certaine nation et un autre type dans le cas d'une autre nation ; et, s'il signifiait la tonne anglaise, il pouvait vouloir dire soit la tonne de gross tonnage, soit celle du tonnage net ou de registre.

Relativement à la base de mesurage et de taxation, le Gouvernement de Sa Majesté avait déjà fait connaître qu'il y avait selon lui beaucoup à dire en faveur de l'adoption du gross tonnage anglais, sans déductions, sauf à prendre en considération spéciale le cas des navires à passagers et des navires-transports de troupes.

Enfin, sur la question de savoir, dans le cas où la base du gross tonnage serait adoptée, quel taux maximum la Compagnie devrait, en bonne justice, être autorisée à percevoir, il était impossible au Gouvernement de Sa Majesté de se former une opinion sans connaître la position financière exacte de la Compagnie, ses revenus de toute nature, ses dettes et l'intérêt qu'elles exigeaient, ses dépenses courantes, les dépenses nécessaires ou désirables pour des améliorations permanentes et les prévisions d'avenir.

Dans ces conditions, le Gouvernement de Sa Majesté ne pouvait faire aucune démarche décisive, ni contre l'illégalité ou l'injustice des droits nouvellement perçus par la Compagnie, ni en faveur de la légalité et de la justice de ces droits. Il réservait son entière liberté d'action jusqu'au moment où il se trouverait en possession d'une information complète sur les points indiqués et où il serait assuré de la façon dont la question était envisagée par les principales Puissances maritimes intéressées.

Le Ministre résumait finalement comme suit les conclusions auxquelles était arrivé le Gouvernement de Sa Majesté Britannique :

Le Gouvernement de Sa Majesté ne pouvait admettre le droit de la Compagnie à donner aux termes de sa concession sa propre interprétation ;

Il ne pouvait admettre non plus les hypothèses ni la méthode par lesquelles la Compagnie paraissait être arrivée à la signification donnée par elle au mot *tonneau ;*

Il était, quant à lui, disposé à penser, comme principe général, que le gross tonnage anglais était la meilleure base de taxation ; mais il estimait, en même temps, que l'adoption d'une telle base rendrait nécessaire de prendre en considération les cas particuliers. Il ne pouvait, sans supplément d'information, exprimer d'opinion, ni sur la signification exacte des termes de la concession, ni sur le montant des droits que la Compagnie devrait, en bonne justice, percevoir.

Le Ministre terminait sa lettre en recommandant à l'Ambassadeur d'appeler sur la matière la sérieuse attention du Gouvernement Ottoman et de lui demander de ne donner au système adopté par la Compagnie aucune sanction préjugeant la question pendante.

Jugement du Tribunal de Commerce de la Seine, du 26 octobre 1872

Le jugement du Tribunal de Commerce de la Seine, dans l'action intentée à la Compagnie de Suez par la Compagnie des Messageries maritimes, fut rendu le 26 octobre 1872.

Au cours des débats, et notamment par une déclaration écrite remise au tribunal pendant le délibéré, M. de Lesseps avait soulevé une exception de compétence.

Le Tribunal rejeta cette exception, et, statuant au fond, donna tort à la Compagnie de Suez et la condamna en tous les dépens.

Lettre, du 9 novembre 1872, de M. de Lesseps au Ministre des Affaires Étrangères de Turquie

Aussitôt après le jugement du Tribunal de Commerce de la Seine, M. de Lesseps était parti pour Constantinople.

Par une lettre datée de Péra, du 9 novembre 1872, accompagnant l'envoi d'une copie du jugement, il informa le Ministre des Affaires Étrangères de la Sublime Porte qu'il avait interjeté appel de ce jugement, et qu'il comptait renouveler devant la Cour d'appel la déclaration d'incompétence qu'il avait déjà formulée devant le Tribunal de Commerce ; il priait le Ministre de le mettre en mesure de s'appuyer sur une protestation du Gouvernement Ottoman. Quant au fond même du procès, M. de Lesseps déclarait que la Compagnie de Suez serait toujours prête, au sujet des droits que l'on prétendait lui contester, à donner à la Sublime Porte tous les renseignements nécessaires, et qu'elle s'en rapporterait sur ce point à la décision qui serait rendue par le Gouvernement Ottoman.

Lettre, du 15 novembre 1872, du Ministre des Affaires Étrangères de la Sublime Porte à l'Ambassadeur de Turquie, à Paris

Le Ministre des Affaires Étrangères de la Sublime Porte, qui avait été directement informé du jugement du Tribunal de Commerce de la Seine par l'Ambassadeur de Turquie, à Paris, chargea celui-ci, par dépêche du 15 novembre 1872, de protester, auprès du Ministre des Affaires Étrangères de France contre la compétence que s'était attribuée le Tribunal de Commerce. La dépêche faisait remarquer, à l'appui de la protestation, d'une part « que l'interprétation de l'acte de concession était essentiellement du ressort du Gouvernement auteur de la concession, et ne pouvait, d'aucune manière, appartenir à un tribunal étranger » ; d'autre part, « que la Compagnie universelle du Canal maritime de Suez, dont le siège principal se trouvait établi à Alexandrie, était égyptienne, et, comme telle, soumise aux lois et usages du pays.

Lettre, du 3 décembre 1872, de M. de Lesseps au Ministre des Affaires Étrangères de France

M. de Lesseps, dans une lettre du 3 décembre adressée au Ministre des Affaires Étrangères et accompagnant une copie de la protestation du Gouvernement Ottoman, fit remarquer, qu'en provoquant cette protestation, il s'était personnellement bien gardé de confondre la question de l'interprétation d'un acte de concession, avec la question de juridiction ordinaire spéciale aux actes administratifs ou financiers d'une Société assimilée, pour ses rapports avec des tiers, aux règles des Sociétés anonymes françaises, question pour laquelle un *usage* ou un *modus vivendi* s'était établi depuis 1858, date de la formation de la Compagnie.

M. de Lesseps informait d'ailleurs le Ministre que le Conseil d'administration de la Compagnie comptait se prévaloir devant la Cour d'appel de la protestation du Gouvernement Ottoman pour faire infirmer le jugement du Tribunal de commerce de la Seine, et il exprimait l'espoir que le Ministre voudrait bien, de son côté, appuyer la protestation diplomatique auprès du Ministre de la Justice aux fins de droit.

La protestation de la Sublime Porte fut effectivement envoyée par le Ministre des Affaires Étrangères au Garde des Sceaux, Ministre de la Justice, lequel la transmit simplement, à son tour, au procureur général pour être mise sous les yeux de la Cour d'appel, ajoutant qu'il ne lui appartenait pas d'intervenir dans le débat dont l'autorité judiciaire se trouvait saisie.

Lettre, du 18 décembre 1872, de l'Ambassadeur de France à Constantinople au Ministre des Affaires Étrangères

En même temps que se débattait l'affaire de l'appel interjeté par la Compagnie de Suez contre le jugement du Tribunal de Commerce de la Seine, les Messageries maritimes faisaient des démarches auprès de la Sublime Porte pour obtenir que la Compagnie fût astreinte à revenir à l'ancien mode de perception jusqu'à ce que la question du tonnage eût été tranchée par l'autorité compétente, et ces démarches étaient appuyées par la grande majorité des représentants étrangers.

L'Ambassadeur de France à Constantinople en rendant compte de ces démarches, par lettre du 18 décembre, au Ministre des Affaires Étrangères, annonçait qu'elles avaient fait impression sur l'esprit du Grand-Vizir, lequel paraissait décidé à inviter M. de Lesseps à venir à Constantinople pour s'entendre avec lui sur le meilleur moyen de régler la perception provisoire et avait donné l'ordre d'expédier des circulaires destinées à provoquer la formation d'une Commission technique pour l'unification des jaugeages.

Lettre, du 25 décembre 1872, du Ministre des Affaires Étrangères de la Sublime Porte à l'Ambassadeur de Turquie à Paris

Le Ministre des Affaires Étrangères, dans une lettre du 25 décembre adressée à l'Ambassadeur de Turquie à Paris et destinée à être communiquée au Ministre des Affaires Étrangères de France, exposa que, contrairement à ce que pouvaient faire supposer les publications récentes de la Compagnie de Suez, la Sublime Porte n'avait nullement sanctionné la modification de la perception du péage du canal. Si le nouveau mode de perception, disait-il, eût reçu l'approbation souveraine, un firman impérial en eut instruit le public; la vérité était que le Gouvernement Impérial s'était réservé de s'entendre avec les autres Puissances sur une unité de tonnage et d'étudier ensuite la question du péage de manière à arriver à fixer un droit donnant satisfaction autant que possible aux exigences du commerce maritime en même temps qu'aux besoins de la Compagnie du Canal. Le Ministre signalait, d'ailleurs, dans sa lettre, que M. de Lesseps s'était engagé au nom de la Compagnie, à se soumettre à la décision qui serait ultérieurement prise à cet égard par le Gouvernement Impérial.

Lettre circulaire du 1er janvier 1871, du Ministre des Affaires Étrangères aux Représentants à l'Extérieur du Gouvernement Ottoman

C'est le 1er janvier 1873 que le Ministre des Affaires Étrangères de la Sublime Porte envoya aux Représentants du Gouvernement Ottoman auprès des Puissances Étrangères la lettre circulaire destinée à provoquer la formation d'une Commission appelée à rechercher un mode uniforme de mesurage des navires et à fixer un tonneau type.

Cette lettre, faisant connaître avec précision les vues d'alors du Gouvernement Ottoman, nous la reproduisons ici textuellement.

« Le désir du Gouvernement Impérial d'assurer un traitement égal à tous les navires, sans distinction de pavillon, qui fréquentent les ports de l'Empire, et les difficultés surgies par suite de la récente modification apportée dans la perception de la taxe de navigation que paient les bâtiments traversant le canal de Suez, nous donnent la certitude qu'une démarche ayant pour but d'arriver à l'adoption d'un *jaugeage uniforme* serait accueillie avec faveur par les Etats maritimes.

« Grâce au développement des voies de communication, les relations des peuples entre eux prennent une grande extension. Il en résulte une solidarité d'intérêts qui, envisagée au point de vue du commerce maritime, tend à faire disparaître les mesures de protection établies en faveur du pavillon national. D'un autre côté, les progrès de la science sont tels, de nos jours, qu'on peut déterminer avec précision les dimensions d'un navire et sa capacité utilisable pour le transport des marchandises. Aussi, le Gouvernement Impérial ne doute pas qu'une Commission de savants et d'hommes expérimentés parviendrait à trouver un mode uniforme de mesurer les navires et à fixer un tonneau-type qui servirait à la fois de base pour les transactions commerciales et pour la perception des droits auxquels est assujettie la navigation.

« En conséquence, le Gouvernement Impérial vous charge de pressentir quelles seraient les vues du Gouvernement près duquel vous êtes accrédité sur l'institution d'une pareille Commission à Londres, centre du commerce maritime, ou à Constantinople. »

Lettre, du 9 janvier 1873, du Ministre des Affaires Étrangères à l'Ambassadeur de France à Constantinople

Le Ministre des Affaires Étrangères de France, en réponse à la première communication ci-dessus du Gouvernement Ottoman, celle du 25 décembre, fit connaître ses vues, sur la double question qui y était traitée, dans une lettre très explicite, du 9 janvier 1873, adressée à l'Ambassadeur de France à Constantinople et que nous allons résumer.

Le Ministre rappelait tout d'abord, dans sa lettre, les motifs qui l'avaient déterminé à s'abstenir de toute intervention dans le débat engagé entre la Compagnie des Messageries maritimes et la Compagnie du Canal de Suez, tant que les Puissances maritimes représentées à Constantinople observeraient la même réserve. Il aurait désiré, — disait-il, — persister dans cette ligne de conduite jusqu'à l'issue du litige dont la Cour d'appel de Paris était saisie ; mais, en présence des actives démarches que faisaient plusieurs Agents diplomatiques étrangers pour amener la Porte à exiger de la Compagnie de Suez le retour immédiat à l'ancienne tarification ainsi que le remboursement des excédants de taxe perçus depuis six mois ; en présence, aussi, du revirement qui semblait s'être opéré, par suite de ces démarches, dans les dispositions du Gouvernement Ottoman, il craignait que la neutralité, encore possible à Paris, ne le fût plus à Constantinople. Il croyait donc devoir, en prévision de la nécessité où pourrait se trouver prochainement le Gouvernement Français de changer d'attitude, exposer à l'Ambassadeur ses vues sur le fond de l'affaire en lui faisant connaître, en même temps, son opinion au sujet de la nature et des limites du mandat qu'il conviendrait de donner à la Conférence dont la Porte proposait la réunion.

Le Ministre rappelait, alors, l'avis déjà exprimé par lui, qu'il trouvait équitable, en principe, que chaque navire fût taxé, au passage du canal, d'après son tonnage utile, et, qu'en fait, la situation financière de la Compagnie de Suez justifiait l'application de ce principe aux perceptions qu'elle était autorisée à effectuer. La Compagnie ayant reconnu que le gross tonnage officiel des navires représentait très approximativement le tonnage utile, c'était ce gross tonnage qu'elle avait pris pour base de perception de la taxe; mais, alors, deux questions s'étaient aussitôt présentées : d'une part, le Gouvernement du Sultan approuvait-il l'interprétation donnée par la Compagnie aux termes du firman? D'autre part, le tonnage utile était-il vraiment représenté d'une manière exacte par le gross tonnage des papiers de bord?

Ces deux questions, non encore résolues, paraissaient au Ministre résumer tout le débat diplomatique.

Or, en ce qui concernait le premier point, on avait été fondé à penser jusque-là que le nouveau mode de perception avait obtenu l'approbation tout au moins implicite du Gouvernement Impérial puisque, ni pendant les longues études préparatoires auxquelles s'était livrée la Compagnie, ni au moment où la décision du 4 mars avait été prise, ni au mois de juillet suivant, lorsqu'elle avait été mise à exécution, ni, enfin, après les six mois écoulés depuis, la Porte n'avait désavoué l'interprétation donnée par la Compagnie au firman de concession [1]. La dépêche du Gouvernement Ottoman ne repoussait d'ailleurs pas cette interprétation, puisqu'elle tendait simplement, en effet, à établir que le tarif ne pouvait être augmenté que par un firman nouveau et que ce firman n'existait pas. Or, il s'agissait ici d'interpréter le tarif, non de l'élever; et si le Gouvernement Ottoman déclarait que, dans sa pensée, les mots *tonneau de capacité* désignaient le tonnage utile, cette déclaration, dans l'opinion du Ministre, résoudrait complètement la question.

1. Le Commissaire délégué par le Gouvernement Egyptien auprès de la Compagnie pour veiller à l'exécution des statuts (art. 9 de l'acte de concession de 1856) n'avait élevé aucune opposition contre la décision de la Compagnie.

Le Ministre se déclarait d'ailleurs satisfait de voir que la Sublime Porte, comprenant que le caractère essentiellement international de la grande voie ouverte par Elle aux marines de tous les pays lui imposait l'obligation morale de ne pas aggraver les conditions de ce transit sans un accord préalable avec les Puissances intéressées, semblerait disposée, dans le cas où il s'agirait d'un exhaussement de tarif, à s'entendre avec les autres Puissances au sujet du taux à fixer pour donner à la fois satisfaction aux exigences du commerce et aux besoins de la Compagnie. Mais, ajoutait le Ministre, pour le moment, on n'avait pas à s'occuper de cette éventualité.

Sur le second point, le Ministre exposait que, s'il ne s'agissait que de vérifier les évaluations de la Compagnie, l'affaire pourrait être réglée par correspondance ; mais que, dans le cas où le Gouvernement Ottoman voudrait donner au péage du canal de Suez une régularité et un caractère définitif qui prévinssent toute réclamation ultérieure, la réunion d'une Commission internationale lui paraîtrait nécessaire. Dans la pensée du Ministre, cette Commission n'aurait pas à s'occuper de la question générale de l'unification du tonnage, qui semblait devoir se résoudre plutôt par le temps, par la force des choses, que par la voie de conférences diplomatiques. Il verrait d'ailleurs plus d'un inconvénient à subordonner le règlement de l'affaire du canal à une éventualité aussi incertaine et sans doute aussi éloignée que celle d'une entente universelle des Puissances, non seulement au sujet de l'inscription du tonnage utile sur les papiers de bord, et, par suite, de l'exhaussement du tonnage officiel, mais encore sur les réductions des tarifs de navigation qui seraient la conséquence naturelle de cet exhaussement. Le mandat de la Commission devrait, suivant lui, être limité à la détermination du tonnage utile d'après lequel seraient perçus les droits du canal. Il suffirait, dès lors, qu'elle recherchât, d'une part, la proportion dans laquelle devrait être augmenté le gross tonnage obtenu par la méthode anglaise (le tonnage des bâtiments jaugés d'après un autre système pouvant être facilement ramené au tonnage anglais au moyen du barême usité sur le Bas-Danube), et, d'autre part, les rectifications à introduire dans la méthode employée en Angleterre pour la déduction de l'espace occupé par les machines et le charbon. En définitive, le Ministre se disait disposé, après que le Gouvernement Ottoman aurait déclaré vouloir taxer d'après leur tonnage utile les navires passant par le canal, à donner son adhésion à la convocation d'une Commission internationale qui aurait pour mandat de déterminer ce tonnage.

Mémoire soumis, le 17 janvier 1873, par M. de Lesseps au Gouvernement Ottoman

En même temps que le Ministre des Affaires Étrangères de France faisait connaître ses vues à la Sublime Porte sur la nature du mandat à confier à la Commission internationale projetée, M. de Lesseps, arrivé de la veille à Constantinople, dans un mémoire adressé le 17 janvier 1873 au Gouvernement Ottoman, présentait de son côté sur le même sujet les considérations suivantes :

Après avoir rappelé un fait antérieur à la question alors en discussion, celui de l'autorisation accordée à la Compagnie par la Sublime Porte d'augmenter de 1 franc la taxe de 10 francs prévue par l'acte de concession, M. de Lesseps faisait remarquer que, bien que la Compagnie n'eût pas été dans le cas de profiter de cette autorisation, celle-ci n'en avait pas moins été accordée sans que l'on ait eu à consulter des armateurs qui avaient maintenant la prétention d'interpréter, suivant leur intérêt particulier, un acte de concession dont les charges n'avaient pas été supportées par eux.

Ce précédent, — ajoutait M. de Lesseps, — prouvait clairement que ni les gouvernements, ni les tribunaux étrangers, n'avaient le droit d'interpréter les termes de l'acte de concession, ni de contester la légalité des tarifs établis en vertu de la concession, et que ce droit appartenait exclusivement, suivant les formes de la jurisprudence administrative, à la souveraineté du territoire où avait été accordée et où s'exécutait la concession.

Cependant, pour mettre fin à toute contestation, M. de Lesseps déclarait que la Compagnie concessionnaire serait reconnaissante à Sa Majesté Impériale, si, après avoir prononcé souverainement sur le droit de la Compagnie d'appliquer la taxe de navigation d'après les calculs de la tonne de capacité, elle voulait bien inviter toutes les Puissances maritimes, à l'occasion de la taxe de navigation sur le canal de Suez, à réunir une Commission qui serait appelée à définir, pour l'avenir, d'une manière vraie, équitable et égale pour les pavillons de toutes les nations, la capacité réelle et utilisable des navires en dehors de l'espace qu'il était juste de réserver pour l'équipage, les agrès, apparaux et machines des navires.

La Compagnie de Suez, — disait en terminant M. de Lesseps, — serait heureuse de concourir, avec un représentant du Khédive d'Égypte, et sous les auspices du Sultan, à la solution officielle d'une question aussi intéressante pour le commerce général, et son Président se mettait entièrement, dans ce but, à la disposition de la Sublime Porte.

Lettre, du 23 février 1873, du Ministre des Affaires Étrangères à l'Ambassadeur de France à Constantinople

Le Ministre des Affaires Étrangères de France, ayant été informé de la recrudescence es efforts tentés auprès du

Gouvernement de la Sublime Porte par les adversaires du canal, accentua ses instructions précédentes à l'Ambassadeur de France à Constantinople par une nouvelle dépêche du 13 février 1873.

Le Ministre exposait tout d'abord, dans sa dépêche, que le caractère qu'avait pris l'intervention des Représentants de l'Angleterre et de l'Autriche auprès de la Porte et la coalition d'intérêts privés de diverses nationalités qui s'était formée pour provoquer le retour de l'ancien tarif, permettaient difficilement au Gouvernement Français de suivre jusqu'au bout la ligne de conduite qu'il avait d'abord cru devoir adopter; qu'une abstention plus prolongée de sa part constituerait, en effet, sous les apparences d'une stricte impartialite, l'abandon des droits de ses nationaux intéressés dans l'entreprise du canal. La conclusion définitive du procès pendant à Paris, — ajoutait le Ministre — pouvait éprouver des retards dont ne manqueraient pas de profiter les adversaires de la Compagnie de Suez pour redoubler d'efforts à Constantinople. L'existence de ce procès obligeait encore, il étaitvrai, le Gouvernement Français à une certaine réserve; mais le Ministre exprimait l'espoir que l'Ambassadeur réussirait facilement, tout en usant des ménagements de langage que comportait la situation, à donner à son attitude un caractère plus prononcé dans le sens des vues qui lui avaient été précédemment exposées.

Le Ministre exposait ensuite que ce n'étaient point les vues de M. de Lesseps qu'il désirait faire prévaloir. Le but unique qu'il croyait devoir poursuivre, en faisant abstraction des personnalités engagées dans le débat, était de déterminer le Sultan à adopter la solution qu'après un mûr examen il considérerait comme la plus équitable en principe et comme la plus propre à sauvegarder, en fait, les intérêts des nombreux Français qu'une pensée patriotique, plus que le désir du gain, avait portés à soutenir une entreprise dont, malgré son origine étrangère, le caractère était à leurs yeux éminemment national. La discussion, — rappelait le Ministre, — portait tout entière sur le sens des mots *tonneau de capacité*, et c'était au Gouvernement Ottoman qu'il appartiendrait de valider, en se l'appropriant, telle ou telle interprétation. Or, ces mots paraissaient au Ministre devoir être interprétés dans le sens du tonnage utile et non du tonnage officiel qui, comme le constatait l'exposé des motifs du décret du 24 décembre 1872 sur le jaugeage des navires de commerce, ne représentait qu'un peu plus de la moitié de la capacité totale des navires, alors que la capacité utilisable en représentait au moins les 3/5. Si le Gouvernement du Sultan déclarait que, par l'expression *tonneau de capacité*, le firman de concession avait entendu désigner le tonnage utile des navires et non leur tonnage officiel, il serait avéré, par là, que la Compagnie de Suez, lorsqu'elle avait

pris, au début, le tonnage officiel pour base de perception, n'avait pas atteint de prime abord le maximum de la taxe qu'elle était autorisée à exiger, et que, lorsqu'elle avait voulu, plus tard, baser ses perceptions sur le tonnage utile, après en avoir assez à l'avance prévenu le commerce maritime, elle n'avait pas dépassé, en exhaussant son tarif, la limite des droits que lui conférait son acte de concession. De plus, les excédents de taxe dont les réclamants demandaient le remboursement devraient rester acquis à la Compagnie du moment où le mode de perception qui les aurait produits serait reconnu régulier, et la Porte se trouverait ainsi exonérée de plein droit de la responsabilité que l'on voudrait faire retomber sur elle dans le cas où la Compagnie ne restituerait pas elle-même ces excédents.

Lettre, du 26 février 1873, de l'Ambassadeur de France à Londres au Ministre des Affaires Étrangères

En même temps que le Ministre des Affaires Etrangères envoyait ses instructions à l'Ambassadeur de France à Constantinople, il tenait l'Ambassadeur de France à Londres au courant de la situation et l'invitait à agir de son côté auprès du Gouvernement Anglais.

L'Ambassadeur, dans une dépêche du 26 février 1873, rendit compte au Ministre d'une conversation qu'il venait d'avoir avec le Ministre des Affaires Étrangères d'Angleterre au sujet des pourparlers engagés à Constantinople « relativement à la modification apportée par la Compagnie de Suez à la base de perception des péages ».

Dans sa dépêche, l'Ambassadeur mentionnait d'abord les considérations présentées par lui au Ministre de Sa Majesté Britannique sur l'affaire et qui avaient été les suivantes :

La Porte, — avait-il dit, — considérée par la Compagnie de Suez comme étant seule autorisée à interpréter l'acte de concession, était appelée à se prononcer sur la question ; le recours à Constantinople paraissait au Gouvernement Français régulier et correct, puisque l'acte de concession et, par suite, son interprétation, étaient les attributs de la souveraineté qui appartenait en propre au Gouvernement Ottoman ; toutefois, le Gouvernement Français ne pouvait rester indifférent à la situation des actionnaires français qui avaient fourni une grande partie des capitaux de l'entreprise ;

Or, la balance des charges et des recettes du canal faisait ressortir un déficit considérable au préjudice de la Compagnie ; si cet état de

choses se prolongeait, les capitalistes qui avaient ouvert une voie nouvelle à la navigation ne recueilleraient que la ruine dans une entreprise dont la marine de tous les pays tirait de si grands avantages ; un tel résultat serait contraire à l'équité, aussi bien qu'aux intérêts généraux de la navigation inséparables de ceux de la Compagnie elle-même ;

Le Gouvernement Français se flattait donc qu'il n'entrait pas dans la pensée du Cabinet de Londres de faire à Constantinople aucune démarche de nature à compromettre l'existence même de l'entreprise.

L'Ambassadeur expliquait ensuite dans sa dépêche, qu'à la suite des considérations exposées par lui, le Ministre des Affaires Étrangères de la Grande-Bretagne avait bien voulu convenir qu'il n'était dans l'intérêt de personne que la Compagnie fût ruinée, mais qu'il avait évité d'aborder la question de principe ; qu'il s'était borné à répondre que, si l'opportunité d'un changement de tarification était reconnue nécessaire, l'Angleterre n'avait pas l'intention de repousser tous arrangements ou propositions qui pourraient être présentés dans ce but ; mais que, jusqu'au moment où ces arrangements seraient pris, la tarification primitive était la seule légale, et que le Cabinet de Londres, à qui ses nationaux avaient demandé l'année précédente s'ils devaient se soumettre aux prétentions de la Compagnie, leur avait conseillé de ne payer les droits que sous toutes réserves et en protestant.

Lettre, du 4 mars 1873, de l'Ambassadeur de France à Constantinople au Ministre des Affaires Étrangères

L'Ambassadeur de France à Constantinople, à la suite de la réception de la dépêche du Ministre des Affaires Etrangères du 9 janvier 1873, avait informé verbalement le Ministre des Affaires Étrangères de Turquie que l'adhésion du Gouvernement Français à la réunion, proposée par la Porte, d'une Commission chargée d'étudier la question du jaugeage des navires serait subordonnée aux deux conditions suivantes :

1° Interprétation préalable de l'acte de concession sur le sens du *tonneau utile ;*

2° Limitation du mandat de la Commission à la détermination de la différence entre le tonnage utile et le tonnage officiel.

L'Ambassadeur de France fit connaître à Paris, par lettre

du 4 mars 1873, les déclarations faites par le Ministre des Affaires Étrangères du Gouvernement Ottoman à l'occasion de cette communication :

Le Ministre avait répondu, — disait-il, — que la Sublime Porte était résolue à ajourner toute décision jusqu'après la conclusion du procès pendant devant la Cour de Paris. Bien que l'arrêt de cette Cour ne pût avoir en Turquie aucune valeur légale ou obligatoire, il n'en devait pas moins constituer à ses yeux un document important, doué d'une valeur morale dont il serait difficile de ne pas tenir compte. Le Gouvernement Ottoman était d'ailleurs indécis sur la question de savoir si l'interprétation à donner à l'acte de concession devait être donnée par la voie administrative ou par la voie judiciaire, ou si elle devait être déférée par lui à l'examen d'une Commission spéciale. Le Ministre avait également ajourné à la même époque toute réponse relative au mandat de la Commission de jaugeage.

Arrêt de la Cour d'appel de Paris du 11 *mars* 1873

L'arrêt sur l'appel interjeté par la Compagnie du Canal contre le jugement du Tribunal de Commerce de la Seine du 26 octobre 1872 fut rendu le 11 mars 1873.

La Cour d'appel mit à néant le jugement du Tribunal de Commerce, déclara la Compagnie des Messageries maritimes mal fondée en sa demande, fins et conclusions et la condamna à tous les dépens[1].

---

1. Dès que l'arrêt de la Cour d'appel fut rendu, le Président de la République, (M. Thiers), à qui M. de Lesseps avait adressé une note sur la question, lui fit savoir, par lettre du 12 mars du Secrétaire de la Présidence (M. Barthélemy Saint-Hilaire), qu'il était absolument favorable à l'interprétation donnée par lui à l'acte de concession sur la tonne de capacité et qu'il avait toujours pensé que le droit devait être perçu sur la jauge utilisable et non pas seulement sur la jauge officielle. Il ajoutait qu'il ne se bornerait pas à en parler à l'ambassadeur d'Angleterre, ainsi que M. de Lesseps en exprimait le désir, mais qu'il agirait autant qu'il pourrait dans ce sens, qui était le seul juste.

La lettre de M. Barthélemy Saint-Hilaire donna lieu, comme on le verra plus loin, à une interpellation dans la séance de la Chambre des Communes du 1er avril. Au cours de ses explications, le Sous-Secrétaire d'Etat des Affaires Etrangères déclara qu'il résultait des renseignements envoyés par l'Ambassadeur d'Angleterre à Paris que M. Thiers ne lui avait pas fait connaitre son opinion. L'occasion ne s'en était sans doute pas encore présentée. L'opinion du Gouvernement Français sur la question fut d'ailleurs nettement exposée par lui en réponse à une question qui lui fut adressée dans la séance de l'Assemblée Nationale du 1er avril, précisément le même jour que celui de l'interpellation à la Chambre des Communes.

Disons de suite que la Compagnie des Messageries maritimes s'étant pourvue en cassation contre cet arrêt, la Cour de cassation a rejeté ce pourvoi par arrêt du 23 février 1874.

Signalons encore que, peu après l'arrêt de la Cour d'appel, le 25 avril 1873, la Compagnie des Messageries maritimes assigna de nouveau la Compagnie de Suez devant le Tribunal de Commerce de la Seine à l'effet de « faire établir, par experts, conformément aux principes posés par l'arrêt, que la Compagnie de Suez l'obligeait à payer au-delà de ce qu'elle devait pour la quantité de tonneaux de mer de 1.000 kilogrammes que les paquebots pouvaient réellement porter en restant navigables, et d'ordonner la restitution de l'excédent indûment perçu ». Ce nouveau procès, après plusieurs remises, semble avoir été ensuite définitivement rayé du rôle.

Lettre, du 12 mars 1873, du Ministre des Affaires Étrangères à l'Ambassadeur de France à Constantinople

Le Ministre des Affaires Étrangères, en envoyant à l'Ambassadeur de France à Constantinople, par dépêche du 12 mars, une copie de l'arrêt de la Cour d'appel, accompagna cet envoi des réflexions suivantes :

La Cour, — disait-il, — s'était crue obligée, par l'article 4 du Code civil, de statuer sur la réclamation des Messageries maritimes; mais elle s'était appliquée à établir qu'elle ne prononçait que sur un procès privé et dans les limites de l'article 14 qui autorise un Français à citer un Étranger devant les tribunaux français, pour les obligations nées en pays étranger. Elle ajoutait, d'ailleurs, que, dans l'espèce, la décision du juge français ne pouvait avoir force exécutive à l'Étranger qu'en vertu d'un *exequatur* du souverain territorial.

Quant aux droits du Gouvernement Ottoman d'interpréter définitivement selon ses vues l'acte de concession du canal, il demeurait incontesté.

Dans ces conditions, — ajoutait le Ministre, — l'arrêt de la Cour de Paris pourrait d'autant moins éveiller les susceptibilités de la Porte, qu'en fait, il n'entraînerait aucune mesure d'exécution contre la Compagnie égyptienne, celle-ci ayant obtenu gain de cause jusque dans le règlement des dépens.

En résumé, au point de vue diplomatique et international, le Ministre ne considérait cette sentence que comme un argument théorique d'une haute autorité en faveur du système soutenu par la Compagnie de Suez, et c'était à ce titre qu'il la transmettait à l'Ambassadeur.

Lettre, du 21 mars 1873, du Ministre des Affaires Étrangères à l'Ambassadeur de France à Constantinople

Indépendamment des vues déjà exposées dans sa lettre du 12 mars au sujet de l'arrêt de la Cour de Paris, le Ministre crut devoir préciser mieux encore les conséquences de cet arrêt et insister à nouveau sur l'attitude à prendre par le représentant de la France à Constantinople à qui il adressa à cet effet, le 21 mars, les nouvelles instructions suivantes :

Le Ministre rappelait tout d'abord que la Cour d'appel, dans sa haute impartialité, avait jugé que la Compagnie de Suez, en basant ses perceptions sur la capacité utile des bâtiments, avait interprété dans leur vrai sens et suivant l'équité les mots *tonneau de capacité*. Cette appréciation, dont l'autorité ne pouvait, suivant le Ministre, être méconnue, donnait une nouvelle force au Gouvernement Français pour soutenir que la question d'où était né le procès se trouvait résolue par les termes mêmes du firman de concession, et qu'il suffisait d'une simple déclaration de la Porte pour mettre un terme à toute réclamation analogue. L'arrêt de la Cour permettait, en outre, au Gouvernement Français de se départir enfin de la réserve à laquelle il avait cru devoir s'astreindre pendant le cours de l'instance. Il pouvait maintenant discuter officiellement tous les points sur lesquels les représentants des Puissances maritimes à Constantinople avaient été mis en mesure de faire connaître les vues de leurs Gouvernements respectifs.

La période d'abstention ne fut-elle point passée pour lui, il serait impossible pourtant au Gouvernement Français de ne pas intervenir activement en présence de l'attitude de plus en plus prononcée qu'avait prise le Gouvernement Anglais dans l'affaire. Quant à la conférence proposée par la Porte, le Ministre persistait à penser qu'il n'y aurait lieu de la réunir qu'après que le Gouvernement Ottoman, consacrant, en vertu de son droit souverain, l'interprétation qu'il avait déjà admise dans la pratique, aurait déclaré que les taxes établies par le firman devaient être perçues sur toute la capacité utilisable des navires. Le Ministre expliquait d'ailleurs que son intention, en faisant des réserves au sujet du mandat que la Conférence aurait à remplir, n'avait pas été d'assigner à ce mandat une limite qui ne pourrait pas être dépassée : la Conférence devrait, lui semblait-il, déterminer tout d'abord l'écart existant entre le tonnage utile des navires et celui que faisaient ressortir les méthodes de jaugeage en vigueur ; mais si elle préférait rechercher, dès le début, un mode de mesurage simple et pratique qui permît d'évaluer exactement, à leur passage dans le canal, la capacité utilisable des navires, le Gouvernement Français ne pourrait qu'encourager cette étude, pourvu, bien entendu, que le maintien provisoire du nouveau mode de perception appliqué par la Compagnie de Suez fût hors de toute contestation.

Lettre circulaire, du 31 mars 1873, du Ministre des Affaires Étrangères aux Agents diplomatiques français auprès des Puissances maritimes européennes.

Enfin, les vues du Gouvernement Français furent portées par le Ministre des Affaires Étrangères à la connaissance des agents diplomatiques de France auprès des Puissances maritimes européennes par une lettre circulaire du 31 mars 1873.

Le Ministre terminait sa lettre par la recommandation aux agents de ne rien négliger pour déterminer les Gouvernements auprès desquels ils étaient accrédités à associer leurs démarches à celles du Gouvernement Français « dans l'intérêt d'une entreprise qui, par l'éminent service qu'elle avait rendu au commerce maritime, avait droit au sympathique appui de toutes les nations civilisées. . »

Précis publié, le 31 mars 1873, par le Levant Herald, *d'une note remise par l'Ambassadeur d'Angleterre à Constantinople au Gouvernement Ottoman.*

Les vues du Gouvernement de Sa Majesté Britannique, à peu près dans le même temps où le Gouvernement Français faisait connaître les siennes à son représentant à Constantinople, paraissent avoir fait l'objet d'une note remise par l'Ambassadeur d'Angleterre au Gouvernement Ottoman, et dont le résumé suivant a été publié, le 31 mars 1873, par le *Levant Herald*

1° Le Gouvernement de la Reine reconnaît et rappelle à la Sublime Porte qu'elle seule a le droit de commenter le firman de concession et de l'interpréter d'une manière large et équitable.

2° La question, aujourd'hui, ne se limite pas à la taxe ou système de mesurage. Le Gouvernement Impérial a un autre but plus important : il désire accorder un traitement égal et le plus équitable possible à tous les navires sans distinction de pavillon, et, à cet effet, il veut provoquer la réunion d'une Commission composée de savants et d'hommes expérimentés pour résoudre ce problème. L'Angleterre approuve ce projet du Gouvernement Impérial, et elle exprime l'espoir que le choix se portera sur des hommes dont l'opinion fait autorité en pareille matière et qu'aucun changement ne sera autorisé avant les travaux de la Commission internationale projetée. En ce qui concerne les changements dernièrement effectués par la Compagnie du Canal dans la perception du péage, le Gouvernement de la Reine exprime l'espoir qu'avant d'examiner si la Compagnie devait être autorisée à augmenter le péage, la Sublime Porte l'engagerait à revenir au mode primitif de jaugeage.

3° Le Gouvernement Anglais ne conteste nullement à la Sublime Porte son droit d'autoriser une augmentation de taxe, pas plus qu'il ne conteste la nationalité ottomane de la Compagnie du Canal. Cependant, il observe que les intérêts des grandes Puissances maritimes sont engagés dans cette question : que, sur la foi du firman de 1866, ratifiant l'acte de concession du Khédive, grand nombre de bâtiments ont été construits en vue du trafic à travers le canal et que le préjudice serait immense si, par suite d'impositions excessives, le canal était fermé à ces navires, préjudice que la Porte ne voudra certainement pas infliger au commerce.

4° Une fois que l'uniformité du tonnage aura été établie et que la Commission projetée aura émis l'opinion d'accorder un nouveau firman à la Compagnie autorisant l'augmentation de la taxe, la Sublime Porte ne perdra pas de vue les intérêts des armateurs et spécialement ceux des bateaux destinés aux transports des passagers sur lesquels pèse déjà si lourdement la taxe primitive.

5° La note demande ensuite si l'examen des frais d'administration de la Compagnie ne permettrait pas des réductions qui dispenseraient de l'augmentation du droit de péage.

6° La note termine en exprimant la conviction que la Sublime Porte, avant de sanctionner le rapport de la Commission, le publiera afin que toutes les Puissances intéressées fassent leurs observations, et conclut qu'il est essentiel pour la Porte de revendiquer le droit exclusif d'interpréter le firman, droit que M. de Lesseps lui-même lui a formellement reconnu.

Réponse du Ministre des Affaires Étrangères de France à une question qui lui fut posée dans la séance de l'Assemblée Nationale, du 1er avril 1873.

Les difficultés suscitées à la Compagnie de Suez préoccupaient vivement l'opinion publique en France.

Dans la séance de l'Assemblée Nationale du 1er avril 1873, un membre, se faisant l'interprète des préoccupations publiques, demanda au Gouvernement s'il verrait quelque inconvénient à communiquer à l'Assemblée la correspondance des agents diplomatiques français relative aux négociations qui se poursuivaient à Constantinople au sujet du canal.

Le Ministre des Affaires Étrangères, en réponse, donna à l'Assemblée, sur l'état de la question et sur les vues du Gouvernement, les explications suivantes :

Dans cette question, fit remarquer le Ministre, deux grands intérêts également français étaient en lutte : d'un côté, l'intérêt de la marine marchande, qui voulait naviguer au meilleur marché possible ; de l'autre, l'intérêt de la Compagnie du Canal de Suez qui avait la prétention fort légitime de retirer un prix rémunérateur des grands travaux, des grands sacrifices qu'elle avait faits pour doter non seulement la France, mais l'Europe, mais le monde entier, d'un des plus grands services qu'on pût rendre au commerce et même à la civilisation.

Tant que la question, — ajoutait le Ministre, — avait été uniquement du ressort des tribunaux, le Gouvernement avait dû tenir la balance égale et s'abstenir de paraître prétendre exercer une influence quelconque sur les jugements qui devaient intervenir. Il s'était donc maintenu et se maintenait encore dans une grande réserve.

Mais, diplomatiquement, il avait dû s'occuper de l'affaire. La question, posée devant la justice et décidée en droit par les tribunaux français, n'était malheureusement pas décidée en fait. L'Assemblée devait comprendre que le jugement du Tribunal de Commerce de la Seine et l'arrêt de la Cour d'appel de Paris ne s'exécuteraient pas d'eux-mêmes en Egypte. D'ailleurs, comme compétence et en droit, il s'agissait de l'application, par conséquent de l'interprétation d'institution de la Compagnie de Suez. Or, la Porte Ottomane réclamait un droit qui lui appartenait, comme à tout Gouvernement, d'être seul interprète des décrets qu'elle a rendus. C'était donc d'elle, en définitive, que la question dépendait : c'était à la Porte Ottomane que devaient s'adresser surtout les deux grands intérêts en présence.

Par la même raison, le Gouvernement aurait à agir également auprès de la Porte Ottomane ; mais il devait s'exprimer avec beaucoup de réserve, puisqu'il y avait là deux intérêts si respectables tous les deux.

Cependant le Ministre ne pouvait s'empêcher de dire qu'il y avait là plus qu'un intérêt de justice ; il y avait aussi un intérêt de politique et d'honneur pour la France à faire en sorte que cette grande œuvre du canal de Suez ne fut pas un sacrifice sans dédommagement pour ceux qui l'avait accomplie aux prix de tant d'efforts et avec une si honorable persistance. Le Gouvernement devait empêcher, par tous les moyens dont il pouvait disposer, que cette œuvre véritablement française ne vint à passer dans d'autres mains que celles qui l'avaient exécutée.

C'était dans cette mesure seulement, — disait le Ministre en terminant — qu'il pouvait s'expliquer, et il priait l'Assemblée de lui permettre de ne rien ajouter. Les négociations au sujet de cette affaire étaient commencées, et le Ministre exprimait l'espoir qu'elles ne seraient pas de longue durée ; il ne faisait d'ailleurs aucune difficulté de s'engager à mettre sous les yeux de l'Assemblée les pièces de la négociation après qu'elle serait terminée.

Réponse du Sous-Secrétaire d'Etat des Affaires Étrangères d'Angleterre à une interpellation dans la séance de la Chambre des Communes du 1er avril 1873.

La question du canal de Suez ne préoccupait pas moins l'opinion publique en Angleterre qu'elle ne le faisait en France ; aussi, en même temps qu'elle était l'objet à l'Assemblée Nationale d'une demande de renseignements, donnait-elle lieu, dans la séance de la Chambre des Communes du 1er avril 1873, à une interpellation visant la lettre adressée, le 14 mars, par M. Barthélemy Saint-Hilaire à M. de Lesseps.

L'auteur de l'interpellation, ainsi que les membres qui soutinrent sa motion, reconnaissant tardivement que l'Angleterre était plus intéressée que toutes les Puissances réunies au maintien des communications à travers l'isthme, se fondaient sur cette considération même pour faire ressortir le prétendu danger de laisser le contrôle du canal à la diposition d'une Compagnie exclusivement française, ne reconnaissant elle-même que la juridiction consulaire de son pays. Ils rattachaient ainsi l'affaire de la réforme judiciaire à celle du canal, attribuant la salutaire réserve avec laquelle le Gouvernement Français procédait à la revision des capitulations en Égypte à son désir de soustraire la Compagnie de Suez à la juridiction des tribunaux mixtes qu'il s'agissait d'instituer.

Les promoteurs de l'interpellation manifestaient très sincèrement leur désir de faire rentrer entre des mains anglaises la direction d'une affaire qui touchait aux premiers intérêts de la Grande-Bretagne.

Le Sous-Secrétaire d'État des Affaires Étrangères eut soin, dans sa réponse, de disjoindre les deux questions. En ce qui concernait le canal, après un exposé du différend survenu entre la Compagnie et « les navigateurs de tous les pays » par suite de la substitution du tonnage brut au tonnage officiel pour la perception des droits, il rendit compte des communications échangées entre les Gouvernements intéressés au sujet de ce différend, et il résuma finalement l'état de la question par les trois points suivants qui avaient été exposés, — annonçait-il, — dans une note adressée le 3 mars précédent par la Porte à l'Ambassadeur de France à Constantinople, à savoir :

1° Proposition de la Porte de former une Commission chargée d'établir une règle commune pour le mesurage de la capacité des navires ;

2° Marche à suivre pour la modification des droits perçus au passage du canal ;

3° Question des droits à percevoir pour l'avenir.

Sur ces trois points, le Sous-Secrétaire d'État fournit des explications qui concordaient avec celles précédemment formulées par le principal Secrétaire d'État :

En ce qui regardait le premier point, le Gouvernement, — déclara-t-il, — adhérait à la nomination, par chaque Puissance maritime, d'un commissaire chargé de décider quelles déductions il y aurait lieu de faire sur le tonnage brut des navires et comment serait mesurée la capacité utile; la Commission se réunirait à Constantinople ou à Londres, mais de préférence à Londres; l'Autriche semblait préférer Constantinople ; il n'y avait pas de doute, en tout cas, pour le choix d'une de ces deux villes ;

Quant au second point, le Gouvernement pensait que la Porte devait inviter la Compagnie du Canal à percevoir les droits originairement fixés;

Sur le troisième point, enfin, bien que le Gouvernement ne refusât pas de reconnaître à la Porte le droit d'augmenter les taxes du tarif actuel, il espérait qu'elle ne voudrait pas en user de manière à causer un préjudice aux intérêts maritimes, et il insistait pour qu'aucune augmentation ne fût définitivement consentie, avant que les Puissances maritimes fussent appelées à donner leur avis.

Lettre, du 8 avril 1873, de l'Ambassadeur de France à Constantinople au Ministre des Affaires Étrangères

On a vu précédemment que le Ministre des Affaires Étrangères, par sa dépêche du 21 mars, avait invité l'Ambassadeur de France à Constantinople à entrer en correspondance officielle avec le Gouvernement Ottoman au sujet de la question du canal de Suez.

L'Ambassadeur s'était empressé de se conformer à ces instructions. Dès le 5 avril, il adressait au Ministre des Affaires Étrangères de Turquie une note très détaillée et fort explicite où, — ainsi qu'il le disait dans une dépêche du 8 avril accompagnant l'envoi en France d'une copie de ladite note, — il s'était efforcé de reproduire, aussi fidèlement que possible, les opinions développées dans les dépêches successives que le département lui avait adressées.

La note se terminait par les conclusions suivantes :

L'Ambassadeur demandait au Ministre des Affaires Étrangères du Gouvernement Ottoman de vouloir bien lui faire connaître quelle signification la Sublime Porte avait attachée aux mots *tonne de capacité*, quand elle avait donné force de loi à l'acte de concession octroyé à la Compagnie de Suez.

Si, comme il y avait lieu de le penser, d'après les termes mêmes de la circulaire du précédent Ministre des Affaires Étrangères (du 1er janvier 1873), le Gouvernement Ottoman, sanctionnant le principe qu'il avait déjà admis en pratique, déclarait que, dans sa pensée, ces mots s'appliquaient à la capacité utilisable des navires, le mandat de la Commission serait facile à définir, car elle aurait pour mission de traduire en chiffres un principe nettement posé et de déterminer pour chaque pays l'écart existant entre le tonnage utile et le tonnage officiel.

Dans ces conditions, le Gouvernement Français s'empresserait de prendre part aux travaux de la Commission, et l'Ambassadeur pouvait, dès maintenant, en vertu des instructions dont il était muni, transmettre au Ministre son adhésion officielle.

Si, au contraire, le Gouvernement Ottoman, revenant sur son consentement tacite, donnait une définition différente, l'Ambassadeur se verrait obligé de réserver les droits de ses nationaux et de demander de nouvelles instructions.

Dans l'intervalle, l'Ambassadeur exprimait l'espoir que la Compagnie du Canal ne serait pas exposée à perdre les avantages d'une définition dont le bénéfice serait acquis à son système. Il avait trop confiance dans les sentiments qui animaient la Sublime Porte pour supposer qu'elle voulût imposer à la Compagnie un retour pur et simple au tarif provisoire qu'elle avait adopté au début de son exploitation et le remboursement des sommes supplémentaires perçues depuis le 1er juillet 1872; une mesure aussi radicale aurait pour effet de porter aux actionnaires français un préjudice grave, dont le Gouvernement Français verrait avec regret la Sublime Porte se faire l'instrument. L'Ambassadeur s'étonnerait, d'ailleurs, que les Puissances intéressées insistassent dans le sens de cette solution : une pareille exigence lui paraissait trop en désaccord avec les sentiments sympathiques que leurs représentants à Constantinople professaient à l'égard du canal pour qu'il voulût l'admettre ; et, quant à la responsabilité pécuniaire, dont on avait menacé la Porte, il doutait qu'elle pût être établie par des arguments solides.

L'Ambassadeur se réservait d'ailleurs de discuter, s'il y avait lieu, ces points avec le Ministre, lorsque celui-ci aurait bien voulu répondre à la question qui lui était posée relativement au sens attribué par la Sublime Porte aux mots *tonne de capacité*.

Lettre, du 12 avril 1873, du Ministre des Affaires Étrangères A l'Ambassadeur de France à Londres

Les déclarations faites par le Sous-Secrétaire d'État des Affaires Étrangères de la Grande-Bretagne, à l'occasion de l'interpellation sur l'affaire du canal de Suez, discutée dans la séance de la Chambre des communes du 1er avril, prouvaient que, malgré toute l'activité de l'intervention de l'Ambassadeur de France à Londres auprès du principal Secrétaire d'État, cette intervention n'avait pas eu jusqu'alors pour résultat de faire modifier l'attitude prise par le Cabinet de Londres dès le début de l'affaire.

Le Ministre des Affaires Étrangères de France jugea donc utile de recommander à l'Ambassadeur, par lettre du 12 avril, de renouveler ses démarches auprès du *Foreign office*, en insistant sur les considérations déja présentées.

Le *Foreign office*, faisait observer le Ministre, se prévalait de ce que le Ministre des Affaires Étrangères de Turquie aurait déclaré illégal l'exhaussement, sans l'approbation préalable de la Porte, du tarif établi par l'acte de concession; mais cette déclaration ne pourrait, semblait-il, avoir l'importance qu'on voulait lui attribuer qu'autant que la Compagnie aurait dépassé les limites de son tarif; or, elle ne les avait pas dépassées, puisqu'elle ne faisait autre chose que prélever les droits sur le tonnage utile ainsi que le firman, tel qu'il paraissait au Gouvernement français devoir être interprété, l'y avait autorisée dès le principe. Le Ministre ajoutait qu'il considérait l'Angleterre comme intéressée à attribuer le même sens au firman, attendu que, si l'interprétation opposée prévalait, une élévation du maximum de la taxe deviendrait aussitôt nécessaire, et, que l'adhésion que les Puissances maritimes se verraient obligées de donner à cette mesure constituerait un précédent regrettable.

Le Ministre faisait enfin remarquer, en terminant, que le Gouvernement Français pourrait, pour amener le Gouvernement Anglais à partager ses vues ou tout au moins à garder une bienveillante neutralité, s'approprier une observation présentée par un des orateurs qui avaient soutenu l'interpellation à la Chambre des Communes, à savoir, que, sans les obstacles que le Cabinet de Londres, à l'époque où il était dirigé par lord Palmerston, avait suscités à l'entreprise du canal, cette grande œuvre eût été terminée beaucoup plus tôt et au prix de sacrifices bien moins considérables; et que, dès lors, l'Angleterre ne devait s'en prendre qu'à elle-même de la nécessité où se trouvait maintenant la Compagnie de Suez d'atteindre la limite extrême de son tarif pour pouvoir exploiter le canal dans des conditions suffisamment rémunératrices.

Lettre, du 30 avril 1873, du Chargé d'affaires de France à Londres au Ministre des Affaires Étrangères

Par une lettre du 30 avril 1873, le Chargé d'affaires de France à Londres rendit compte au Ministre des Affaires Étrangères d'une visite qu'il venait de faire au principal Secrétaire d'État des Affaires Étrangères de la Grande-Bretagne.

Dans cette visite, le Chargé d'affaires ayant fait observer au principal Secrétaire d'État, qu'il lui paraissait acquis que toutes les Puissances reconnaissaient la compétence exclusive de la Porte pour trancher la question du canal et désiraient également sauver la Compagnie de la ruine; que, dès lors, la discussion ne semblait devoir rouler que sur les moyens d'arriver à ce résultat et de garantir tous les intérêts engagés, le Ministre lui avait répondu, que, certainement, le Gouvernement Anglais ne demandait pas mieux que de faire vivre la Compagnie, mais à de certaines conditions, notamment que ses frais d'administration ne dévoreraient pas le plus clair de ses revenus. Le Chargé d'affaires s'était empressé, alors, de rappeler que la Compagnie avait déjà donné sur ce point les explications les plus satisfaisantes; mais, voyant que le principal Secrétaire d'Etat revenait sur un argument qu'il croyait déjà complètement réfuté, il n'avait pas cru devoir insister. Le Ministre lui avait dit, d'ailleurs, que c'était à Constantinople que se traitait l'affaire.

Lettre, du 13 mai 1873, de M. de Lesseps au Ministre des Affaires Étrangères de la Sublime Porte

M. de Lesseps, à la suite d'une conversation qu'il venait d'avoir (12 mai 1873) avec le Grand-Vizir à Constantinople, en avait rédigé immédiatement un procès-verbal à l'intention des ambassadeurs de France et de Russie[1]; et, dès le lendemain, il adressait une copie de ce procès-verbal au Ministre des Affaires Étrangères de la Porte, en accompagnant son envoi des réflexions suivantes :

Il priait le Ministre de faire connaître à la Sublime Porte que, s'il n'existait pas de réclamation à laquelle il pût répondre contre la taxe de navigation du canal, il demandait qu'il en fût pris acte aux fins de droit ;

Il ajoutait que, dans le cas où aucun plaignant intéressé ne se présenterait, il se mettrait d'accord avec le Ministre pour être en mesure de se rendre en Égypte et de s'occuper des affaires du canal qui exigeraient à bref délai sa présence à Paris afin d'y présider l'Assemblée générale annuelle des actionnaires.

1. En même temps que se débattait devant les tribunaux français la question soulevée contre la Compagnie de Suez par la Compagnie des Messageries maritimes, un administrateur de cette dernière Compagnie s'était rendu à Constantinople pour plaider la même cause devant le Gouvernement Ottoman. M. de Lesseps s'y était rendu également, de son côté, pour défendre les droits des actionnaires français. Il fut constamment appuyé, dans cette campagne, ainsi que l'ambassadeur de France, par l'ambassadeur de Russie.

Lettre, du 14 juin 1873, de M. de Lesseps au Ministre des Affaires Étrangères de France

M. de Lesseps, après un séjour de cinq mois à Constantinople pour défendre les droits des actionnaires français du canal, avait fait, à son retour en France, un récit détaillé de sa mission au Conseil d'administration de la Compagnie. Sur l'invitation du Conseil, il adressa, le 14 juin 1873, au Ministre des Affaires Étrangères un extrait de la délibération du Conseil contenant le récit en question, en appelant plus particulièrement l'attention du Ministre sur le dernier paragraphe ainsi conçu :

« Il s'agit simplement, en présence des réclamations contraires des ambassadeurs de France et d'Angleterre, de demander, comme autrefois, le maintien du *statu quo* en attendant que toutes les Puissances maritimes se mettent d'accord pour rentrer dans la vérité officielle du mesurage de la partie utilisable des navires et pour adopter un mode universel, équitable et égal pour tous les pavillons, mode qui, suivant l'opinion de la science, ne pourra être différent de celui que la Compagnie elle-même a adopté. »

M. de Lesseps annonçait au Ministre que la Compagnie était décidée à se renfermer dans l'exécution littérale de son contrat. Elle considérerait tout changement fait sans son consentement comme une violation de ce contrat. Elle avait déjà protesté contre un projet de surélévation de la taxe de navigation, parce que ce serait, suivant elle, l'arbitraire remplacant la légalité, la suppression de toute garantie d'avenir pour le commerce maritime et la voie ouverte à la destruction des conventions en vertu desquelles les capitaux français avaient été appelés.

M. de Lesseps terminait sa communication en laissant au Ministre le soin de juger dans quelle mesure il lui conviendrait d'appuyer les moyens de défense de la Compagnie du canal, consistant à empêcher la Porte, pour donner satisfaction à des exigences diplomatiques, de faire subir une modification au cahier des charges de la concession sans un concert des parties contractantes.

Lettre, du 28 juin 1873, du Ministre des Affaires Étrangères à l'Ambassadeur de France à Constantinople

Le Ministre des Affaires Étrangères informa l'Ambassadeur de France à Constantinople, par lettre du 28 juin, du désir que lui avait témoigné M. de Lesseps de voir son département insister à Constantinople pour le maintien provisoire du système de perception qui était employé depuis un an par l'Administration du canal.

En envoyant cette information, le Ministre exprimait en même temps l'opinion que l'intérêt des nombreux actionnaires français qui avaient confié leurs fonds à l'entreprise suffisait pour motiver, de la part du Département des Affaires Étrangères, des démarches dans le sens indiqué. Cependant, — ajoutait le Ministre, — si la commune entente vers laquelle tendaient tous les efforts de la Porte semblait devoir se réaliser plus facilement sur le terrain de la combinaison dont il avait été déjà question, consistant dans l'établissement d'une surtaxe temporaire, il estimait que cette combinaison pourrait être appuyée par l'Ambassadeur, sous la double condition, toutefois : d'une part, que le taux de la surtaxe fût assez élevé pour assurer aux capitaux engagés dans l'entreprise une rémunération convenable ; et, d'autre part, que cette surtaxe elle-même fût uniquement considérée comme la représentation approximative de l'excédent de droits qu'auraient à payer les navires s'ils étaient jaugés selon leur capacité utilisable, cette dernière condition ayant principalement pour objet de sauvegarder les intérêts du commerce maritime auquel il importait, en effet, que le maximum de 10 francs établi par le firman de concession eût, en tout, le caractère d'une limite infranchissable.

Quant au taux du droit additionnel, le Ministre estimait qu'il ne devrait pas, dans la situation des recettes de la Compagnie, être inférieur à 5 francs par tonneau de jauge officielle. Ce chiffre équivalait à peu près, selon lui, à l'excédent des perceptions effectives d'après le gross tonnage sur celles qui seraient effectuées d'après le net-tonnage. Les recettes se maintiendraient ainsi au même niveau, ce qui permettrait à la Compagnie de distribuer un revenu de 2 à 3 0/0 à ses actionnaires, tout en laissant encore un arriéré de plusieurs années.

Lettre, du 1er juillet 1873, de l'Ambassadeur de France à Constantinople au Ministre des Affaires Étrangères

Le 1er juillet 1873, l'ambassadeur de France à Constantinople rendit compte au Ministre des Affaires Étrangères d'une décision qui venait d'être prise par le Conseil des Ministres de la Sublime Porte et dont le texe venait de lui être communiqué à titre confidentiel en attendant la notification qui devait en être faite aux Cabinets intéressés.

Par cette décision, — faisait remarquer l'Ambassadeur, — le Gouvernement Ottoman s'était borné à poser des principes généraux, sans entrer dans les détails d'exécution ; mais il s'était servi d'un langage qui n'excluait pas les commentaires. En cherchant à dégager le véritable sens des mots, on pouvait, semblait-il à l'Ambassadeur, ramener la décision ministérielle aux deux propositions suivantes :

1° La capacité imposable des navires transitant par le canal de Suez était leur capacité utilisable ;

2° La Compagnie du Canal devait adopter le système de jaugeage qui serait reconnu comme donnant le plus exactement possible cette capacité utilisable. Le système qui lui était recommandé comme le plus exact parmi ceux qui étaient en vigueur était le système Moorsom. Néanmoins, si la Compagnie rejetait ce système, la Porte faisait appel à une Commission internationale pour déterminer, d'un commun accord, le meilleur mode de mesurage du tonnage utile des navires.

En rendant cette décision, — ajoutait l'Ambassadeur, — la Porte avait eu pour premier objectif de dégager entièrement sa responsabilité ; elle ne se prononçait catégoriquement que sur le principe, celui de la capacité utilisable, et prétendait n'être responsable, ni envers M. de Lesseps, de l'obstacle mis à l'exercice d'un droit, ni envers les Gouvernements étrangers, des sommes perçues par la Compagnie. Les Ministres avaient eu ensuite en vue les intérêts de la Compagnie qu'ils savaient liés à ceux de l'Empire Ottoman, et ils avaient tenu grand compte, en outre, de l'opinion exprimée par le Gouvernement Français.

En résumé, — disait en terminant l'Ambassadeur, — la question, au moment où l'on était arrivé, se ramenait aux deux termes auxquels, dès le début de l'affaire, le Département des Affaires Étrangères de France l'avait réduite, puisqu'il avait accepté le principe de la Commission et qu'il avait subordonné son adhésion définitive à l'interprétation préalable de l'acte de concession dans le sens de la capacité utilisable. La condition essentielle exigée par le Département se trouvant remplie, l'Ambassadeur estimait que le Gouvernement Français ne devait pas hésiter à se faire représenter dans une Commission technique internationale dont les travaux seraient appelés à servir de base à une solution définitive et légale.

Lettre vizirielle adressée au Khédive, en date 17 djemazi-el-ewel 1290 (12 juillet 1873)

Le Gouvernement Ottoman fit connaître sa décision sur la question du jaugeage des navires transitant par le canal de Suez par une lettre au Khédive d'Egypte en date du 12 juillet 1873.

Une traduction de cette lettre fut envoyée le 16 à l'Ambassadeur de France à Constantinople (et en même temps sans doute aux représentants des autres Puissances maritimes) par le Ministre des Affaires Étrangères de la Sublime Porte, avec accompagnement d'une note où il était dit que la lettre vizirielle « exposait clairement le point de vue sous lequel le Gouvernement Impérial envisageait dans toutes ses conséquences le nouveau système de perception adopté par la Compagnie du Canal maritime ». Le Ministre se bornait donc à prier l'Ambassadeur d'en faire part à son Gouvernement pour l'édifier sur la manière de voir de la Sublime Porte « à l'égard d'une question qui intéressait au plus haut point le commerce et la navigation ».

Le même jour, 16 juillet, des copies de la traduction de la lettre vizirielle et de la note annexe étaient adressées par l'Ambassadeur au Ministre des Affaires Étrangères à Paris.

Enfin, le 6 août, par ordre du Khédive, une traduction de la lettre vizirielle était adressée à M. de Lesseps, à Paris, par le Ministre des Affaires Étrangères du Gouvernement Egyptien.

Voici, textuellement, la traduction de la lettre vizirielle :

« Ainsi que Votre Altesse le sait, depuis l'ouverture du canal de Suez jusqu'au 1er juillet 1872, la Compagnie avait perçu, à titre de droit de passage sur les navires traversant le canal, 10 francs pour chaque tonneau inscrit sur les papiers de bord, sans que cette perception eût été confirmée par le Gouvernement Impérial. Mais à partir du 1er juillet, la Compagnie a procédé, toujours sans autorisation préalable du Gouvernement, à la perception de la même taxe d'après le nouveau système adopté par elle pour le jaugeage des navires. Ce procédé n'a pas manqué de soulever les réclamations des Puissances. Ces dernières, ainsi que la Compagnie, se sont adressées au Gouvernement Impérial pour l'interprétation de la clause de l'acte de concession accordé le 2 rabi-ul-ewel 1272 par l'Administration égyptienne à la Compagnie de Suez, et confirmé par le firman impérial du 2 zilkadi 1282, portant qu'on n'excédera pas, pour le droit de navigation, le chiffre maximum de 10 francs par tonneau de capacité. En conséquence, et vu la nécessité d'écarter les réclamations existantes en fixant l'interprétation de cette clause, le Conseil des Ministres a délibéré sur cette question et l'a soumise à un examen attentif et approfondi[1]. Or, en ratifiant, comme il est dit ci-dessus, l'acte de concession sus-mentionné, le Gouvernement Impérial n'a entendu, en réalité, l'expression de *tonneau de capacité*, qui se trouve dans un passage de cet acte, que dans un sens absolu; il n'a eu nullement en vue le tonnage inscrit sur les papiers de bord de telle ou telle Puissance.

« En effet, les navires de tous pavillons traversant le canal doivent, d'après les dispositions de l'acte de concession, être soumis à une taxe égale. Mais, comme les différents Gouvernements n'ont pas encore adopté un système de tonnage identique, il était nécessaire de faire usage de l'expression de *tonneau de capacité* en général, de telle manière que cette expression pût s'appliquer au tonneau qui serait plus tard adopté par tous les Gouvernements ainsi que par le Gouvernement Impérial pour sa marine.

« Dans cet ordre d'idées, il serait naturel d'adopter le tonnage qui donnerait avec la plus grande approximation la capacité utilisable. Or, comme parmi les systèmes officiels actuellement en usage, le système Moorsom est évidemment celui qui en approche le plus, la Sublime Porte est d'avis qu'on devrait s'en tenir au *net-tonnage* fixé d'après ce système. Toutefois, dans le cas où les Puissances ou M. de Lesseps ne désireraient pas continuer à maintenir ce système, il serait nécessaire de réunir une Commission internationale à l'effet de déterminer la capacité utilisable. Il est évident que le Gouvernement Impérial ne peut fixer un mode de mesurage définitif qui n'a pas encore été arrêté et adopté par les autres Gouvernements.

« Tel était le résultat de la délibération du Conseil des Ministres, et Sa Majesté, à qui l'affaire a été soumise, ayant ordonné d'agir en con-

1. Une Commission ottomane avait été nommée par le Gouvernement pour étudier la question et présenter finalement au Sultan un rapport sur l'interprétation à donner à l'expression *tonneau de capacité*.

formité, je viens porter la décision qui précède à la connaissance de Votre Altesse afin qu'Elle veuille bien aviser aux mesures nécessaires en conséquence ».

Lettre, du 16 août 1873, de M. Lesseps au Ministre des Affaires Étrangères du Gouvernement Égytien, en réponse à la communication de la lettre vizirielle du 12 juillet 1873 .

M. de Lesseps s'empressa de répondre à la communication qui lui avait été faite de la lettre vizirielle par le Ministre des Affaires Étrangères du Gouvernement Égyptien, et il le fit dans les termes suivants à la suite d'un préambule d'accusé de réception :

« La Sublime Porte ayant reconnu que, d'après l'article 17 de l'acte de concession du 5 janvier 1856, la Compagnie du Canal de Suez était fondée à percevoir son droit de passage à raison de 10 francs par tonne de capacité utilisable des navires, et que les auteurs de l'acte de concession n'avaient eu nullement en vue les papiers de bord de telle ou telle Puissance, la Compagnie de Suez se déclare satisfaite et ne peut que rendre hommage à l'esprit de justice et de loyauté qui a dicté l'interprétation de S. M. I. le sultan.

« Si les Puissances qui ont réclamé auprès de la Sublime Porte ne sont pas satisfaites de leur côté, la Compagnie de Suez, sans leur reconnaître le droit de juger les conditions d'un contrat bi-latéral passé en dehors de leur intervention et de leur autorité, admet parfaitement que, dans l'intérêt de la vérité universelle du tonnage, et sous un point de vue scientifique d'utilité générale, elles cherchent à s'entendre entre elles dans le but de déterminer officiellement pour tous les pavillons un tonnage égal, équitable et réel.

« C'est ce que la Compagnie de Suez avait déjà fait pour elle-même par sa décision légale du 4 mars 1872, en conformité des termes formels de son acte de concession.

« Sur le rapport d'une Commission composée d'amiraux, d'ingénieurs, de hauts fonctionnaires du Gouvernement Français, tous étrangers à l'Administration du canal, elle avait adopté le système Moorsom, lequel n'est qu'un procédé de mesurage, et avait déterminé, au moyen de ce système, le net-tonnage, c'est-à-dire la capacité utilisable des navires.

« Il est important de faire observer que le net-tonnage employé par la Compagnie de Suez est encore au-dessous de la capacité réelle de cargaison que les navires sont susceptibles de porter dans des conditions normales. »

Lettre du Grand-Vizir au Khédive, du 6 djémazi-el-akhir 1290 (30 *juillet* 1873)

Le Khédive ayant demandé au Grand-Vizir, par lettre du 17 juillet 1873, des éclaircissements au sujet de la décision de la Sublime Porte mentionnée dans la lettre du 12 du même mois relative au « système de tonnage devant servir de base à la perception de la taxe sur les navires traversant le canal », le Grand-Vizir, par une nouvelle lettre du 30 du même mois, répondit à cette demande dans les termes suivants :

« Ainsi que Votre Altesse le sait, la Compagnie s'en était référée à l'avis et à la décision du Gouvernement Impérial en vue de la solution de cette affaire. L'avis et la décision exposés dans ma susdite lettre étant conformes à l'équité et à la justice, nous avons lieu d'espérer que la Compagnie réglera sa conduite là-dessus. Je prie Votre Altesse de vouloir bien notifier le contenu de cette même lettre à la Compagnie du Canal maritime, en la prévenant en même temps qu'elle assumerait la responsabilité des conséquences qui résulteraient de sa conduite, si elle était opposée à la décision et à l'avis justes et légaux de la Sublime Porte. »

Note du Ministre des Affaires Étrangères de France, du 7 *août* 1873, *destinée à être remise par les Agents diplomatiques français aux différents Gouvernements.*

A la suite de la communication qui lui avait été faite de la lettre vizirielle du 12 juillet 1873 par laquelle le Gouvernement Ottoman faisait connaître au Khédive sa décision sur les questions relatives au péage du canal, le Ministre des Affaires Étrangères rédigea une note très explicite destinée à être remise aux Gouvernements des Puissances maritimes intéressées pour leur exposer les vues du Gouvernement Français.

Les considérations développées et les vues exposées dans ladite note disaient en substance ce qui suit :

La lettre virizielle par l'interprétation qu'elle donnait des mots *tonneau de capacité*, reconnaissait formellement à la Compagnie le droit de baser ses perceptions sur la capacité utilisable, sans se préoccuper du tonnage inscrit sur les papiers de bord ;

Ce principe était trop rationnel pour n'avoir pas obtenu par avance, l'adhésion des Puissances intéressées, et la question se réduisait à savoir si l'on arrivait à un résultat vrai par l'emploi du mode de mesurage usité chez les principales nations maritimes ;

Or, aucune Puissance ne pouvait se refuser à reconnaître que le tonnage inscrit sur les papiers de bord était en général très inférieur à la capacité vraie utilisable. Le Gouvernement Anglais, en particulier, s'était implicitement prononcé dans ce sens, puisque, dans les instructions envoyées le 31 août 1872 à l'Ambassadeur d'Angleterre à Constantinople, tout en soutenant que la Compagnie de Suez devait continuer à percevoir la taxe d'après le tonnage inscrit sur les papiers de bord, il ne s'en était pas moins montré disposé à admettre, en principe, que, pour les navires à vapeur, sauf quelques réserves concernant les bâtiments affectés au transport de troupes ou de passagers, la meilleure base de perception serait le gross tonnage.

Après avoir expressément reconnu le principe de la capacité utilisable, le Gouvernement Ottoman évitait, dans la lettre vizirielle, de prendre une décision sur la question d'application. Il se bornait à constater qu'il ne s'était prononcé sur la légalité de l'une ni de l'autre des deux bases de perception que la Compagnie avait tour à tour adoptées. N'ayant d'ailleurs pas d'opinion arrêtée, sur le point de savoir si la Compagnie avait outrepassé son droit, en prenant sa dernière décision, il préférait s'abstenir. Le Gouvernement inclinait, il est vrai, à penser que le tonnage officiel obtenu par la méthode anglaise se rapprocherait assez de la capacité utilisable, pour pouvoir être adopté comme base de perception; mais il se hâtait d'ajouter que, si cette manière de voir n'était pas partagée, soit par les Puissances, soit par M. de Lesseps, la question devrait être déférée à une Commission internationale qui serait chargée de déterminer la capacité utilisable.

Ce dernier mode de solution paraissait au Gouvernement français aussi équitable que pratique. On ne pouvait d'ailleurs s'attendre que la Compagnie de Suez abandonnât volontairement un mode de perception dont la base était, suivant elle, le principe de la capacité utilisable au moment même où ce principe venait d'être officiellement reconnu.

Le mandat de la Commission internationale à laquelle la Porte Ottomane avait réservé la solution de la question technique du tonnage devait, dans l'opinion du Gouvernement Français, être strictement limité à la détermination de la capacité utilisable.

En circonscrivant dans ces limites le mandat de la Commission, on en accélérerait l'accomplissement. Plus le travail serait simplifié, plus l'entente serait facile entre les commissaires. La grande question de l'unification des méthodes de jaugeage ne serait pas résolue encore ;

mais elle aurait fait un pas décisif le jour où, sur un point aussi fréquenté que le canal de Suez par les marines de toutes les nations, le principe de la capacité utilisable recevrait une application incessante.

Le Gouvernement Français n'avait pas de préférence à exprimer, quant au choix du lieu de réunion.

Une prompte réunion de la Commission internationale était d'autant plus à souhaiter, que l'on concevait difficilement quel régime, avant sa réunion et pendant ses travaux, pourrait être appliqué au canal, sans soulever de réclamations. Tant que la question, plutôt posée que résolue par la lettre virizielle, ne serait pas tranchée, on devait s'attendre à ce que la Compagnie maintînt son tarif, et l'on resterait ainsi en présence des difficultés dont on voulait sortir.

Au lieu de s'arrêter à ces questions secondaires, les Puissances maritimes envisageraient certainement à un point de vue plus élevé les devoirs de protection qu'elles avaient à remplir à l'égard du commerce maritime. Elles comprendraient que ses intérêts et ceux de la Compagnie de Suez étaient solidaires, et qu'elles sauvegarderaient les uns comme les autres en assurant à cette Société les moyens d'exploiter dans des conditions suffisamment rémunératrices la voie nouvelle dont elle avait doté le monde. Quant au Gouvernement Français, quelque sollicitude que lui inspirât une entreprise que la France avait puissamment aidée de ses capitaux, en même temps que de ses sympathies, quelque désir qu'il eût de la soustraire à des embarras financiers qui étaient, en partie, la conséquence des embarras qu'avait rencontrés, à une autre époque, la courageuse initiative de son promoteur, c'était surtout dans l'intérêt du commerce maritime, qu'il appelait de ses vœux une entente générale. Ce n'était, en effet, qu'à la faveur de cette entente que les Puissances européennes pourraient faire introduire dans le tarif de la Compagnie les améliorations qu'il comportait, notamment au point de vue de l'allègement des charges afférentes aux navires sur lest, aux transports de guerre et aux paquebots-poste ; conserver le maximum de 10 francs par tonneau, comme limite infranchissable ; obtenir l'abaissement de cette taxe, lorsque la situation de l'entreprise serait devenue prospère ; faire établir, enfin, qu'en raison du caractère essentiellement international du canal de Suez, les conditions du transit ne pourraient jamais être aggravées, sans un accord préalable entre la Porte Ottomane et les principaux Gouvernements intéressés.

Lettre, du 8 août 1873, du Ministre des Affaires Étrangères au Chargé d'affaires de France à Constantinople

Le Ministre des Affaires Étrangères, en accusant au Chargé d'affaires de France à Constantinople, par lettre du 8 août 1873, réception de la lettre vizirielle du 12 juillet 1873, lui envoya en même temps copie de la note du 7 août, en lui recommandant d'utiliser à l'appui de ses démarches les considérations qui y étaient développées et qui paraissaient au Ministre de nature à produire une sérieuse impression sur l'esprit de la Porte Ottomane.

En même temps, dans sa lettre, le Ministre, qui avait été informé, par un télégramme de l'ambassade du 2 août, que les représentants de plusieurs Puissances insistaient à Constantinople pour que la Compagnie de Suez reçût l'ordre de revenir immédiatement à l'ancien mode de perception, exprimait au Chargé d'affaires l'espoir qu'il saurait empêcher qu'une décision dans ce sens fût prise par la Sublime Porte.

Lettre circulaire, du 12 août 1873, du Ministre des Affaires Étrangères aux Agents diplomatiques français auprès des Puissances maritimes

La note du 7 août du Ministre des Affaires Étrangères fut adressée par lettre du 12 du même mois aux Agents diplomatiques français auprès des Puissances maritimes.

Dans sa lettre d'envoi, le Ministre faisait observer que l'opinion du Gouvernement Français sur la lettre vizirielle pouvait se résumer comme suit :

> Le principe de la capacité utilisable étant désormais reconnu, il y a lieu de réunir au plus tôt une Commission internationale, pour en régler l'application au péage du canal de Suez.
>
> Le mandat de cette Commission devra être strictement limité à la détermination du rapport moyen existant entre la capacité totale des navires obtenue par le système Moorsom et leur capacité utilisable.
>
> Pendant les travaux de cette Commission, la Compagnie de Suez continuerait provisoirement à appliquer le mode actuel de perception, qui, d'après ses évaluations, permet d'atteindre tout le tonnage net utilisable des bâtiments à vapeur.

Le Ministre terminait sa lettre en invitant le Chargé d'affaires de France de remettre une copie de la note au Ministre des Affaires Étrangères de la nation auprès de laquelle il était accrédité, en exprimant le vœu de voir son Gouvernement s'associer aux conclusions qui s'y trouvaient formulées.

Lettre circulaire, du 13 août 1873, du Ministre des Affaires Étrangères aux Représentants à l'extérieur du Gouvernement Ottoman

L'entente ne paraissant pas pouvoir s'établir sur la manière d'évaluer la « capacité utilisable des navires » pour l'application de la taxe de navigation du canal de Suez, le Gouvernement Ottoman convoqua la Commission internationale chargée d'élucider la question par la lettre circulaire suivante du 13 août 1873 :

La décision du Gouvernement Impérial, relative aux droits du canal de Suez que je vous ai communiquée par ma dépêche du 19 juillet, prévoit le cas où, par suite d'un défaut d'entente quant à l'application des principes posés par la Sublime Porte, il y aurait lieu d'avoir recours, pour la solution définitive, aux lumières de la Commission internationale. A ce point de vue, cette question vient s'ajouter désormais, tout naturellement, aux attributions de la Commission dont le Gouvernement Impérial prenait l'initiative de provoquer la convocation par sa circulaire du 1er janvier 1873.

Cette dernière proposition ayant été accueillie partout avec empressement depuis longtemps, et Constantinople ayant été presque unanimement désigné comme le lieu de sa réunion, il a été décidé que la Commission serait convoquée le 15 septembre prochain, afin de ne pas retarder plus longtemps des travaux dont l'utilité se fait sentir d'une manière si impérieuse. En outre, il a été convenu que les Puissances participantes auraient la faculté de s'y faire représenter à leur convenance, soit par un, soit par deux délégués.

Veuillez, en notifiant la date de cette réunion à M. le Ministre des Affaires Étrangères, le prier de désigner les personnes qui auront la mission d'y représenter le Gouvernement.

Lettre, du 20 août 1873, du Chargé d'affaires de France à Constantinople au Ministre des Affaires Étrangères

Le Chargé d'affaires de France à Constantinople, en accusant, au Ministre des Affaires Étrangères, par lettre du 20 août, réception de la note du 7 du même mois, informa le Ministre que l'envoi de cette note aux divers Gouvernements lui semblait avoir été d'autant plus opportun qu'il voyait régner à Constantinople, dans l'esprit de leurs agents, quelque incertitude en ce qui touchait le rôle de la Commission internationale. Il manifestait l'espoir que la précision avec laquelle le Gouvernement Français définissait ce rôle était propre à les éclairer et peut-être à les rallier à son opinion. Quant à la Sublime Porte, il annonçait qu'elle entendait se maintenir dans la plus stricte neutralité.

Lettre, du 1er Septembre 1873, du Chargé d'affaires de France à Londres au Ministre des Affaires Étrangères

Par lettre du 1er septembre 1873, le Chargé d'affaires de France à Londres informa le Ministre des Affaires Étrangères que le principal Secrétaire d'Etat des Affaires Étrangères de la Grande-Bretagne, dans sa réponse à la communication qu'il lui avait faite de la note du 7 août, avait donné une interprétation de la lettre vizirielle toute différente de celle développée dans ladite note. Il résultait des termes de cette réponse, — disait-il, — que, d'après le Gouvernement Britannique, la Compagnie de Suez n'aurait pas le droit de percevoir d'autres taxes de transit que celles établies sur la base du tonnage net mesuré d'après le système Moorsom jusqu'à l'adoption d'un autre système par la Commission internationale.

Dans un entretien ultérieur avec le principal Secrétaire d'Etat, le Chargé d'affaires lui ayant fait remarquer que cette interprétation ne lui semblait pas résulter des termes de la lettre vizirielle, laquelle parlait, il était vrai, du système Moorsom comme de celui qui donnait avec le plus d'exactitude la capacité utilisable des navires, mais n'excluait pas les autres modes de jaugeage, le Ministre lui avait répondu que si, en effet, les intentions du Gouvernement Ottoman à cet égard n'étaient pas clairement exprimées dans la lettre adressée au Khédive, il lui était impossible, quant à lui, après les informations qu'il avait reçues de l'Ambassadeur d'Angleterre à Constantinople, de mettre en doute la conclusion à laquelle il s'était arrêté. Le Ministre avait ajouté que, pour éviter les difficultés auxquelles ne pouvait manquer de donner lieu la mesure prise le 1er juillet de l'année précédente par la Compagnie, le Gouvernement Français aurait intérêt à inviter la Compagnie à abandonner ce système en attendant la décision de la Commission.

Le Chargé d'affaires n'avait pu, — disait-il en terminant sa lettre, — que faire des réserves sur l'impression que produirait auprès du Gouvernement Français la manière dont le Cabinet de Londres envisageait la question.

COMMISSION INTERNATIONALE POUR LE TONNAGE RÉUNIE A CONSTANTINOPLE

(1873-1875)

I. Instructions des Gouvernements à leurs délégués : § 1er Instructions données par le Gouvernement Français et par divers autres Gouvernements à leurs délégués respectifs. — § 2 Instructions du Gouvernement Ottoman à ses délégués. — II. Analyse des procès-verbaux des délibérations de la Commission internationale de tonnage. — III. Rapport final résumant les travaux de la Commission internationale. — Règles de jaugeage recommandées par la Commission. — IV. Compte rendu des commissaires anglais à leur gouvernement. — V. Mise en application des résolutions de la Commission internationale, imposée par la force à la Compagnie. — VI. Nouvelles négociations, restées infructueuses, engagées par la Compagnie auprès du Gouvernement Ottoman.

On a vu, ci-dessus, que le Gouvernement Ottoman, par lettre circulaire du 13 août 1873, avait informé les divers Gouvernements intéressés que la Commission internationale pour le tonnage se réunirait à Constantinople le 15 septembre et les avait invités, chacun, à désigner ses délégués à la Commission.

La Commission, par suite d'ajournements successifs, ne commença officiellement ses délibérations que le 6 octobre[1].

Avant de rendre compte de ces délibérations, et pour per-

---

1. Le 9 septembre 1873, c'est-à-dire peu de jours avant la date fixée pour la réunion de la Commission internationale, M. de Lesseps, ayant appris le départ du Président de la Compagnie des Messageries maritimes pour Constantinople, avait écrit au Ministre des Affaires Étrangères d'Egypte pour lui faire part des observations suivantes :

Il exprimait l'avis que l'Administration du canal de Suez, aussi bien que celle des Messageries, devait rester étrangère aux délibérations des délégués des Puissances maritimes, ceux-ci n'étant point appelés à juger les conditions d'un contrat passé entre une Compagnie financière et le Gouvernement Égypto-ottoman, mais seulement à étudier les moyens de déterminer un tonnage universel et équitable pour constater officiellement d'un commun accord et sous un point de vue scientifique la capacité utilisable des navires.

Dans cette situation, M. de Lesseps croyait devoir prier le Ministre d'informer S. A. le khédive qu'il s'abstiendrait de suivre les Messageries dans les démarches qu'elles paraissaient vouloir entreprendre à Constantinople, se renfermant strictement dans les termes de l'article 17 du contrat du 5 janvier 1856, si loyalement interprété et expliqué dans la lettre vizirielle adressée à Son Altesse.

mettre d'en bien saisir le sens, de s'expliquer les incidents auxquels elles ont donné lieu, d'en apprécier les conclusions, il est indispensable de faire connaître tout d'abord les instructions qui avaient été données par le Gouvernement Français, par divers autres Gouvernements, enfin par le Gouvernement Ottoman, à leurs délégués respectifs, ces dernières instructions ayant pour objet de bien définir auprès de la Commission internationale la mission que le Gouvernement entendait lui confier.

I. — Instructions des Gouvernements à leurs délégués

§ 1er. — INSTRUCTIONS DONNÉES PAR LE GOUVERNEMENT FRANÇAIS ET PAR DIVERS AUTRES GOUVERNEMENTS A LEURS DÉLÉGUÉS RESPECTIFS.

Lettre, du 10 septembre 1873, du Ministre des Affaires Étrangères au Chargé d'affaires de France à Constantinople, annonçant la nomination des délégués français et accompagnant l'envoi d'une copie des instructions adressées à ces délégués.

Par lettre du 10 septembre 1873, le Ministre des Affaires Étrangères informa le Chargé d'affaires de France à Constantinople qu'il avait désigné, pour représenter le Gouvernement Français à la Commission internationale convoquée à Constantinople, un agent de son département, M. le baron d'Avril, consul général et membre de la Commission du Danube, et M. Rumeau, inspecteur général des Ponts et Chaussées mis à sa disposition par le Ministre des Travaux publics.

Le Ministre envoyait en même temps au Chargé d'affaires une copie des instructions qu'il adressait aux commissaires français, en l'autorisant à communiquer ces instructions au Grand-Vizir ainsi qu'à ceux des représentants des autres Puissances auxquels il jugerait utile d'en donner connaissance. Il annonçait, d'ailleurs, qu'il avait invité les Commissaires français à cesser de prendre part aux délibérations de la Commission dans le cas où celle-ci viendrait à mettre en question le principe de la capacité utilisable en interprétant autrement que la Porte les termes de l'acte de concession.

Dans la pensée du Gouvernement Français, — ajoutait le Ministre, — les conclusions de la Commission ne devraient devenir exécutoires qu'après avoir reçu l'adhésion des Puissances représentées dans son sein. Cette réserve lui avait été suggérée par le désir de ne pas abandonner à la Commission la solution définitive d'une question aussi importante que celle de la capacité utilisable. Il lui avait paru aussi que, pour se prémunir contre l'extension exagérée que pourrait recevoir un mandat qui n'était pas encore nettement déterminé, il n'y avait lieu de n'attribuer à ce mandat qu'un caractère consultatif. Le Ministre n'en reconnaissait pas moins, pourtant, au Gouvernement du Sultan le droit de s'approprier les conclusions de la Commission et d'en prescrire, si bon lui semblait, l'application au canal de Suez. Seulement, il pensait que la Porte, avant d'arrêter la base de perception à laquelle la Compagnie devrait désormais se conformer, tiendrait certainement à s'assurer que les calculs au moyen desquels la Commission aurait déterminé la capacité utilisable étaient considérés comme exacts par les Puissances intéressées.

Instructions adressées, le 10 septembre 1873, par le Ministre des Affaires Étrangères aux commissaires du Gouvernement Français à la Commission internationale de Constantinople [1].

En même temps que le Ministre des Affaires Étrangères nommait les délégués du Gouvernement Français à la Com-

1. Par une lettre circulaire du 27 septembre 1873, et pour faire suite à ses précédentes communications sur le péage du canal de Suez, le Ministre des Affaires étrangères adressa une copie de ces instructions aux agents diplomatiques de France près des Puissances représentées à la Commission internationale de Constantinople, en les invitant, si les Gouvernements auprès desquels ils étaient accrédités leur exprimait le désir de connaître la nature et l'étendue du mandat des commissaires français, à leur communiquer, à titre confidentiel, la substance desdites instructions.

mission internationale de Constantinople, il leur adressait, à la date du 10 septembre 1873, les instructions suivantes sur l'objet de leur mission :

En adhérant à la réunion de la Commission proposée par la Porte Ottomane, j'ai formulé, en ce qui concerne la nature et les limites de son mandat, des réserves qui devront, jusqu'à nouvel ordre, vous servir de règle de conduite. Vous les trouverez exposées dans la note ci-annexée, que j'ai fait remettre récemment aux principales Puissances maritimes[1]. J'y insiste, tout d'abord, pour que la Commission soit uniquement chargée de déterminer la capacité utile des navires. Comme vous le savez, Monsieur, nous avons obtenu du Gouvernement Ottoman qu'il interprétât définitivement l'acte de concession du canal de Suez dans le sens qui nous paraissait le plus rationnel et le plus équitable : il a déclaré que les mots *tonneau de capacité* ne désignaient nullement le tonnage inscrit sur les papiers de bord, et que le firman autorisait la Compagnie à percevoir le droit de 10 francs par tonneau sur toute la capacité utilisable. Il ne reste donc plus aujourd'hui qu'à s'entendre sur le meilleur moyen d'évaluer cette capacité. Celui qu'emploie la Compagnie de Suez pour les bâtiments à vapeur, en ne déduisant pas du tonnage obtenu par la méthode anglaise l'espace qu'occupent la machine et les soutes à charbon, a soulevé certaines objections : on a contesté que cet espace fût l'équivalent de la différence existant entre le tonnage officiel et le tonnage utile. Or, ce sont précisément ces objections que la Commission est appelée à faire cesser en déterminant l'écart entre les deux tonnages et en rectifiant ensuite, s'il y a lieu, la base de perception adoptée par la Compagnie.

La Commission ne me semblerait pas compétente pour examiner le mode de perception qui devrait être appliqué dans l'isthme pendant la durée de ses travaux. Elle s'exposerait même, en examinant cette question, à porter indirectement atteinte au principe de la capacité utilisable. La Compagnie, en effet, affirme que ses perceptions actuelles sont conformes à ce principe ; or, si, avant d'avoir vérifié l'exactitude de cette assertion, la Commission se prononçait pour le retour immédiat à l'ancienne tarification, qui avait pour base un tonnage notoirement inférieur au tonnage utile, elle préjugerait ainsi la question qu'elle est appelée à étudier et à résoudre.

Le mandat de la Commission ne comporte pas non plus, dans mon opinion, l'examen de la situation financière et des actes administratifs de la Compagnie. Celle-ci peut être appelée, le moment venu, à fournir des explications sur les calculs qui l'ont amenée à considérer le *gross*

1. Voir, plus haut, la note du 7 août 1873.

tonnage officiel comme équivalent au tonnage utile net; mais elle doit conserver, vis-à-vis de la Commission, son entière indépendance, et si le commerce maritime est intéressé à obtenir que certains changements soient apportés au régime du canal, c'est par la voie diplomatique que ces améliorations doivent être obtenues. Rien ne me paraît s'opposer, du reste, à ce que la Commission, avant de se séparer, émette à ce sujet une série de vœux, que les Puissances maritimes s'empresseront sans doute d'appuyer auprès de la Porte Ottomane.

En définitive, votre principal but, Monsieur, devra être de faire adopter par la Commission le mode d'évaluation de la capacité utilisable qui vous paraîtra donner les résultats les plus exacts. Comme l'indique la note ci-jointe, le procédé de cubage employé en Angleterre est très satisfaisant; mais le chiffre par lequel on divise ensuite le volume obtenu pour avoir la capacité utile est beaucoup trop élevé.

La connaissance que vous possédez des questions de jaugeage me dispense de vous adresser sur ce point des instructions détaillées; vous parviendrez, je l'espère, de concert avec votre collègue, à faire adopter vos vues par la Commission en ce qui concerne le diviseur dont l'emploi doit donner le tonnage utile. Aucune Puissance ne saurait, au surplus, se refuser à reconnaître qu'il existe un écart considérable entre la capacité utile des navires et le tonnage que font ressortir les diviseurs usités chez les différentes nations; les preuves abondent, même dans les documents officiels, tant français qu'étrangers, et il vous sera facile, en outre, de démontrer que la méthode anglaise, comparée aux autres méthodes connues, est une de celles qui, au point de vue du tonnage utile, donnent les résultats les plus éloignés de la vérité.

La solution de cette question générale aura un double avantage : elle mettra fin aux difficultés soulevées par le péage de l'isthme de Suez, et elle préparera les voies à une entente de toutes les Puissances pour l'adoption d'une méthode de jaugeage uniforme et vraie dans ses résultats. Mais je ne pense pas que la Commission qui va se réunir à Constantinople puisse être chargée de réaliser cette entente universelle. Qu'elle fasse prévaloir le principe de la capacité utilisable et qu'elle en facilite l'application sur le parcours du canal de Suez, ce sera un grand point obtenu. Pour introduire ensuite ce principe dans la pratique journalière des différentes nations, il faudra, je pense, entreprendre des négociations longues et compliquées, que son mandat ne me paraît pas comporter.

La question principale qu'il s'agit de régler à trop d'importance, Monsieur, pour que je n'aie pas cru devoir réserver expressément l'adhésion du Gouvernement Français aux décisions qui seront adoptées. Je vous prierai donc de n'accepter qu'*ad referendum* le résultat des délibérations auxquelles vous aurez participé.

Lettre, du 15 septembre 1873, du Ministre des Affaires Étrangères au Chargé d'affaires de France à Londres, discutant les vues exposées et l'opinion exprimée par le Gouvernement Anglais à l'occasion de la communication qui lui avait été faite de la note du 7 août.

Les vues du Ministre des Affaires Étrangères sur l'interprétation à donner à la lettre vizirielle et sur le rôle de la Commission internationale furent reproduites par lui, pour être communiquées au Gouvernement Anglais, dans la lettre suivante du 15 septembre 1873 adressée au Chargé d'affaires de France à Londres :

Je vois, par la réponse de lord Granville à notre note du 7 août, que le Cabinet de Londres, interprétant autrement que nous les termes de la lettre vizirielle, attribue un caractère impératif à ce qui nous paraît être un simple avis donné par la Porte Ottomane. J'ignore, comme vous, quelles sont les déclarations verbales que l'Ambassadeur de Sa Majesté Britannique à Constantinople aurait reçues à ce sujet; mais j'ai tout lieu de croire à un malentendu. Non seulement, en effet, la rédaction de la lettre vizirielle ne se prête pas à l'interprétation que lord Granville croit être fondé à considérer comme exacte; mais encore cette interprétation serait en opposition formelle avec le principe de la capacité utilisable, que la même lettre reconnaît et constate. La Porte déclare qu'il ne peut y avoir pour la Compagnie de Suez d'autre base légale de perception que le tonnage utile; lorsqu'elle ajoute, ensuite, que le tonnage net obtenu par le système Moorsom paraissant être celui qui se rapproche le plus de ce tonnage utile, la Compagnie devrait le prendre provisoirement pour base de ses perceptions, elle n'entend évidemment émettre qu'une simple opinion qu'elle défère, d'ailleurs, par avance, en cas de contestation, à l'examen d'une Commission internationale. Et comment aurait-elle pu être plus affirmative, alors qu'un écart considérable existe, en fait, entre le tonnage net des navires jaugés par la méthode anglaise et leur capacité utilisable, et que cette méthode, comparativement aux autres méthodes connues, est une de celles qui donnent, au point de vue du tonnage utile, les résultats les plus éloignés de la vérité? Vous parviendrez, je l'espère, Monsieur, à faire comprendre à lord Granville que, dans cette situation, il me serait difficile d'inviter la Compagnie de Suez, alors même que je serais en mesure d'exercer quelque influence sur ses décisions, à percevoir ses taxes, jusqu'à la fin des travaux de la Commission, d'après le tonnage net obtenu par la méthode Moorsom, lequel n'est autre, pour la plupart des navires, que celui que portent leurs papiers de bord.

D'un autre côté, il semble que, dans l'opinion du principal Secrétaire d'Etat de Sa Majesté Britannique pour les Affaires Étrangères, le mandat de la Commission devrait principalement consister, une fois que la Compagnie serait revenue à son ancien mode de perception, à recueillir ses observations et à examiner la suite dont elles seraient susceptibles. Je pense pour ma part, Monsieur, que la Commission doit uniquement s'occuper de déterminer la capacité utilisable des navires. Il se peut que, dans le cours de ses délibérations, elle ait occasion de demander à la Compagnie des explications sur les calculs qui l'ont amenée à considérer le *gross tonnage* officiel comme équivalent au tonnage utile net; mais là devra se borner, à mon avis, son ingérence dans les actes administratifs d'une entreprise qui doit conserver, vis-à-vis d'elle, son entière indépendance.

Lettre, du 24 septembre 1873, du Ministre des Affaires Étrangères au Chargé d'affaires de France à Constantinople, faisant connaître et discutant les instructions données par le Gouvernement Austro-Hongrois à ses délégués :

Il résulte des instructions qu'ont reçues les commissaires austro-hongrois que, dans la pensée du Cabinet de Vienne, la Commission doit être chargée d'examiner toutes les difficultés soulevées par le péage du canal de Suez. Ainsi que je vous l'ai déjà écrit, le mandat de la Commission doit, d'après nous, consister avant tout, et même uniquement, à déterminer la capacité utilisable, qui, de l'aveu même du comte Andrassy, est supérieure au tonnage officiel. Je vous prie donc de faire tous vos efforts pour empêcher que la Porte ne donne à ce mandat l'extension que le Gouvernement Austro-Hongrois voudrait lui voir attribuer.

Nous ne pouvons pas non plus admettre, tant que cette question ne sera pas réglée, que la Compagnie soit contrainte, comme le désire le Cabinet de Vienne, de baser ses perceptions, soit sur les énonciations des papiers de bord, soit, ce qui revient au même pour la plupart des navires, sur le tonnage net obtenu par la méthode Moorsom. Une telle exigence nous paraîtrait aussi injuste qu'illogique, du moment où le Gouvernement Ottoman a reconnu à la Compagnie le droit de percevoir ses taxes sur le tonnage utile, et où la Compagnie affirme que le nouveau mode de perception est conforme à ce principe.

Enfin, le Gouvernement Austro-Hongrois se montre disposé à accepter l'établissement temporaire d'une surtaxe de 2 francs par tonneau de jauge officielle. Je n'ai pas besoin de vous faire remarquer que l'insuffisance de cette surtaxe, au double point de vue des besoins de l'entreprise et de l'écart qui existe entre le tonnage utile et le tonnage officiel, ne manquerait pas de motiver, de la part de la Compagnie, des réclamations fondées.

Lettre, du 4 octobre 1873, du baron d'Avril, commissaire français à Constantinople, au Ministre des Affaires Étrangères, faisant connaître les vues de quelques-uns de ses collègues sur le rôle de la Commission :

En devançant à Constantinople l'ouverture des séances de la Commission internationale, qui, par suite d'ajournements successifs, ne se réunira que le 6 de ce mois, j'ai pu, par des entretiens avec quelques uns de mes collègues, me rendre compte du système au moyen duquel on s'efforcera d'annuler les conséquences qui découlent du principe de la capacité utilisable inscrit dans la lettre vizirielle.

D'après ce système, le diviseur qui sert généralement aujourd'hui à calculer le tonnage officiel et qui représente 100 pieds cubes anglais ou 2^{mc},83 est indiscutable et ne saurait être modifié. La Commission internationale n'a pas à le mettre en question. La capacité utilisable d'un navire, c'est le nombre de fois que ce volume type est compris dans le cubage total diminué des espaces non susceptibles d'être utilisés pour le fret. Par là, on oppose à la recherche de la capacité vraiment utilisable une barrière préjudicielle, puisqu'on n'admet la possibilité d'un changement dans le mode de calcul de cette capacité qu'en ce qui touche la déduction des espaces qui ne peuvent pas recevoir des marchandises.

En conséquence, lorsque la lettre vizirielle dit que la Compagnie de Suez peut frapper de 10 francs par tonneau la capacité utilisable, elle aurait entendu seulement que, du volume total exprimé en unités de 100 pieds cubes, il faut déduire les espaces non utilisables pour le fret. La tâche de la Commission internationale consisterait à déterminer quels sont ces espaces et quelle est la meilleure manière de les calculer.

Le système qui nous est opposé est le système des papiers de bord, explicitement condamné par la lettre vizirielle. Il est la négation même du principe de la capacité utilisable tel que le Gouvernement Français l'a défini dans la communication que Votre Excellence a adressée à toutes les Puissances au mois d'août dernier, à l'effet de préciser nettement et à l'avance les conditions de notre participation à la Conférence internationale. La consécration d'un tel système par la majorité de la Commission réaliserait donc une éventualité prévue par les instructions de Votre Excellence.

Lettre, du 10 octobre 1873, du Ministre de France à la Haye au Ministre des Affaires Etrangères, faisant connaître les vues du Gouvernement Néerlandais :

J'ai repris ce matin avec M. le baron de Gericke, la conversation sur les travaux de la Conférence internationale réunie actuellement à

Constantinople; j'ai cru devoir lui donner communication verbale de la dépêche de Votre Excellence du 27 septembre. Je n'ai pas été chargé par M. le Ministre des Affaires Etrangères de transmettre à Votre Excellence les instructions écrites données au commissaire hollandais; mais il résulte d'une note que M. le baron de Gericke a bien voulu me communiquer officieusement :

1° Que le Gouvernement Néerlandais désirerait que la Conférence formulât un système de jaugeage international d'après les bases du système Moorsom;

2° Que les résolutions de la Conférence, sans être obligatoires pour les Gouvernements, eussent cependant plus d'autorité que ne semble leur en reconnaître la dernière dépêche que Votre Excellence m'a fait l'honneur de m'adresser;

3° Qu'enfin, l'interprétation donnée par le Gouvernement Ottoman à l'acte de concession n'autorise la perception de ces droits, jusqu'à ce qu'un nouvel accord international soit intervenu, que selon les calculs du système Moorsom (c'est-à-dire le *net tonnage* anglais) et, qu'ainsi, le tarif actuel de la Compagnie manque de base légale.

Le Gouvernement Néerlandais espère, enfin, que la Conférence chargée de réglementer d'aussi vastes et complexes intérêts que ceux qui touchent aux relations du Commerce entre les nations civilisées n'hésitera pas à demander de sérieuses modifications au tarif du 1er juillet 1872.

Lettre du 23 octobre 1873, de l'Ambassadeur de France à Saint-Pétersbourg au Ministre des Affaires Étrangères, faisant connaître, au cours des délibérations de la Commission internationale du tonnage, les vues du Gouvernement Russe :

J'ai pu m'assurer que les vues du Gouvernement Russe à l'égard de la Compagnie du canal de Suez ne se sont pas modifiées et qu'il persiste à approuver et à soutenir à Constantinople les divers points de vue qui ont servi de base aux instructions données à notre Commissaire, à savoir :

1° Que le mandat de la Commission doit être exclusivement limité à la détermination de la capacité utilisable des navires traversant le canal de Suez, la question du tonnage ne devant pas être généralisée quant à présent, si ce n'est tout au plus à titre consultatif;

2° Que les commissaires ne pourront accepter qu'*ad referendum* les décisions de la Commission, les diverses Puissances se réservant d'examiner elles-mêmes et d'approuver, avant toute mise à exécution, la solution intervenue;

3° Que le mandat de la Commission ne comporte ni l'examen de la situation financière et des actes administratifs de la Compagnie, ni la détermination d'aucun mode de perception à suivre pendant la durée du travail de la Commission, une pareille détermination, quelle qu'elle soit, devant naturellement avoir pour effet de préjuger la question qui est précisément soumise à ses délibérations;

4° Enfin, que les commissaires ne sauraient adhérer à aucune revendication, de la part des armateurs, pour les sommes perçues en trop, selon eux, depuis l'adoption de la nouvelle tarificatioin du 1er juillet 1872.

Sur ces divers points, le Gouvernement Russe reste en complet accord avec le Cabinet Français[1].

§ 2. — INSTRUCTIONS DU GOUVERNEMENT OTTOMAN A SES DÉLÉGUÉS

(Des exemplaires de ces instructions ont été distribués aux membres de la Commission internationale et lecture leur en a été faite au début de leur première réunion qui a eu lieu le 6 octobre 1873.)

La pensée du Gouvernement Impérial, en convoquant la Commission internationale pour le tonnage est établie dans une circulaire du Ministère des Affaires Étrangères, en date du 1er janvier 1873, dont je crois utile de rappeler ici même le texte :

. . . .

Telle était alors la pensée du Gouvernement Impérial et les événements qui se sont succédé depuis n'ont fait que confirmer les considérations sur lesquelles il s'était fondé pour demander le concours des lumières des principaux Etats maritimes en vue de régulariser cette question d'un intérêt si général. L'empressement que les Etats ont bien voulu mettre à répondre à l'invitation qui leur avait été adressée suffirait à lui seul pour démontrer la justesse des idées qui ont dicté cette démarche. Néanmoins, il ne me semble pas inopportun d'insister ici avec quelques détails sur les circonstances particulières qui justifient l'initiative que le Gouvernement Ottoman a prise et qui expliquent l'instance qu'il a mise à demamder cette réunion.

Le 2 zilhidjé 1282 (19 mars 1866), le Gouvernement Ottoman acceptait et approuvait par firman impérial le contrat intervenu le 22 février 1866

1. En ce qui est des instructions qui avaient été données par le Gouvernement Anglais à ses délégués, voir, plus loin, les renseignements contenus à ce sujet dans le rapport adressé le 31 décembre 1873 par lesdits délégués au Ministre des Affaires Étrangères de la Grande-Bretagne pour lui rendre compte de la manière dont ils avaient accompli leur mission.

entre Son Altesse le Khédive, d'une part, et M. de Lesseps, d'autre part, au sujet de l'entreprise du canal de Suez. Ce contrat confirmait, entre autres, l'acte de concession accordé précédemment à M. de Lesseps le 5 janvier 1856 et dont l'article 17 porte textuellement ce qui suit :

. . . .

En exécution de l'article précité, la Compagnie publiait, le 17 août 1869, le premier règlement de navigation du canal maritime de Suez dont l'article 11 est ainsi conçu :

. . . .

En conséquence, les droits de navigation perçus par la Compagnie à partir de l'inauguration du canal furent calculés sur le tonnage porté sur les papiers de bord. Mais le 4 mars 1872, la Compagnie publiait un nouveau règlement de navigation dont l'article 12 établissait la manière dont ces droits seraient perçus à partir du 1er juillet 1872. Voici cet article :

. . . .

Pour justifier l'abandon du système primitif de sa perception, la Compagnie alléguait : 1° l'insuffisance des évaluations portées sur les papiers de bord ; 2° l'inégalité de traitement qui ne pouvait manquer d'en résulter, contrairement aux stipulations expresses de l'acte de concession.

Quant à l'exactitude du mode de mesurage adopté par elle, elle s'appuyait sur l'avis d'une Commission d'hommes compétents qu'elle avait eu soin de consulter avant sa nouvelle publication. Cette mesure de la Compagnie, qui mettait à la charge des navires une taxe supérieure à celle qu'ils avaient acquittée jusqu'alors souleva des réclamations. Les différentes marines intéressées prétendaient que les taxes ainsi prélevées par la Compagnie dépassaient la limite maximum indiquée dans l'acte de concession. La Compagnie, de son côté, dans de nombreuses communications, qu'elle faisait parvenir à la Sublime Porte par l'organe de M. de Lesseps, ne cessait d'invoquer l'acte de concession, afin de prouver la légitimité des ses procédés. Bientôt après, et sans s'arrêter à l'examen des procédés de mesurage adoptés par la Compagnie, plusieurs Puissances s'adressèrent à la Sublime Porte pour obtenir d'elle tout d'abord l'interprétation officielle des termes de l'acte de concession qui servait de base aux droits perçus par la Compagnie. Auteur de la concession, la Sublime Porte ne crut pas pouvoir refuser l'interprétation qui lui était instamment demandée, et cette interprétation fut formulée dans la lettre vizirielle adressée en date du 17 Djemazi-ul-Ewel 1260 à S. A. le Khédive et dont la teneur suit :

. . . .

Peu après de nouveaux éclaircissements ayant été demandés, S. A. le Grand-Vizir faisait parvenir à la date du 6 Djemazy-ul-ahir 1290, à S. A. le Khédive, la lettre suivante :

. . . .

Sollicitée d'interpréter les termes de *tonneau de capacité* de l'acte du 5 janvier 1856, la Sublime Porte s'empressait ainsi de constater que sa pensée avait été une pensée de justice et d'égalité. Prenant pour point de départ la vérité incontestable que les taxes du canal doivent être supportées en proportion de l'utilité qui en dérive pour ceux qui en profitaient, que cette utilité elle-même est en raison directe de l'importance du navire considéré comme machine de transport, de ses facultés commerciales exprimées par sa capacité vraie, la Sublime Porte maintenait, comme elle maintient aujourd'hui encore : 1° que, sous quelque pavillon qu'ils naviguent, deux navires d'une même capacité doivent être taxés également, premier principe ; 2° que deux navires de capacité inégale doivent contribuer dans le rapport exact qui existe entre leurs capacités utilisables, deuxième principe. Toute convention plus ou moins arbitraire était ainsi écartée pour s'en tenir à la réalité des faits, et c'est là ce que les deux lettres vizirielles précitées ont entendu établir, en donnant comme assiette de la taxe la capacité vraie et rien que la capacité vraie des navires. Quant à entreprendre l'examen technique des procédés de la Compagnie et en apprécier le mérite pour les confirmer ou pour les rejeter, quant à préciser les formules scientifiques par lesquelles la capacité utilisable pourrait être obtenue, c'est ce que la Sublime Porte n'aurait pas hésisté à faire, si elle avait pu trouver sur ce point des règles dont l'exatitude eût été universellement reconnue. Malheureusement, ce n'était pas le cas, et au milieu des vives discussions auxquelles les différentes formules employées pour le mesurage des navires avaient fourni matière, le seul parti qui lui restait à prendre, ce fut de laisser à la Compagnie la responsabilité de ses mesurages et de recommander l'adoption du système Moorsom, celui de tous qui a semblé réunir jusqu'à présent le plus de suffrages et dont les parties en conflit, elles-mêmes, s'accordaient à admettre l'exactitude en principe, la Sublime Porte eut la satisfaction de voir ses intentions dûment appréciées par les Puissances intéressées ; et la lettre de M. de Lesseps à S. A. le Khédive, en date du 16 août 1873, qui nous est parvenue dernièrement, montre jusqu'à quel point les vues de la Sublime Porte ont été partagées par la Compagnie elle-même. Le débat soulevé par le règlement de navigation du 4 mars se résumait ainsi à préciser d'une manière scientifiquement exacte les moyens par lesquels on peut obtenir la capacité vraiment utilisable d'un navire ; la question spéciale soumise au jugement de la Sublime Porte se trouvait, dès lors, ramenée à la question générale de la rectification des méthodes d'évaluation du tonnage. Mais il n'a pas tenu au Gouvernement Ottoman qu'il en fût autrement, et l'œuvre de l'interprétation administrative a dû forcément s'arrêter à la limite au-delà de laquelle les données positives faisaient entièrement défaut.

C'est aujourd'hui à la Commission internationale de fournir les éléments qui permettent à la Sublime Porte de donner à son interprétation le complément indispensable pour la pratique.

C'est en grande partie en prévision de cette éventualité que la Sublime Porte avait cru utile de prendre l'initiative de la convocation de la Commission par la circulaire ministérielle citée plus haut.

Une circulaire ministérielle plus récente, celle du 13 août 1873, expliquait cette pensée dans les termes suivants :

. . . .

L'œuvre qui a uni la Méditerranée avec la mer Rouge, en ouvrant une voie nouvelle à la navigation des mers, aura eu entre autres résultats celui de porter ainsi sur le terrain pratique une question qui, pour n'être pas tout à fait récente, n'en était pas moins demeurée jusqu'à présent dans le domaine de la spéculation. C'est là ce qui explique aussi l'initiative du Gouvernement Ottoman en vue de la réalisation d'une idée dont il ne saurait réclamer la priorité.

Cette idée, en effet, n'est pas nouvelle. Il y a déjà plusieurs années que la rectification des méthodes de jeaugeage et la détermination d'un tonnage correspondant à la réalité des faits a fait en Occident l'objet de recherches suivies. A côté de l'importance théorique qui s'attachait à la mesure exacte des navires et à la solution scientifiquement vraie de la cubature de ces corps, terminés presque toujours par des surfaces courbes que les exigences de la navigation diversifient à l'infini, à côté, disons-nous, de ce problème scientifique, venait se placer un intérêt de justice et d'équité qu'il est aisé de comprendre. Chez toutes les nations, on trouve des contributions établies sur les navires et calculées d'après leur grandeur relative. L'idée primitive avait été de proportionner la taxe au tonneau de poids, et, le progrès des idées sur ce point a consisté évidemment à s'écarter de plus en plus du système de la taxation en poids pour adopter un système de taxation par contenance, par volume. C'est ainsi qu'en présence de l'extrême différence entre les poids et les charges qu'un même navire peut recevoir, on essaya d'établir une unité de poids moyen à laquelle on fit correspondre l'unité de volume, le tonneau de capacité, auquel, plus tard, on s'attacha presque exclusivement sans égard pour l'idée de poids. Diversité des poids, difficulté ou plutôt impossibilité d'établir d'une manière logique l'unité moyenne de poids à laquelle devait correspondre l'unité de volume, imperfection des méthodes de jaugeage, c'était plus qu'il n'en fallait pour compliquer le problème. Il y a plus :

On ne fait que constater une vérité qui a été relevée par des autorités compétentes en disant qu'en vue de favoriser le pavillon national les administrations des différents Etats ont été souvent portées à faire plier les calculs, d'ailleurs imparfaits, de la science, au désir de diminuer, moyennant des énonciations de tonnage insuffisants, les droits que les navires auraient à acquitter pour leur entrée et leur station dans les ports étrangers. De tout cela il est résulté pour les papiers de bord une déplorable confusion qui, en rendant la plupart du temps impossible la réduction d'une mesure commune des tonnages officiels de divers pays, aboutissait par une conséquence aussi fâcheuse qu'immanquable, à une surchage des navires dont le mesurage se rapprochait le plus de la vérité. Cette injustice ne fut jamais mieux sentie que le jour où l'on entreprit de grands travaux d'art dans le but de favoriser la navigation et dont les revenus devaient être calculés exactement sur les redevances à acquitter par chaque navire à raison de sa capacité. Si l'on ferma les yeux sur les inégalités que nous venons de signaler tant que les droits de navigation ne présentaient qu'un droit purement fiscal, il devint impossible de persister dans cette voie lorsque, en présence des ports artificiels, des docks, des phares, des canaux créés par la main de l'homme et avec le capital des particuliers, on se vit dans la nécessité de déterminer aussi exactement que possible les redevances à acquitter en proportion du service rendu, calculé lui-même en raison directe de la capacité vraie des navires. De là, le besoin universellement senti, dans ces derniers temps, de profiter des progrès réalisés dans le domaine de la science, pour rectifier les anciennes méthodes de jaugeage en même temps que les évaluations du tonnage ; de là enfin, l'idée de l'unification, au moins théorique, du tonnage, que cette Commission est appelée à revêtir de sa sanction.

La Commission a donc pour mission d'indiquer le mode d'évaluation du tonnage qui, dans l'état actuel des connaissances mathématiques et de l'expérience nautique, approche le plus de la vérité, et, subsidiairement, et par une conséquence naturelle, d'établir les rapports qui existent entre le tonnage ainsi rectifié et les différents tonnages officiels actuellement en usage. Or, sans vouloir en rien préjuger les délibérations de la Commission, je crois pouvoir avancer qu'en ce qui concerne le côté scientifique des méthodes de mesurage, il existe déjà une solution aussi satisfaisante que possible.

A en juger par l'accueil favorable que la plupart des États lui ont fait, la règle de mesurage connue en Angleterre sous le nom de Moorsom paraît en principe réunir toutes les conditions d'une bonne formule ; c'est d'après cette règle qu'on arrive aujourd'hui à établir la capacité totale. Mais cette formule abstraite ne suffit pas, et c'est à l'expérience maritime de lui faire subir les modifications sans lesquelles elle ne saurait rendre ce qu'on lui demande, et qui n'est autre chose que la capacité vraiment utilisable du navire. C'est sur ce point que la controverse est vive. Pour prendre l'exemple de l'Angleterre, toutes les défalcations, toutes les déductions qu'on fait subir à la formule Moorsom pour arriver au *net registered tonnage* sont-elles toutes également justes? Reposent-elles sur quelque principe? Ou bien n'ont-elles que le caractère d'appréciations plus ou moins conventionnelles? C'est, en tout cas, ce que l'on a prétendu, ce que l'on prétend principalement pour les navires mus par la vapeur, et ce sera là, surtout, que la Commission aura à porter la lumière de ses connaissances, de son expérience et de son autorité. Il y a là, évidemment, des points d'une appréciation délicate, mais en même temps essentielle pour la correction des règles de mesurage qu'il y aura lieu de prescrire. Je ne doute pas que la Commission témoignera, dans cette partie délicate de ses fonctions, de cette largeur de vues si nécessaire pour saisir dans son ensemble le mécanisme complexe du commerce moderne. S'agissant de taxe à imposer aux navires, on fait souvent appel à l'intérêt de la navigation. Cet intérêt a droit à tous les égards, assurément. Mais l'objection dont on entend faire usage n'est vraie qu'autant qu'il s'agit de taxes arbitraires, de taxes qui, comme je le disais plus haut, ont un caractère purement fiscal. Il n'en est plus de même lorsqu'il s'agit de taxes qui ont un caractère rémunérateur et qui ne sont imposées qu'en considération de travaux exécutés dans l'intérêt même de la navigation.

Les grands travaux entrepris en vue de la facilité et de la sécurité de la circulation maritime ajoutent, en réalité, à l'utilité et, par conséquent, aussi, à la valeur du navire lui-même. L'intérêt des armements maritimes et celui des entreprises qui ont en vue la navigation sont pour ainsi dire solidaires, et l'on ne peut nuire à l'un sans nuire à la fois à l'autre. Pour arriver à faire la part de chacun de ces deux intérêts, il est essentiel de tenir la balance égale, d'être juste, et pour cela il suffit d'être dans l'exactitude, dans la vérité. De même qu'il serait injuste de taxer les parties du navire qui en constituent le poids mort, ou, pour mieux dire, le volume improductif, inutile, de même aussi nous pensons qu'il ne serait pas juste de dérober à la taxation une portion quelconque des parties vives du navire, de sa capacité vraiment productive, vraiment utilisable.

Il s'ensuit donc, naturellement, que la Commission aura aussi à examiner si le mode actuellement appliqué dans la perception des droits du canal de Suez est en harmonie avec les prescriptions de l'acte de concession et du firman impérial, suivant l'interprétation qui leur a été donnée par les deux lettres vizirielles à S. A. le Khédive[1].

---

1. Le Chargé d'affaires de France à Constantinople, dans une lettre du 7 octobre 1873 au Ministre des Affaires Etrangères, accompagnant l'envoi d'une copie des instructions du Gouvernement Ottoman à ses commissaires, donnait en même temps au sujet du texte de ces instructions les informations suivantes :

« Rachid Pacha m'avait, il y a quelques jours, communiqué ces instructions, en me demandant de lui soumettre mes observations. Je n'avais usé de la faculté qu'il m'accordait qu'avec une extrême discrétion, et je m'étais borné à

Voilà quant au fond.

Quant à la forme, je n'hésite pas à croire que la Commission se fera un devoir de s'entourer de toutes les lumières qui sont à sa portée et qu'au besoin elle ne refusera pas d'entendre la voix des hommes qui sont à même de lui fournir les renseignements les plus exacts et les plus précis.

Je terminerai en ajoutant que les délibérations de la Commission à laquelle Votre Excellence est appelée à prendre part auront une portée dont on ne saurait exagérer l'importance.

Les intérêts qui se rattachent à l'évaluation du tonnage sont si nombreux et si importants qu'il ne nous appartient pas de préjuger l'extension pratique que les diverses Puissances croiront convenable, dans plus ou moins de temps, de donner aux conclusions de la Commission. Mais, pour ce qui nous concerne, et eu égard au caractère d'urgence que présente la question du canal, je crois de mon devoir de déclarer, dès à présent, que le Gouvernement Impérial, qui a fondé de si légitimes espérances sur le résultat de ces conférences, se réserve le droit de s'approprier les conclusions de la Commission qui seront de nature à recevoir une exécution immédiate et d'en régler le mode d'application.

---

suggérer un petit nombre de modifications qu'il avait accueillies. Depuis lors, il m'avait fait dire que, malgré les tentatives répétées de certains Agents étrangers, la Porte adoptait dans son intégrité le projet d'instruction, tel qu'il m'avait été communiqué. C'est donc avec étonnement, qu'hier, en comparant à l'épreuve typographique qui m'avait été antérieurement remise le texte, devenu officiel, des instructions des délégués turcs, j'y ai découvert dans un des derniers alinéas, la phrase entièrement nouvelle qui suit : « Il s'en suit donc naturellement. . . . . à S. A. le khédive. » Cette addition inattendue m'a paru trop contraire aux assurances de Rachid Pacha et à notre sentiment sur le mandat de la Commission pour que je tardasse à voir le Ministre et à lui en demander la signification. Je lui ai représenté, qu'à mon avis, en accordant à la Commission le droit d'examiner si le tarif actuellement appliqué dans l'isthme de Suez était conforme aux prescriptions du contrat de concession et au firman qui a sanctionné cet acte, la Porte allait à l'encontre et de ses vues et de ses intérêts. Rachid Pacha m'a répondu qu'il ne comprenait pas comme moi le sens de la phrase en question ; mais il m'a en même temps avoué que son insertion avait été presque exigée par M. l'Ambassadeur d'Angleterre. »

II. — Analyse des procès-verbaux des délibérations de la Commission internationale

La Commission a consacré vingt et une séances — du 6 octobre au 18 décembre 1873 — à l'étude des questions qui avaient été renvoyées à son examen par la Sublime Porte.

Elle était composée comme suit :

Composition de la Commission internationale

MM.

Pour l'Allemagne :

Gillet, consul à Constantinople;

Hargreaves, secrétaire de la députation pour le commerce et la navigation de la ville de Hambourg;

Pour l'Autriche-Hongrie :

Le chevalier de Kosjek, conseiller de légation, 1er drogman de l'ambassade;

Zamara, inspecteur nautique du Gouvernement de Trieste;

Nicolich, agent général du Lloyd austro-hongrois;

Pour la Belgique :

Camille Janssen, consul à Constantinople;

Pour l'Espagne :

Don Joaquin Togorès, inspecteur du génie naval;

Don Angel Ruata, secrétaire de légation;

Pour la France :

Le baron d'Avril, consul général, délégué à la Commission européenne du Danube;

Rumeau, inspecteur général des Ponts et Chaussées;

Pour la Grande-Bretagne :

Le colonel Stokes, du Corps du Génie, compagnon de l'Ordre du Bain;

Sir Philip Francis, consul général, juge de la Cour suprême du Levant;

Pour la Grèce :

Anargyros, capitaine de port;

Pour l'Italie :

Le chevalier Cova, 1er sécrétaire et chargé d'affaires;

Le commandeur Mattei, inspecteur général du Génie naval;

Le chevalier Vernoni, 1er drogman de la légation;

Pour les Pays-Bas :

Le chevalier JANSEN, capitaine de vaisseau;

KEUN, conseiller de légation;

Pour la Russie :

Le baron STEIGER, agent principal de la Compagnie de commerce et de navigation d'Odessa;

Le colonel KORCHIKOFF, du Génie naval;

Pour la Suède et la Norvège :

Le chevalier de HEIDENSTAMM, chancelier de la légation;

Pour la Turquie :

S. E. EDHEM PACHA, ancien ministre;

S. E. SALIH PACHA, préfet du port de Constantinople;

MADRILLY EFFENDI, chef de bureau à l'Administration des phares de l'Empire.

Dans sa première séance, tenue le 6 octobre 1873, au Ministère des Affaires Etrangères, à Constantinople, la Commission a nommé à l'unanimité S. E. EDHEM PACHA comme Président.

Secrétaire, nommé par le Gouvernement impérial : CARATHEODORY EFFENDI, 1er secrétaire de la légation de Turquie, à Berlin.

ANALYSE DES PROCÈS-VERBAUX DES DÉLIBÉRATIONS DE LA COMMISSION

1re, 2e, 3e *et* 4e *Séance.* — 6, 8, 11 *et* 15 *octobre* 1873

Les quatre premières séances de la Commission ont été employées par elle à l'élaboration de son règlement.

On ne mentionnera ici, de ce règlement, que les articles suivants :

« ART. 3. — Aussitôt que les deux tiers des Gouvernements seront représentés par un de leurs délégués, au moins, la séance sera déclarée ouverte par le Président sans attendre les absents. Si les deux tiers ne se présentent pas dans le délai d'une demi-heure, à partir de l'heure fixée pour la séance, le Président l'ajourne.

« ART. 4. — Le Président propose et la Commission fixe d'avance l'ordre du jour de ses séances.

« Une proposition de discussion faite par un membre en dehors de l'ordre du jour devra être communiquée par écrit au Président.

« La Commission décide si cette proposition doit être discutée à la prochaine séance ou après la fin de la discussion des questions qui sont à l'ordre du jour.

« Le membre qui présente la demande a le droit d'ouvrir et de clore la discussion.

« Si un délégué n'est pas muni d'instructions pour le cas spécial, la Commission est libre de continuer ou d'ajourner la discussion en réservant dans le dernier cas audit délégué la faculté de consigner au protocole, tenu ouvert, les observations qu'il jugera nécessaire de faire, après avoir consulté son Gouvernement.

« ART. 13. — Pour les questions de fond, on votera par Puissance.

« Dans le cas où il n'y aurait pas d'opinion unanime à constater, les conclusions établiront les opinions partagées par la majorité absolue ou relative des Puissances.

« Les votes des Puissances qui n'auront pas partagé l'opinion émise par la majorité seront insérés ou par groupe ou par Puissance dans le procès-verbal. »

Au début de la 4e séance, lecture avait été donnée de la lettre adressée à la date du 9 septembre 1873 par M. de Lesseps à S. E. Nubar Pacha, dans laquelle il exprimait l'avis que l'Administration du canal de Suez aussi bien que celle des Messageries maritimes devait rester étrangère aux délibérations de la Commission, laquelle, disait-il, n'était pas appelée à juger les conditions d'un contrat passé entre une Compagnie financière et le Gouvernement égypto-ottoman, mais seulement à étudier les moyens de déterminer un tonnage universel et équitable pour constater officiellement d'un commun accord, et sous un point de vue scientifique, la capacité utilisable des navires.

LE PRÉSIDENT, aussitôt après l'adoption par la Commission de son règlement intérieur, propose de fixer comme ordre du jour de ses travaux la question générale du tonnage, savoir : 1° le tonnage brut; 2° le tonnage net.

M. RUMEAU (France) fait observer, au sujet de cette proposition, que l'ordre de priorité des travaux de la Commission est d'une extrême importance; il estime, quant à lui, que la Commission doit commencer ses travaux par l'étude des questions concernant le canal de Suez.

Les délégués techniques des Pays-Bas, d'Espagne, d'Angleterre, de Suède et Norvège sont d'avis, au contraire, que la question du tonnage doit avoir la priorité. Ils disent que cette marche est clairement indiquée par les instructions de la Sublime Porte à ses délégués et invoquent, en outre, l'opinion exprimée par M. de Lesseps lui-même dans la lettre dont lecture a été donnée à la Commission.

Les délégués d'Allemagne et de Russie appuient la manière de voir du délégué de France, faisant remarquer que l'unification du tonnage présuppose l'examen de la question du canal de Suez; que la discussion de cette question avant toute autre est indiquée par la marche historique et pratique de l'affaire.

LE PRÉSIDENT estime, de son côté, que l'historique de l'affaire montre, au contraire, clairement, que la question du tonnage doit avoir la priorité, et il demande si l'on accepte l'ordre du jour proposé.

M. RUMEAU (France) désire faire ressortir, avant le vote, que la Commission risquerait, en adoptant cet ordre du jour, d'éterniser la discussion. Les affaires du canal de Suez ayant été la cause première de la réunion de la Commission, leur règlement doit, suivant lui, primer tout. L'unification du tonnage, dit-il, est une grosse question; et de grandes perturbations seraient à craindre si l'on voulait modifier la jauge ou le tonnage officiel.

Finalement, la Commission, après avoir repoussé une proposition d'ajournement de la discussion motivée par l'heure avancée de la séance, adopte l'ordre du jour proposé par le Président.

5e *Séance.* — 18 *octobre*

Le Président ouvre la discussion sur la question générale du tonnage, et, en premier lieu, sur le tonnage brut.

M. Jansen (Pays-Bas) présente d'abord un historique de la question du tonnage en Hollande où il signale, entre autres, que le mode de jaugeage des navires par la mesure de leurs trois dimensions, généralement pratiqué jusqu'à ces derniers temps, semble avoir eu son origine au port d'Amsterdam où il a été prescrit par une Ordonnance de 1558.

Parlant ensuite de l'Ordonnance de Colbert de 1681, il fait remarquer qu'en disant que le fond de la cale — lieu de la charge — serait mesuré à raison de 42 pieds cubes pour un tonneau de mer, cela revenait à dire que pour transporter un poids quelconque, il fallait avoir moitié en plus de son volume correspondant, puisque, en France, 28 pieds cubes d'eau de mer avaient le poids d'un tonneau de 2.000 livres.

Enfin, au sujet de la règle française de jaugeage du 12 nivôse an II, M. Jansen fait cette remarque que le diviseur 94 de la formule avait été trouvé cinquante ans auparavant par les capitaines hollandais et avait été adopté dès 1773 en Angleterre. Ainsi, fait-il observer, le même diviseur 94 avait été adopté en France, en Angleterre et en Hollande bien que le poids d'une tonne fût, en France, égal à 28 pieds cubes d'eau de mer, en Angleterre, à 35 pieds cubes et en Hollande à 42 pieds cubes et demi [1].

A la suite de son historique [2], M. Jansen présente les considérations suivantes :

L'ancienne méthode de jaugeage, — dit-il, — ne pouvait plus être employée après l'introduction des machines à vapeur. Honneur doit donc être rendu à Moorsom d'avoir exposé alors sa méthode, qui s'approche aussi exactement que possible d'une détermination géométrique.

Aussi longtemps que l'on n'eut pas dans la cale d'encombrement fixe tel que les machines à vapeur, les anciennes méthodes de jaugeage pouvaient être appliquées et donnaient de bons résultats parce que toute

---

1. Les mesures des dimensions du navire n'étaient pas prises de la même manière.

2. Voir, pour une analyse complète de l'historique de M. Jansen, la note de la page 21.

la capacité de la cale était utilisable. Mais, dès qu'ont été introduites des masses pesantes non utilisables, une autre méthode devenait nécessaire : il fallait déterminer la capacité utilisable.

Dans aucune méthode de jaugeage, on ne peut séparer le diviseur du système de jaugeage. Si on ne mesure que la cale ou le fond de la cale, comme c'était le cas il y a deux siècles, on peut avoir un petit diviseur. Du moment qu'on mesure plus que la cale, on doit augmenter le diviseur. Si on mesure la capacité totale, le diviseur doit nécessairement être plus grand encore.

Le système Moorsom (avec son diviseur 100) est un système entier, à prendre ou à laisser. Le mérite de ce système est dans son antique expérience, car il est basé sur la capacité, en moyenne, de toute la flotte marchande anglaise, comprenant 27.000 navires.

M. Jansen termine en disant que s'il a pris la liberté de faire son exposé, c'est pour montrer que, chez sa nation, la question du tonnage a été étudiée à fond. Il annonce d'ailleurs, que le résultat de cette étude a été que le Gouvernement néerlandais est décidé à adopter le système Moorsom comme étant le plus exact, le plus juste et le plus équitable.

Il conclut en proposant à la Commission l'adoption dans son intégrité de cette méthode pour la détermination du tonnage brut.

M. Rumeau (France) expose qu'il ne s'attendait pas à prendre la parole, qu'il n'est pas prêt à présenter son exposé et qu'il se bornera, en conséquence, à de courtes observations en réponse aux appréciations de M. Jansen.

Moorsom, — dit-il, — tout en reconnaissant que le diviseur 100 est exagéré, déclare dans son ouvrage que ce diviseur lui a été imposé afin de ne rien changer aux résultats de l'ancienne méthode et de pouvoir comparer, pour les mouvements de la marine anglaise, les statistiques dressées d'après le nouveau système aux statistiques antérieures. Outre que ce diviseur n'apportait aucun trouble aux contrats existants et qu'il laissait sans solution de continuité l'indication officielle de l'accroissement ou de la diminution de la marine anglaise, Moorsom trouvait à son emploi d'autres avantages, celui par exemple de permettre de passer aisément du tonnage de registre à la capacité effective du navire, puisqu'il suffisait de multiplier le tonnage de registre par 100 pour avoir cette capacité.

Moorsom ajoutait, en ce qui concernait les navires à voiles, — les seuls que l'on avait à considérer pour le moment — :

D'une part, que, pour trouver le nombre de tonnes de marchandises qu'un navire était capable de prendre ou d'arrimer, à raison de 50 pieds cubes la tonne, il suffisait de diviser par 50 la contenance cubique de ce navire, après en avoir déduit les espaces non utilisables pour les marchandises et occupées par l'équipage, les approvisionnements d'eau et de vivres, etc., lesquels, pratiquement, pouvaient être estimés à 20 0/0 de cette contenance; de telle sorte que si l'on considère, par exemple, un navire ayant un tonnage de registre de 619 tonnes, la contenance cubique de la cale sera de 61.900 pieds cubes; la contenance nette, déduction faite de 20 0/0, de 49.520 pieds cubes; et cete contenance nette, divisée par 50, donnera 990 tonnes de marchandises pouvant être arrimées dans le navire au volume de 50 pieds cubes;

D'autre part, que, pour connaître le tonnage en poids, on obtenait une approximation suffisante en divisant la capacité de la cale par 63, et en déduisant du résultat le poids de l'eau, des approvisionnements, de l'équipage et des effets, lequel, pour une navigation d'une année, pouvait être estimé, dans la pratique, à 7 0/0 ou 1/14 du résultat; de telle sorte, en définitive, que, reprenant l'exemple d'un navire de 619 tonnes de registre ou de 61.900 pieds cubes de capacité, on trouve 982 tonnes pour le poids brut du chargement et 912 tonnes pour le poids net de ce chargement.

On le voit donc, — fait remarquer M. Rumeau, — d'après Moorsom, l'autorité la plus considérable et la plus invoquée en cette matière, le tonnage brut ou tonnage de registre obtenu par sa méthode n'est qu'un terme de comparaison de la capacité des navires et n'a qu'un rapport trop éloigné avec la capacité de chargement pour pouvoir, à un titre quelconque, être adopté pour sa mesure. Cette mesure peut bien en être déduite, soit qu'il s'agisse d'un chargement au poids ou d'un chargement au volume. Mais à qu'elle condition? A la condition de le majorer d'environ 50 0/0 : un peu moins s'il s'agit d'un chargement au poids, un peu plus s'il s'agit d'un chargement au volume.

L'opinion de Moorsom lui-même, — conclut M. Rumeau, — et les exemples dont il l'appuie ne peuvent laisser aucun doute sur l'impossibilité d'obtenir directement, avec une approximation raisonnable, le tonnage d'un navire par l'application du diviseur 100 à la capacité de la cale.

M. le colonel Stokes (Grande-Bretagne) remercie tout d'abord le délégué des Pays-Bas de son exposé historique des divers modes de jaugeage des bâtiments en usage pendant les trois derniers siècles, qui montre que, depuis deux cents ans, la question a été bien étudiée et comprise en Hollande, alors que d'autres nations travaillaient dans l'obscurité et s'appropriaient des résultats déjà obtenus sans avoir connu les bases sur lesquelles ils reposaient. Il demande seulement à relever l'observation par laquelle M. Jansen a attribué le changement de la loi anglaise de 1773 à l'introduction de la vapeur. A son avis, ce changement devait plutôt être attribué à la nécessité de mettre fin aux mauvaises constructions encouragées par cette loi de 1773 qui, faisant dépendre le tonnage d'un bâtiment de deux de ses dimensions seulement, la longueur et la largeur (la demi-largeur étant prise pour la profondeur), encourageait les constructeurs à augmenter la profondeur aux dépens des qualités nautiques du bâtiment. Aussi longtemps que l'on maintenait la profondeur à la moitié de la largeur, on ne faussait pas dans le calcul la vérité du tonnage. C'est pourquoi il n'y avait pas lieu de se plaindre de ce que Moorsom eût été déterminé dans le choix du diviseur 100 par la considération qu'il n'en résulterait qu'une différence insensible sur le total du tonnage de la marine marchande anglaise. On ne devait pas s'étonner d'ailleurs que les deux diviseurs 94 et 100 eussent produit des tonnages à peu près égaux puisqu'ils s'appliquaient à des cubes de capacité différente.

M. le colonel Stokes répond ensuite, comme suit, aux observations par lesquelles M. Rumeau a cherché à démontrer que la véritable pensée de Moorsom était en désaccord avec le système anglais :

M. le délégué de France, dit-il, a soutenu, d'une part, que le tonneau de capacité de Moorsom est effectivement un tonneau de 50 pieds cubes; d'autre part, que la tonne de 100 pieds cubes n'est qu'une expression pour la facilité du jaugeage et qu'elle n'a aucun titre pour exprimer la capacité utilisable du bâtiment.

M. le colonel Stokes voit là une confusion d'idées et de termes.

Qu'est-ce, — dit-il, — que l'expression de *capacité ?* C'est le pouvoir de contenir. La tonne ou le tonneau de capacité, c'est l'expression d'un certain volume ou espace capable de contenir.

Moorsom a défini que sa tonne est un volume absolu de 100 pieds cubes; il n'a jamais eu en vue la chose contenue, ni comme volume, ni comme poids.

Ses paroles, sur ce point, sont claires et explicites.

Il disait en 1852, avant qu'on eût adopté son système :

« Le tonnage ainsi constaté est simplement un tonnage cubique, ou vraie expression de la capacité intérieure cubique, dans laquelle chaque tonne de tonnage représente 100 pieds cubes d'espace. De sorte que, si le tonnage de registre était constitué ainsi, il donnerait à l'esprit une idée juste des grandeurs ou des capacités exactes, aussi bien que relatives, de tous bâtiments dont on n'a qu'un critérium très imparfait dans le tonnage de registre actuellement en usage. »

Voilà, une fois pour toutes, sa définition de ce qu'il entend par tonne.

M. le colonel Stokes nie donc absolument qu'il y ait jamais eu une tonne de Moorsom de 50 pieds cubes, et affirme sans crainte de contradiction que Moorsom n'a jamais voulu donner à sa tonne cette dimension. Si, dans son livre, il parle de tonnes de 40 à 50 pieds cubes, il ne fait aucune allusion aux tonnes de capacité; il parle alors de la chose contenue. Toute son argumentation a pour but de montrer pourquoi on devrait adopter son système, sa tonne. Il dit que la capacité d'un bâtiment en tonnes de ce système étant connue, le négociant peut immédiatement faire le calcul exact des marchandises qu'il peut loger dans l'espace ainsi connu; il donne trois exemples de différentes espèces de marchandises; il aurait pu en ajouter plusieurs autres; mais ses trois exemples suffisaient pour justifier l'adoption de son système. Il n'a eu nullement l'intention de confondre la chose contenue avec le corps contenant. Du moment que l'on parle d'une tonne ou d'un tonneau de capacité, il est évident que c'est du contenant et non du contenu qu'il s'agit. Partout, c'est le bâtiment, qui est le contenant, et non la marchandise, qui est le contenu, qui doit payer. Cela est si vrai qu'on fait payer le navire, même lorsqu'il n'y a pas de marchandises à bord.

Le sens pratique devait conduire à préférer ce système, car si l'on avait voulu envisager la marchandise comme base de la taxe, on n'aurait pu le faire qu'en tenant compte des variations infinies par lesquelles passe le même navire dans le chargement successif des marchandises.

Dans cet ordre d'idées, l'unité à déterminer était donc une unité d'espace. C'est ce que Moorsom a proposé et ce que la loi a fixé. C'est donc en vain qu'on voudrait séparer Moorsom de la loi.

C'est sur la proposition personnelle de Moorsom et par les raisons qu'il a lui-même exposées, que la législature anglaise a défini 100 pieds cubes cette unité d'espace. Dans cette proposition, Moorsom n'a fait que suivre les inspirations du bon sens, car en tenant compte des variations dans le chargement des navires, au lieu d'une seule unité, il aurait fallu en adopter plusieurs, ce qui aurait substitué la confusion à la simplicité pratique.

Les principales considérations qui ont dicté la proposition de Moorsom étaient les suivantes :

1° L'adoption de cette unité n'altérait pas les données statistiques du Royaume-Uni, dont le maintien est si important à plusieurs points de vue d'intérêt public, le total du tonnage de sa marine marchande suivant le jaugeage de la loi de 1854 étant à peu de chose près le même que sous l'ancienne loi ;

2° Elle ne portait aucune atteinte à l'exécution des contrats existants, car elle laissait, d'un côté, subsister toutes les ressources dérivant de ces contrats, et, d'un autre côté, elle n'aggravait pas les charges de la navigation;

3° Elle permettait de constater par un calcul très simple le nombre de pieds cubes contenus dans la cale d'un bâtiment;

4° Elle se prêtait, par conséquent, au calcul facile de la quantité de marchandises légères ou lourdes, de telle ou telle espèce, qu'on peut mettre dans la cale, suivant le rapport du poids au volume indiqué pour chaque marchandise.

Ceci indique qu'il s'agit de la capacité réellement utilisable du navire. Cette capacité n'est pas déterminée par le premier mesurage qui, comprenant tous les espaces couverts, donne tout d'abord la capacité totale. Il est évident qu'on ne peut arriver à dégager la portion réellement utilisable de cette capacité totale qu'en lui faisant subir des déductions qui ne sont pas arbitraires mais qui résultent de la nature des choses et que M. le colonel Stokes se réserve d'expliquer lorsque la question du tonnage net sera à l'ordre du jour.

M. le colonel Stokes se résume en constatant que Moorsom n'a jamais défini sa tonne comme une tonne d'autres dimensions que de 100 pieds cubes; et que la tonne de 100 pieds cubes n'est pas seulement une expression théorique de jaugeage, mais au contraire une mesure réelle de capacité, dont l'emploi doit conduire à déterminer exactement et dans toutes les conditions d'impartiale justice la capacité utilisable des navires.

M. le colonel Stokes fait remarquer, enfin, en terminant, que la plupart des nations maritimes, savoir : l'Autriche-Hongrie, l'Italie, l'Allemagne, la Norvège, le Danemarck, les Etats-Unis d'Amérique, la France elle-même, ont adopté le système anglais ; que la Turquie vient de l'adopter également en principe. C'est là, suivant lui, la meilleure justification de l'exactitude de ce système, car, fait-il observer, il n'est pas à supposer que ces pays auraient changé leurs lois sans s'être assurés par un examen approfondi des principes sur lesquels repose la loi anglaise.

M. Mattei (Italie), après quelques considérations tendant à expliquer, par la comparaison des différents modes de mesurage et des diviseurs y relatifs, comment il se faisait que la règle française de jaugeage de 1837 donnait à peu près les mêmes résultats que la règle anglaise de 1854, et, celle-ci, que l'ancienne règle de 1773, s'exprime ainsi :

Quoi qu'il en soit, dit-il, de l'exactitude des méthodes employées, il est certain que l'unité de jaugeage a toujours été une certaine quantité d'espace, sans aucun rapport nécessaire au poids des marchandises que cet espace pouvait contenir. Aussitôt que l'on a trouvé à propos de taxer les navires, en dehors de la marchandise qu'ils peuvent porter, il a fallu chercher une base pour cette taxation, et l'on a bientôt reconnu que le seul moyen était de taxer les navires d'après leur grandeur, c'est-à-dire d'après l'espace contenu dans leurs formes extérieures ou intérieures, calculé avec plus ou moins de précision.

On voit par là que, lors même qu'à l'origine on aurait pu avoir l'idée d'établir une certaine parité entre le chiffre du jaugeage et le nombre de tonneaux de poids que le navire aurait pu charger, l'unité de jaugeage était une quantité tout à fait arbitraire. Maintenant même, et en supposant accepté le principe du cubage exact de tout l'espace intérieur des navires, abstraction faite des circonstances, il n'y aurait aucune raison pour ne pas prendre pour unité de jaugeage le mètre cube, ou un autre espace quelconque, 5 mètres cubes par exemple.

Mais, dans la détermination de cette unité, il y a à tenir compte d'un fait de la plus grande importance : c'est que cette unité existe ; c'est qu'elle a été déterminée à très peu près chez la plupart des nations maritimes à une époque très reculée. En Angleterre, quoique le mesurage exact, selon la règle Moorsom, ne soit en vigueur que depuis vingt ans environ, il est prouvé qu'il n'a pas altéré le jaugeage total de la marine marchande anglaise et que, partant, la même unité y a été conservée qui était admise depuis 1773. On peut en dire autant de la France qui, dans des circonstances bien connues, a admis l'égalité du tonneau de jauge français avec le tonneau anglais ; et, quoiqu'elle soit revenue là-dessus plus tard, la différence constatée entre ces deux tonneaux était trop peu de chose pour que l'adoption du dernier pût avoir un effet sensible sur les intérêts de ses finances ou de son commerce maritime. On peut en dire autant de l'Italie où les règles de jaugeage se rapprochaient beaucoup de celles de l'ordonnance française de 1837, ainsi que de beaucoup d'autres nations.

Il est ainsi à constater que cette unité de jauge existe, et depuis très longtemps ; qu'elle est parfaitement connue et complètement entrée dans les habitudes du monde commercial. Changer cette unité, aujourd'hui, ce serait une question très grave. Chez la plupart des nations une foule de lois de finances et d'administration se rapportent à cette unité et l'introduction dans ces lois des changements rendus nécessaires par un changement d'unité exigerait, d'après les formes constitutionnelles en vigueur chez quelques nations, des années entières. Ce serait de plus un problème très difficile à résoudre de savoir comment on pourvoirait, en attendant, à l'expédition des affaires.

En concluant, M. Mattei est d'avis que, tout en adoptant une méthode de mesurage des navires ayant la plus grande précision, telle que la règle Moorsom, il ne peut être question d'un changement dans l'unité de jeaugeage, et il se rallie, en conséquence, aux conclusions de M. Jansen et de M. le colonel Stokes.

M. LE COLONEL KORCHIKOFF (Russie) explique comme quoi le nouveau tonneau Moorsom est absolument le même que celui de l'ancienne règle anglaise de 1773[1]. Le diviseur 100 de la règle de Moorsom n'est bon, suivant lui, qu'à retrouver l'ancien tonneau, mais ne représente pas la quantité de pieds cubes réellement contenue dans le tonneau. Il faudrait le réduire de 20 0/0, et le tonneau serait alors de 80 pieds cubes. Dès lors, si l'on voulait prendre entre les diviseurs existants de 40, 50, 63 et 80, la moyenne serait 60. La question se trouverait ainsi résolue, et l'on n'aurait besoin d'aucun changement dans les papiers de bord.

---

1. Voir, pour le détail de ces explications, la note 1 de la page 42.

M. Zamara (Autriche-Hongrie) accepte de tous points les conclusions de M. Jansen et de M. le colonel Stokes.

M. Togorès (Espagne), après avoir présenté un historique de la question des modes successifs de jaugeage en Espagne[1], fait remarquer qu'il n'est pas possible d'établir une comparaison entre les vieilles méthodes empiriques et la règle anglaise de 1854. Il rappelle, qu'en France, trois Commissions ont été nommées successivement depuis 1854 pour étudier la question du jaugeage des navires : en 1855, en 1861 et en 1865 ; et que la première et la troisième Commission ont été d'avis d'abandonner la règle de jaugeage de 1837 et d'adopter la règle anglaise de 1854, laquelle, déclarait la Commission de 1865, remplissait d'une manière satisfaisante les conditions d'exactitude et d'équité, avait à ce point de vue une supériorité incontestable sur la méthode française, et, en conséquence, serait propre à devenir la règle internationale pour le jaugeage des navires. Il signale, enfin, que la Commission française de 1865 a constaté que la comparaison faite sur vingt navires marchands, entre la méthode anglaise et l'ancienne méthode française, avait fait ressortir seulement une différence de 2 0/0 en plus par la méthode anglaise.

M. Togorès conclut en disant que, d'après l'expérience faite en Espagne sur l'impossibilité de fixer les taxes des navires au moyen de leur exposant de charge, il croit que les résultats de la méthode anglaise, en tonneaux de jauge de 100 pieds cubes, correspondent à très peu près, dans leur ensemble, à ce qui a été fait jusqu'à nos jours. Ils ont de plus, dit-il, le grand avantage de distribuer d'une manière très équitable, puisqu'elle est exacte, la taxation des navires pour le paiement des droits de navigation, sans en altérer sensiblement la portée ni les résultats des chiffres statistiques relevés par toutes les nations maritimes depuis des siècles. M. le délégué d'Espagne en conclut que la règle I de la loi anglaise de 1854 est la plus propre pour mesurer le tonnage brut des navires.

S. E. Salih Pacha (Turquie) et les délégués d'Autriche-Hongrie, de Suède et Norvège et de Belgique appuient les considérations des précédents orateurs concluant de même à l'adoption de la règle anglaise de 1854 pour la mesure du tonnage brut des navires.

M. le Baron d'Avril (France) estime que l'on ne saurait invoquer d'une manière générale, pour recommander le système anglais, cette considération qu'il n'aurait pas introduit de changement dans l'état de choses antérieur. Si, en effet, — dit-il, — on consulte le barême à l'aide duquel la Commission européenne du Danube réduit les mesures des autres pays en unités anglaises, on reconnaît que plusieurs Puis-

---

1. Voir, pour le détail de cet historique, la note de la page 23.

sances, jouissant d'une marine importante, se servaient et que quelques unes se servent encore d'un tonneau de jauge beaucoup plus petit.

C'est ainsi qu'au moment de l'adoption du système anglais en Autriche, le pavillon austro-hongrois était affecté à Galatz du facteur 0,78 ; que, d'après un mesurage comparatif opéré en septembre 1873 par la Commission sur 176 navires, le facteur ottoman a été fixé à 0,76 ; que tous les bâtiments helléniques et samiottes dont le jaugeage est antérieur à 1867, c'est-à-dire à leur assimilation à la loi française de 1837, sont taxés d'après le facteur 0,78 ; que les bâtiments italiens, avant la modification de 1862 qui leur a appliqué à peu près le mode français, avaient le facteur 0,89 ; que c'est ce même facteur qui affecte encore aujourd'hui le pavillon hollandais d'après des jaugeages comparatifs opérés dans les ports de la Grande-Bretagne sur 89 bâtiments ; enfin, que quant au mode français antérieur au 24 décembre 1872, s'il présente un résultat de peu inférieur à celui du mode anglais, c'est que la jauge française avait, en 1837, sur les réclamations des armateurs, subi une modification motivée par le besoin de la mettre d'accord avec celle de quelques autres pays.

D'après ces faits, M. le baron d'Avril se croit autorisé à dire que l'adoption complète du système anglais a apporté ou apportera une perturbation sensible dans le jaugeage de plusieurs Etats maritimes. Il croit devoir aussi appeler l'attention de la Commission sur ce fait que l'unité de volume qui ressort de la multiplication de l'unité anglaise par 0,76 ou 0,78 se représente dans le jaugeage de plusieurs des pays qui n'avaient pas altéré intentionnellement leur jauge. Tout en ne pouvant donner qu'une appréciation provisoire et approximative, il ajoute que la méthode austro-hongroise, notamment, paraît amener a un résultat préférable à celui qu'on obtient par la méthode anglaise, surtout si l'on tenait compte, en outre, comme il est juste, des changements résultant de l'emploi du fer et de l'allongement des navires.

M. Zamara (Autriche-Hongrie) fait observer au baron d'Avril que, d'après les expériences et les calculs faits en Autriche-Hongrie sur un grand nombre de navires, le rapport entre l'ancien tonnage austro-hongrois et le tonnage anglais a été trouvé être de 0,82 ; et que ce rapport a été officiellement établi pour la réduction de l'ancien tonnage des navires austro-hongrois au nouveau tonnage d'après les lois du 15 mai 1871, dans le cas où des navires de cette catégorie arriveraient dans un port de l'Empire où il n'y aurait pas un jaugeur officiel.

M. Jansen (Pays-Bas) propose à la Commission l'adoption de la résolution suivante :

« La détermination du tonnage brut d'un navire ou gross tonnage, sans aucune déduction, est le mieux effectuée par le système Moorsom tel qu'il est exposé dans la loi de 1854. »

Plusieurs délégués ayant demandé l'ajournement de la discussion, cet ajournement est prononcé par le Président.

6e Séance. — 22 octobre

M. Rumeau (France) présente d'abord, comme base de l'exposé de son opinion sur la question, les quelques considérations générales suivantes :

Les facultés de transport d'un navire, — dit-il, — peuvent trouver leur limite, d'un côté dans le poids du chargement, de l'autre dans le volume de ce chargement. On conçoit, en effet, que pour les corps lourds et particulièrement pour les métaux, on puisse en loger dans le navire beaucoup plus qu'il n'en peut porter sans cesser d'être navigable et sans compromettre sa sécurité. Pour les corps légers, au contraire, il peut arriver qu'on en remplisse entièrement les flancs du navire sans le charger d'un poids suffisant pour obtenir l'enfoncement nécessaire à une bonne navigabilité, en d'autres termes, sans le charger du poids qu'il est capable de porter.

On considère comme lourds ceux qui, sous un volume de 42 pieds cubes (1mc,44) pèsent plus de 1.000 kilogrammes dans les conditions où ils sont embarqués, et comme légers ceux qui, sous le même volume et dans les mêmes conditions, pèsent moins de 1.000 kilogrammes ou 1.000 kilogrammes au plus.

Pour les marchandises légères, c'est la capacité du navire, ou du moins la partie utilisable de cette capacité qui détermine la limite du chargement, et comme c'est le cas le plus ordinaire, on a été naturellement amené à mesurer la puissance de transport d'un navire par la mesure de sa capacité. On arrive ainsi à la mesure du transport en volume.

Le transport en poids dépend du volume d'eau que déplace le navire, de ce qu'on appelle son déplacement, lequel dépend lui-même de sa capacité. On comprend ainsi que le transport en poids soit dans un rapport étroit avec le transport en volume. Il en peut différer néanmoins, mais il en diffère peu, en général, et il y a d'autant moins d'inconvénient à les confondre et à prendre la mesure de l'un pour la mesure de l'autre, que les transports en volume sont de beaucoup les plus nombreux.

En France, on a adopté depuis longtemps comme unité de mesure le volume de 42 pieds cubes (aujourd'hui 1mc,44) qui était l'espace occupé dans la cale par 4 barriques de vin pesant ensemble 1 tonne ou 2.000 livres (aujourd'hui 1.000 kilogrammes). Ce volume, très sensiblement égal au volume de 50 pieds cubes anglais (exactement 51 pieds) en usage dans la marine de la Grande-Bretagne; est ce qu'on appelle le tonneau-volume ou tonneau d'encombrement.

Le tonneau de poids est de 1.000 kilogrammes en France et de

1.015 kilogrammes en Angleterre. On voit que le tonneau de poids et le tonneau de volume sont à très peu près les mêmes en Angleterre et en France et qu'ils peuvent être confondus sans erreur sensible.

Toute marchandise légère occupant un espace de 42 pieds cubes ($1^{mc},44$) est comptée pour un tonneau, quel qu'en soit le poids. Seulement au lieu de cuber la marchandise pour en déterminer le volume, ce qui serait long et coûteux, on la pèse le plus ordinairement et on en détermine le volume par le poids d'après un barême réglé sur l'expérience, et on compte pour une tonne le poids correspondant à 42 pieds cubes. Ce poids est ce qu'on appelle le tonneau de fret. Il varie avec la nature de la marchandise et quelquefois même, pour la même marchandise, avec son conditionnement. La variation du poids du tonneau n'influe en rien sur le prix du fret qui, pour le même volume, reste le même pour toutes les marchandises autres que les marchandises lourdes. Pour ces dernières, il n'est plus question de volume ; on les pèse, et les 1.000 kilogrammes sont comptés pour une tonne, quel que soit le volume correspondant à ce poids.

Il n'est donc pas exact, pour le dire en passant, qu'en dehors du tonneau de 100 pieds cubes, il faille, ainsi qu'il a été dit, un tonneau différent pour chaque nature de marchandises. Le poids du tonneau varie avec la marchandise, mais non le volume, non plus que le fret, sauf des exceptions dans le détail desquelles il est inutile d'entrer et qui n'infirment pas la règle.

Après ces considérations préliminaires, M. Rumeau poursuit son exposé comme suit :

La première règle de jaugeage, en France, remonte au XVIIe siècle. D'après l'Ordonnance de Colbert de 1681, on obtenait le tonnage du navire en évaluant aussi exactement que possible le volume de la cale en pieds cubes, et en divisant ce volume par 42. Ce mode de jaugeage donnait exactement le nombre de tonneaux de 42 pieds cubes que le navire pouvait recevoir dans sa cale, c'est-à-dire son tonnage vrai. Mais il rencontrait dans la pratique une difficulté sérieuse, celle du mesurage direct de la cale qui, s'opérant suivant des procédés défectueux et divers, donnait des résultats différents et souvent très discordants d'une localité à une autre.

La loi de l'an II (1794) a eu pour but de remédier à cet inconvénient. Elle a voulu, tout en conservant le principe de la division de la capacité de la cale par le volume du tonneau d'encombrement ou 42 pieds, obtenir cette capacité par un procédé plus simple. On a mesuré, en conséquence, le parallélipipède circonscrit au navire, en multipliant sa longueur par sa largeur et sa profondeur, et recherché ensuite quel pouvait être le rapport naturel de la capacité avec celle du parallélipipède. Le rapport adopté a été 0,45 ou plus exactement 0,446, ce qui suppose que la capacité du navire n'est que les 0,446 ou moins de la moitié de celle du parallélipipède. En désignant par P le volume du parallélipipède, le volume du navire sera exprimé par 0,446 P et son tonnage par $\frac{0,446\ P}{0,42}$; ou, en divisant les deux termes de la fraction par 0,446 : tonnage $= \frac{P}{94}$. Telle a été, en France, l'origine du diviseur 94 ; mais on n'a jamais eu l'idée que ce pût être là un nouveau tonneau de 94 pieds ; le volume du tonneau usuel est toujours resté de 42 pieds.

En adoptant cette nouvelle formule, attribuée au géomètre Legendre, on ne s'est pas dissimulé qu'elle altérait le tonnage, en donnant des résultats plus faibles. Elle repose, en effet, sur l'hypothèse que le volume du navire n'est pas même la moitié de celui du parallélipipède circonscrit, tandis qu'il ne peut pas être évalué à moins de 60 0/0 de sa capacité totale.

Néanmoins on a passé outre par plusieurs considérations.

La principale avait pour objet de mettre la jauge française en rapport avec celle des autres nations et notamment avec celle de l'Angleterre qui, à raison de sa puissante marine et de l'étendue de son commerce, devait naturellement servir de régulateur. On a pu aussi avoir en vue d'adoucir les taxes de navigation par la réduction du tonnage, et d'avoir égard aux chargements incomplets afin d'offrir aux statistiques commerciales une base plus rationnelle. C'est de tous ces ménagements, qui ne touchent évidemment que les Etats, et nullement, comme la Sublime Porte le fait observer, les Compagnies qui doivent vivre du produit des taxes de navigation, que l'exagération du diviseur 94 a implicitement tenu compte. Il tient compte sans doute aussi des espaces du navire non utilisables pour la marchandise et occupés par l'équipage, les rechanges, les approvisionnements d'eau et de vivres, etc., et en cela il n'y a rien à dire.

Quoi qu'il en soit, ce n'en est pas moins là une première dérogation à la sincérité de la règle de jaugeage et une première réduction sur les résultats de l'application pure et simple de la règle de 1681 qui ne saurait être évaluée à moins de 25 0/0.

Une seconde dérogation et une nouvelle réduction ont eu lieu en 1837. En substituant à cette époque le mesurage en mètres au mesurage en pieds, on aurait dû simplement remplacer le diviseur 94, représentant des pieds cubes, par son équivalent 3,23 en mètres cubes. Au lieu de cela on a adopté le diviseur 3,80 et opéré ainsi sur le tonnage une réduction de 15 0/0. En proposant cette mesure, le Ministre a exprimé le regret de s'y voir forcé pour ne pas laisser plus longtemps la marine nationale dans un état d'infériorité vis-à-vis des marines des autres pays ; et, cette fois, c'était surtout la marine des États-Unis d'Amérique, dont le tonnage était beaucoup plus faible, que le Ministre avait en vue.

Tout récemment encore, le 24 décembre 1872, en adoptant le système anglais, la France a réduit son jaugeage d'environ 6 0/0, puisque, jusqu'alors, ce jaugeage avait été affecté du coefficient 0,94 pour être ramené au jaugeage anglais. Cette adoption n'a été faite que dans des vues d'unification et n'implique aucune reconnaissance que la formule exprime le tonnage réel du navire ; au contraire, car, dans son rapport sur la question, le Ministre du Commerce français s'exprime ainsi :

« Au moment de la mise en vigueur de l'acte de 1854, l'Administration anglaise a eu le soin d'expliquer que la méthode Moorsom a pour objet de déterminer, non pas le port, mais le volume intérieur du navire. Il me paraît utile que la même explication soit donnée aujourd'hui pour prévenir tout malentendu. »

Cette opinion du Ministre français, conforme du reste à celle de Moorsom lui-même, est aussi partagée par le Gouvernement Ottoman, ainsi que le montrent ses instructions.

En réunissant toutes les réductions qui viennent d'être énumérées, on arrive à près de 50 0/0 qui est précisément la proportion dans laquelle Moorsom reconnaît qu'il faut relever le tonnage de registre anglais pour arriver au tonnage réel. Comme les jauges des autres nations diffèrent peu de la jauge anglaise, quand elles ne lui ont pas encore été identifiées, il s'en suit qu'elles sont toutes également fausses et également éloignées de la vérité.

C'est ce que la Sublime Porte reconnaît dans les instructions à ses délégués. Après avoir constaté que les nations se sont de plus en plus éloignées de la vérité en faussant les règles de jaugeage à l'envi les unes des autres, la Sublime Porte les convie à y revenir. Elle ne recommande la méthode Moorsom que pour le mesurage de la capacité totale du navire, mais nullement pour l'évaluation de son tonnage. Elle reconnaît, au contraire, que pour arriver à cette évaluation, il faut faire subir à la formule anglaise des modifications dont elle demande les éléments à la Commission, et que, suivant ses indications, la Commission doit trouver dans la recherche :

1° *De la capacité utilisable des navires pour le transport des marchandises;*

2° *D'un tonneau-type qui servirait à la fois de base pour les transactions commerciales et pour la perception des droits auxquels est assujettie la navigation.*

Ces éléments une fois déterminés, le tonnage s'en déduira naturellement en divisant le volume de la capacité utilisable par le volume du tonneau-type.

Pour la détermination de la capacité totale, la Sublime Porte recommande l'emploi de la méthode Moorsom, et, aucune objection ne s'élevant là-dessus, ce point peut être considéré comme réglé.

Mais que répondrait la Commission aux autres recommandations de la Sublime Porte si venaient à prévaloir les opinions émises dans la dernière séance et qui se trouvent résumées dans la motion de M. Jansen ?

Cette formule revient à dire qu'il n'y a rien à faire et que la formule anglaise, avec son diviseur 100 ou son prétendu tonneau de 100 pieds cubes, doit être maintenue comme donnant exactement le tonnage des voiliers et le tonnage brut des vapeurs.

(Suivent de longs développements sur les considérations déjà présentées par M. Rumeau dans la séance précédente au sujet de l'interprétation à donner au système Moorsom, après quoi M. Rumeau continue comme suit :)

Le diviseur 100 n'est donc qu'un simple diviseur et non pas un tonneau; et, si c'est un tonneau, il ne peut manifestement servir à la fois de base aux transactions commerciales et à la perception des droits de navigation. Le tonneau qui remplit cette double condition demeure ainsi à trouver, et ce doit être là le second objet des recherches de la Commission.

M. Rumeau ne doute pas, qu'après examen, la Commission n'adopte le tonneau anglais de 50 pieds cubes, en usage dans le commerce maritime le plus vaste et le plus riche du monde; mais cette opinion ne préjuge en rien la question qui demeure entière.

Avant de prendre ses premières conclusions, il doit examiner sommairement quelles seraient les conséquences de l'adoption de la motion un peu précipitée de M. le délégué des Pays-Bas et du maintien du système de jaugeage anglais. Le premier effet de la mesure serait sans doute d'en étendre l'application aux autres nations maritimes pour arriver à l'unification du tonnage. Cette unification laisserait à peu près intact le tonnage des voiliers et le tonnage brut des vapeurs, et si elle apportait quelques changements, elle tendrait plutôt à l'affaiblir encore qu'à le relever. D'où pourraient donc venir les rectifications et corrections reconnues nécessaires et recommandées par la Sublime Porte?

Pour les voiliers, qui n'ont qu'un tonnage et à l'égard desquels il n'y a pas de distinctions à faire entre le tonnage brut et le tonnage net, tout serait consommé par l'adoption de la formule anglaise.

Il n'en serait pas tout à fait de même des vapeurs ; mais, de ce côté encore, il y aurait peu à attendre des changements à apporter aux usages reçus, à moins toutefois d'entrer dans la voie indiquée par lord Granville dans sa lettre à sir Henry Elliot du 31 août 1872, et de supprimer toute déduction pour les machines. Si les idées de lord Granville avaient prévalu, et si, conformément à son avis, on avait admis que le gross tonnage dût servir de base à la perception des droits sur le canal de Suez, selon le système inauguré par la Compagnie le 1er juillet 1872, la Commission ne serait pas réunie en ce moment pour juger la question. Aussi, malgré la grande autorité d'un ministre anglais, gardien naturel des intérêts d'une navigation qui entre à elle seule pour 70 0/0 dans le mouvement du canal, il y a lieu de douter qu'on écarte toute déduction pour les machines. D'ailleurs, si l'on trouve juste de déduire pour les voiliers les espaces nécessaires aux besoins ordinaires de la navigation, on ne comprendrait pas pourquoi on n'agirait pas de même à l'égard des vapeurs.

Toute réforme sérieuse doit donc reposer sur le tonnage brut qui, d'après Moorsom, dont l'opinion est confirmée par l'observation de tous les jours, a besoin d'être relevé de 50 0/0 pour rentrer dans la vérité et la réalité pratiques. Tant qu'on n'aura pas obtenu ce résultat ou un résultat approchant, et c'est à quoi on arrivera certainement par l'examen et la détermination de la capacité utilisable, on n'aura rien fait.

La Commission n'est pas encore entrée dans cet examen, pourtant expressément recommandée par la Sublime Porte. Il est aussi particulièrement recommandé par le Gouvernement Français à ses délégués, ainsi qu'on a pu en juger par ses instructions communiquées aux Puissances maritimes le 7 août dernier pour montrer dans quel esprit la France se rendait à l'appel du Gouvernement Ottoman.

Ces instructions, aussi bien que sa déférence pour celles de la Sublime Porte font à M. Rumeau — déclare-t-il — un impérieux devoir d'insister pour que la Commission s'occupe d'abord de la recherche de la capacité utilisable des navires, comme le premier terme de la question en discussion.

Il demande, en conséquence, que, conformément aux instructions de la Sublime Porte « qui recommande de prendre pour base du tonnage des navires leur capacité utilisable pour le transport des marchandises », la Commission, avant d'aller plus loin, se livre à la détermination de cette capacité pour tous les navires en général, considérés indépendamment de leur mode de propulsion, toute réserve étant faite à l'égard des navires à vapeur pour les déductions particulières aux machines qui seront l'objet d'un examen spécial.

M. Jansen (Pays-Bas) dit que la proposition qui vient d'être formulée a pour but de renverser l'ordre du jour adopté. La grande majorité de la Commission a admis que la discussion aurait uniquement pour objet le tonnage brut. Il insiste sur la stricte exécution de l'ordre du jour arrêté. A son avis, c'est par la discussion seule du tonnage brut qu'on pourrait fixer la capacité utilisable.

M. Rumeau (France) réplique que, loin d'avoir voulu violenter l'ordre du jour, il s'y est placé ; mais, déterminer le tonnage comme on veut le faire, ce serait décider d'un trait le tonnage des voiliers et le tonnage brut des navires à vapeur. Il a voulu seulement prémunir la Commission contre des entraînements possibles. La capacité utilisable devrait, à son avis, découler principalement de la détermination de la capacité non utilisable. Tout le monde est d'accord sur l'exactitude de la méthode

Moorsom pour obtenir la capacité totale. Par conséquent, les travaux de la Commission doivent porter sur deux points : 1° les déductions à opérer sur la capacité totale pour obtenir la capacité utilisable; et, 2° rechercher le diviseur par lequel on arriverait à un résultat pratique et répondant à tous les intérêts en jeu.

Après de courtes observations des délégués des Pays-Bas, de la Grande-Bretagne et de l'Autriche-Hongrie, la Commission décide qu'elle s'en tiendra pour le moment à l'étude de la question du diviseur et le Président renvoie la discussion à la séance suivante.

7e séance. — 25 octobre

M. Heidenstam (Suède et Norwège) annonce que la Suède est sur le point d'adopter par une loi la règle anglaise et rappelle que la Norwège l'a déjà adoptée par ordonnance royale du 23 mai 1873.

M. le colonel Stokes (Grande-Bretagne), après avoir rappelé les appréciations de M. Rumeau, présente à son tour les considérations suivantes :

Il n'a pas, dit-il, à s'occuper particulièrement des usages du commerce en France, quoiqu'il ait entendu dire que le commerce y emploie beaucoup plus le mètre cube comme mesure de volume que l'ancienne mesure officielle de 1mc,44, ce qui prouverait que la tonne n'est pas invariable, même en France.

Au sujet de la règle française de l'an II, consistant dans le produit des trois dimensions du navire, avec le diviseur 94, le colonel Stokes fait observer que cette règle était en réalité la même que celle qui avait été adoptée en Hollande dès le XVIIe siècle et dont l'exactitude a été prouvée par des mesures mathématiques semblables à celles du système Moorsom. Il ne croit pas que, lorsque cette règle a été adoptée en France, on ait cherché à connaître le rapport entre la contenance cubique d'un bâtiment et le parallélipipède circonscrit. C'est à tort, suivant lui, que l'on accuse le grand mathématicien Legendre d'avoir prêté le poids de son nom à une formule mathématique qui n'était, en réalité, qu'une règle empirique : suivant M. Rumeau, Legendre aurait déclaré que la fixation de 0,146 du parallélipipède représentant le corps du navire était le résultat d'un calcul mathématique, tandis qu'il n'avait réellement adopté ce chiffre que pour arriver au même diviseur que les Anglais; la vraie proportion, d'après M. Rumeau, serait plutôt 0,60, qui aurait donné le diviseur 70 au lieu de 94; et, cependant, si Legendre ne voulait que se mettre d'accord avec les Anglais, on peut se demander pourquoi il n'a pas tenu compte de la différence entre les pieds anglais et les pieds français; cela lui eût donné le diviseur 114, ce qui était évidemment un avantage à ne pas négliger, si, comme le suppose M. le délégué de

France, Legendre n'obéissait qu'à la préoccupation de défendre le pavillon national dans la lutte de tarifs avec la marine anglaise. M. le colonel Stokes croit plus volontiers que Legendre a calculé en savant, tout en tenant compte des données d'expérience.

A l'encontre de l'opinion de M. Rumeau, M. le colonel Stokes dit que la loi anglaise est bien la formule de Moorsom puisqu'elle a adopté les indications de cette formule dans ses moindres détails.

Il n'est pas exact, — ajoute-t-il, — que Moorsom ait été forcé d'adopter le diviseur 100. La vérité est que la Commission dont il était membre avait simplement formulé des recommandations. Il a tenu un juste compte de celle de ces recommandations qui s'appuyaient sur un véritable intérêt public et mis de côté toutes les autres ; c'est ainsi qu'il a admis certains principes généraux qui se trouvent expliqués dans son livre.

Que Moorsom ait persisté dans l'opinion qu'il avait publiée en 1852, avant que son système fût devenu la loi, cela est prouvé par ce qu'il a dit en 1840 devant la « Institution of naval architects ».

A propos de l'observation d'après laquelle lord Granville aurait admis le principe de taxer le tonnage brut des navires, on ne devait pas omettre de signaler la condition à laquelle ce mode de taxation devait être subordonné, à savoir la réduction des droits.

Au sujet du tonneau-type, M. le colonel Stokes reconnaît que les instructions de la Sublime Porte soumettent la question à l'examen de la Commission ; mais il doit faire remarquer, dit-il, que ces mêmes instructions recommandent à la Commission le système Moorsom, en d'autres termes, la loi anglaise ; que les doutes éprouvés par la Sublime Porte reposent, non sur la valeur du principe qui détermine le tonneau, mais sur l'importance des déductions à faire subir à la capacité totale pour arriver à la capacité utilisable.

Au cas où la Commission serait d'avis qu'il ne faut pas maintenir le tonneau-type fourni par la loi anglaise, il y aurait lieu alors d'examiner la proposition de M. Rumeau; mais il semble difficile de supposer que la France s'oppose sérieusement à ce que l'examen de la Commission porte, d'abord, sur l'unité de tonnage qu'elle a elle-même adoptée si récemment et qui est aujourd'hui le fondement de la loi française.

MM. les délégués de France invitent la Commission à produire un nouveau tonneau-type par l'adoption d'un autre diviseur. Or, c'est là une proposition que M. Rumeau a lui-même désignée comme une grave affaire, car il serait impossible de se rendre compte des conséquences que le changement du tonnage pourrait entraîner dans l'application à la navigation universelle des taxes auxquelles les navires sont soumis dans toute l'étendue du monde civilisé. M. Rumeau demande à quoi bon la réunion de la Commission, si elle ne tombe pas d'accord sur une nouvelle tonne ; il affirme que la Commission n'a pas d'autre mission que celle-là. M. le colonel Stokes estime quant à lui que la mission de la Commission est parfaitement claire sans cela ; que ce que propose M. Rumeau est une révolution et non pas une réforme ; que l'on doit chercher, au contraire, à consolider et à unifier les résultats de l'expérience moderne, en les réformant s'il y a lieu.

Il est vrai, dit en terminant M. le colonel Stokes, que plusieurs États ont adopté le système anglais ; mais ce fait n'a pas reçu jusqu'à présent une sanction internationale. En constatant l'adhésion, qu'il espère devoir être unanime, de la Commission au système anglais de tonnage brut, on fera un pas considérable en avant, et il sera possible de recommander des modifications dans les déductions pour le tonnage net qui constitueront une véritable réforme, en ce sens qu'elles détermineront sûrement la capacité utilisable du navire. M. le colonel Stokes forme cet espoir d'unanimité avec d'autant plus de confiance, ajoute-t-il, que, dans la discussion de cette question du tonnage international au sein de la Commission européenne du Danube, son collègue de France, M. le baron d'Avril, de nouveau son collègue aujourd'hui, a été toujours d'avis que la tonne anglaise était la meilleure à adopter comme tonneau-type international.

M. Hargreaves (Allemagne) rappelle qu'il a déjà fait observer dans la précédente séance que les cargaisons des bâtiments diffèrent continuellement pour chaque voyage et qu'il est impossible, à cause de cela, de déterminer d'une manière absolue le tonneau de fret.

Le système Moorsom, dit-il, donnant la capacité utilisable du navire en tonnes de registre de 100 pieds cubes, permet aux armateurs et capitaines de faire leurs calculs pour la composition en marchandises légères et pesantes des cargaisons à transporter. Un grand nombre de combinaisons sont possibles, car les cargaisons dépendent de l'état du marché, du plus ou moins de marchandises lourdes ou légères, de la saison, de la longueur du voyage, de la qualité des articles, etc. Le prix du fret varie selon la proportion des marchandises lourdes ou légères à transporter. On ne saurait prétendre qu'un navire peut toujours porter la même quantité de fret, et l'on ne peut, par conséquent, admettre le tonneau de fret comme une base juste et équitable de jaugeage.

Le système Moorsom donne au négociant ou à l'armateur la possibilité de connaître exactement le service dont le navire est capable et de savoir ainsi ce qu'il doit payer par tonneau de registre pour avoir un bénéfice sur le tonneau de fret, c'est-à-dire sur le fret de la marchandise qu'il veut transporter ; la spéculation n'est nullement basée sur la thèse générale d'une relation constante de 100 à 40 ou 50 entre le tonneau de registre et le tonneau de fret. D'ailleurs, en admettant même que cette relation ait été exacte en 1853, et que Moorsom l'ait pensé alors, elle ne le serait plus aujourd'hui, en raison de la grande variation des importations et exportations de chaque pays et des importantes modifications qui se sont notamment produites dans les modes de compression et d'emballage des marchandises.

Si l'on voulait adopter un système de jaugeage basé sur le tonneau de fret ou d'encombrement, ou même sur le tonnage des importations et des exportations de chaque pays, il faudrait, dans l'opinion de M. le délégué d'Allemagne, le modifier à peu près tous les cinq ans.

M. Zamara (Autriche-Hongrie) expose que, bien que d'après l'Ordonnance de Colbert de 1681, on ne mesurât que l'espace au-dessous du pont de la cale, souvent, lorsque le navire était chargé, ce pont se trouvait à 2, 3 et même 4 pieds sous la ligne de flottaison en charge. A cette époque, on avait trouvé que, pour transporter le poids d'une tonne française, il fallait lui donner un espace une fois et demie l'équivalent en volume d'eau de mer. Telle avait été, suivant M. Zamara, l'origine du diviseur 42, lequel, en mesures anglaises, devient 51.

Ainsi, en ne mesurant que le fond de la cale suivant l'Ordonnance de 1681, le diviseur était 51 en mesures anglaises, et, à l'aide de ce diviseur, on trouvait le nombre d'unités de poids ou de tonneaux de 2.000 livres que pouvait transporter le navire. Or, ce poids est une quantité fixe, soit que l'on mesure seulement le fond de la cale, soit que l'on mesure la capacité entière du navire. Il est donc évident que si l'on mesure un plus grand espace que le fond de la cale, on doit, pour avoir le même quotient, augmenter proportionnellement le diviseur.

M. Togorès (Espagne) ne pense pas que, pour comparer le poids au volume et en déduire la faculté de transport du navire, on puisse arriver à une détermination moyenne assez exacte en supposant qu'une tonne de 2.000 livres de poids de marchandises exige une capacité moyenne de 42 pieds cubes qui était l'unité légale de jauge en France, d'après la loi de 1681 ; et cela, par les motifs suivants :

1° Parce que le rapport du poids des marchandises à celui du volume occupé dans la cale des navires est un rapport aussi variable que les marchandises elles-mêmes ;

2° Parce que les conditions de navigabilité des navires varient avec les saisons, avec les mers, avec les densités des objets et même avec leur forme extérieure à cause de l'arrimage dans la cale ;

3° Parce que cette unité, que l'on dit déduite de l'espace occupé par des barriques de vin de Bordeaux, n'était pas rigoureusement exacte à son origine, et que rien ne saurait prouver qu'elle soit une bonne moyenne à accepter aujourd'hui.

L'unité de volume de 42 pieds cubes, ajoute M. Togorès, n'a jamais été employée que comme étalon pour certains usages du commerce, parce que, dans son origine, elle était l'unité légale de jauge ; et elle n'a jamais pu signifier autre chose. Vouloir conserver ces 42 pieds cubes comme unité de jauge telle qu'elle était en 1681, alors qu'on mesurait seulement le fond de la cale, et s'en servir pour déterminer le nombre de tonneaux de mer qu'un navire est capable de transporter, serait, ainsi que M. Zamara l'avait démontré, complètement inexact.

M. Togorès ne veut pas, dit-il, soutenir par là que le pouvoir de transport des navires en tonneaux de marchandises soit bien déduit de la méthode anglaise avec son diviseur. Nullement. On ne saurait jamais, suivant lui, comparer par une moyenne acceptable le tonnage de poids des marchandises, ni le tonnage d'encombrement, au tonnage de capacité des navires, ni par la méthode Colbert mesurant seulement le fond de la cale avec son petit diviseur, ni par la méthode anglaise mesurant la capacité totale avec un diviseur plus grand. Ce sont des quantités hétérogènes, non comparables entre elles, et toute règle basée sur une pareille corrélation conduirait nécessairement à une erreur. Et c'est pour cela que les Etats ont été conduits forcément à comparer ce qui est comparable, c'est-à-dire le volume des navires entre eux sans aucun rapport, ni aux marchandises qu'on charge, ni à leur poids, ni à leur encombrement, ni aux conventions faites pour régler les frets, ni à aucune autre espèce d'unité parmi toutes celles dont on parle, qui ne conduisent qu'à produire la plus grande confusion dans l'esprit de ceux qui n'auraient pas une parfaite connaissance de la question. L'unité adoptée par les Etats, l'unité de jauge, est uniquement et n'a jamais été qu'une unité de volume, une unité de capacité, servant à comparer les capacités des navires. Mais comme, jusqu'à présent, chaque pays a mesuré la capacité des navires suivant certaines règles empiriques inexactes, l'unité de jauge se trouve différente pour chaque pays, de sorte que les taxations les plus inégales et les plus injustes sont appliquées dans les différents pays et même pour les différents navires d'un même pays. Voilà pourquoi l'unification de la jauge est si nécessaire.

En ce qui est de la méthode de mesurage, il n'y a pas de doute que celle de Moorsom est supérieure à toutes les autres et que la Commission doit l'adopter.

Quant au diviseur, il y a lieu également d'adopter celui de la formule de Moorsom. Ce diviseur a été déduit de milliers d'expériences pratiquées en Angleterre. Il permet de comparer la statistique commerciale de toutes les époques; il ne change pas sensiblement les droits de navigation de tous les pays; il donne un résultat aussi exact que possible pour la distribution équitable des taxes; il a été adopté par la plupart des nations maritimes; il permet une comparaison vraie des capacités des navires de tous les pays; enfin, l'unité de jauge se trouve dans toutes les législations et fait partie des habitudes des gens de mer. Un changement d'unité aurait pour résultat d'augmenter la confusion déjà si grande même parmi les Gouvernements.

M. Togorès dit, en terminant, qu'il ne distingue qu'un but principal dans la proposition de M. Rumeau, qui est de diminuer le diviseur pour augmenter la jauge officielle; il s'y oppose, quant à lui, et conclut en insistant pour l'adoption du tonnage brut anglais avec son diviseur.

M. LE BARON D'AVRIL (France), pour compléter une indication de M. le colonel Stokes, tient à préciser la nature de l'adhésion que la Commission européenne du Danube a donnée au système anglais.

La Commission européenne, dit-il, n'est pas limitée dans sa taxation; elle va jusqu'à l'épuisement de ses besoins, mais sans dépasser ce qui est nécessaire pour l'entretien des travaux, pour les frais d'administration et pour l'amortissement du capital immobilisé. Elle a même pour objectif de prélever le moins possible. Ce qui la préoccupe, c'est l'obligation de taxer également tous les pavillons et les navires de chaque pavillon entre eux. C'est à ce point de vue que le système anglais a été approuvé par lui à la Commission européenne. Ce système répond très bien, en effet, à cette préoccupation de la Commission.

M. le délégué français ajoute que, dès que le système anglais est venu à être discuté au point de vue de la capacité utilisable, il a eu soin d'exposer lui-même ce point de vue à la Commission dans une séance tenue le 3 mai 1872.

M. JANSEN (Pays-Bas) présente d'abord, à nouveau, des considérations tendant à prouver qu'il n'y a pas moyen de séparer Moorsom de la loi anglaise.

Mais ce point, dit-il ensuite, ne constitue pas la seule différence qui existe entre M. Rumeau et les membres de la Commission partisans de l'adoption de la loi anglaise; et, en vue de réfuter les autres objections de M. le délégué français, il rappelle les opinions favorables au système Moorsom formulées par les diverses Commissions qui ont été appelées en France, depuis la loi anglaise de 1853, à étudier la question du tonnage.

S. E. SALIH PACHA (Turquie) fait observer que M. Rumeau, en mentionnant le texte des instructions de la Sublime Porte à ses délégués, les interprète en disant que le Gouvernement impérial ne recommande à ses délégués l'emploi de la formule Moorsom que pour ce qui est de la capacité totale. Il pense, quant à lui, que cette interprétation n'est pas exacte et qu'elle doit être rétablie comme suit :

1° Le Gouvernement impérial n'a pas eu l'intention de recommander deux formules ou deux tonneaux; en réunissant la Commission, son idée était de lui demander de fixer un tonneau-type qui pût servir de base à la fois pour les transactions commerciales et pour la perception des taxes;

2° Le Gouvernement impérial, en recommandant à ses délégués le système Moorsom ne l'a pas recommandé pour ce qui est de la capacité totale seule ; il le recommande dans son ensemble ;

3° Le Gouvernement impérial ne peut nécessairement avoir l'idée d'imposer à la Commission le système Moorsom; il ne fait que le recommander à ses délégués; mais il recommande en même temps de bien approfondir si les déductions ou défalcations qu'on fait subir à cette formule sont toutes exactes, et s'il y a lieu d'apporter à ce système des modifications pour déterminer la capacité vraiment utilisable des navires.

M. LE BARON D'AVRIL (France) fait observer que, dans ses instructions, la Sublime Porte n'a pas dit *jaugeage* ni *tonnage brut*, mais *mesurage* et *capacité totale*. Le mot « surtout » employé un peu plus loin montre évidemment que la Sublime Porte n'a pas entendu borner la tâche de la Commission au calcul des déductions. D'ailleurs les instructions disent « défalcations et déductions ».

M. RUMEAU (France), en réponse aux arguments qui lui ont été opposés au cours de la séance, présente les nouvelles considérations suivantes :

On lui reproche, — dit-il, — d'avoir énoncé que le système de jaugeage anglais, avec son diviseur 100, était un mauvais moyen de comparaison de la capacité des navires. Or il n'a rien dit de pareil. Il reconnaît que, du moment où l'on opère de la même manière pour tous les navires, le diviseur 100, aussi bien que tout autre diviseur qu'on pourrait lui substituer, donne des résultats comparables; mais aussi, qu'il ne donne que cela. Ce qu'il a contesté et ce qu'il continue à contester, c'est que le diviseur 100 appliqué à la contenance du navire puisse conduire à son tonnage vrai, au tonnage qui sert de base aux transactions commerciales.

On répond, à la vérité, qu'il n'y a pas d'autre tonneau que le tonneau de 100 pieds cubes et d'autre tonnage que le tonnage de registre; que, hors de là, tout est fiction et confusion, aussi bien pour le tonneau que pour le tonnage; on conteste même que le tonneau français de 42 pieds cubes ou $1^{mc},44$ ait jamais eu et ait encore une existence réelle. Mais, si cela était, s'il n'y avait pas d'autre tonnage que le tonnage de registre, que signifieraient les marchés passés avec les constructeurs de navires qui, pour un tonnage de registre de 1.000 tonnes par exemple, promettent un tonnage effectif de 1.500 tonnes? Que voudraient dire les annonces des courtiers qui, pour les navires mis en vente, distinguent parfaitement le tonnage effectif du tonnage de registre? Le langage de ces annonces et de ces marchés a-t-il quelque chose d'énigmatique? N'est-il pas, au contraire, et sans qu'il soit besoin d'explications, parfaitement compris, dans tous les pays, de toutes les personnes engagées dans ce genre d'affaires? Il y a donc deux tonnages et deux tonneaux, le tonneau de jauge et le tonneau usuel du commerce.

Mais qu'est-ce que le tonneau du commerce? Il varie, dit-on, d'un port à l'autre, et souvent, dans le même port, avec la nature des marchandises et même avec les habitudes ou les caprices des armateurs. C'est peut-être vrai pour des exceptions tenant aussi bien à la nature de la marchandise qu'à la nature du transport ; mais cela n'est pas vrai pour la masse des marchandises qui font l'objet des transports maritimes sur lesquels se règlent les prix du fret. Quand un capitaine annonce être en chargement pour telle ou telle destination au prix de 100 francs la tonne, par exemple, chacun, en tout pays, comprend cet avis et règle ses opérations en conséquence. Mais qu'est-ce donc que cette tonne? Est-ce une tonne de fantaisie dont personne n'ait une idée exacte, ou est-ce au contraire quelque chose dont la signification ne puisse laisser aucun doute? Le langage des affaires n'est pas vague ; il a et doit avoir un sens précis; il doit être compris de tout le monde; et personne, en effet, ne s'y méprend. Chacun sait que la tonne usuelle est de 1.000 kilogrammes en poids et de 50 pieds cubes anglais environ, ou $1^{mc},44$ en volume. Quand il y a des exceptions, on a soin d'en prévenir le commerce : on ne parle plus alors simplement de tonnes, mais de tonnes d'un poids et d'un volume déterminés et précisés de façon à ne pas induire le commerce en erreur. C'est ainsi, par exemple, que les Messageries maritimes ont un tarif de chargement au volume de 1 mètre cube ou au poids de 500 kilogrammes, à peu près le même que celui des transports ordinaires du commerce au volume de $1^{mc},44$ et au poids de 1.000 kilogrammes. Mais ce fret élevé ne peut être appliqué qu'à des articles de messageries ou à des marchandises de prix. Pour les marchandises ordinaires, embarquées par grandes masses et faisant l'objet habituel des transports du commerce, le tarif de la Compagnie s'applique au tonneau de la Chambre de commerce de Marseille qui est de $1^{mc},44$ en volume et de 1.000 kilogrammes en poids. Le Gouvernement français, en traitant avec la Compagnie, à laquelle il accorde une large subvention pour les services postaux, lui impose l'obligation de faire les transports nécessaires aux besoins de ses autres services à des prix arrêtés d'avance, également par tonne de 1.000 kilogrammes en poids ou de $1^{mc},44$ en volume. Le Gouvernement et le commerce français reconnaissent donc le tonneau de $1^{mc},44$ aussi bien que le tonneau de 1.000 kilogrammes et n'ont pas cessé de le reconnaître et d'en faire usage depuis Colbert.

M. Rumeau ne peut, dit-il, se montrer aussi affirmatif pour les tonneaux usuels des autres pays. Néanmoins, fait-il observer, en Angleterre, par exemple, le siège du plus grand commerce du monde et le régulateur de tous les autres, il y a certainement un tonneau autour duquel roulent toutes les transactions. Car, que voudraient dire sans cela les publications des courtiers, les marchés des constructeurs? Quand ils mettent en regard du tonnage de jauge la véritable capacité de transport d'un navire, et qu'ils annoncent, selon l'exemple choisi, que cette capacité est de 1.500 tonnes, alors que le tonnage de registre n'est que de 1.000, ils ont certainement une tonne et une seule tonne en vue.

M. Rumeau conclut donc qu'il y a un tonneau d'un usage général et autour duquel roulent toutes les opérations commerciales, sauf des exceptions qu'il ne conteste pas, mais qui, suivant lui, ne détruisent pas la règle générale. A son avis, ce tonneau est celui de 1.000 kilogrammes pour les chargements au poids et de 1^{mc},44 pour les chargements au volume. Cela est exactement vrai pour la France, et on peut le considérer comme également vrai pour l'Angleterre, avec un écart insignifiant ; le tonneau usuel des autres nations n'en diffère probablement pas beaucoup; dans tous les cas, il semble que c'est sur le tonneau anglais qu'il faut se régler.

On objecte à sa manière de voir, dit M. Rumeau, que, quoiqu'on fasse et quelque modification que puisse subir le diviseur 100, on ne sera jamais assuré de faire rendre exactement à la formule de jaugeage le tonnage que l'on cherche. Il reconnaît que la rigueur mathématique est difficile, impossible même à atteindre en ces matières; mais, si l'on ne peut espérer d'arriver à un résultat rigoureusement exact, on peut du moins chercher à approcher davantage de la vérité en diminuant dans une notable proportion l'écart d'environ 50 0/0 qui existe aujourd'hui entre le tonnage de registre et le tonnage effectif, ce à quoi il est facile d'arriver par une sage et convenable réduction du diviseur.

On a objecté encore que ce diviseur, qui était 1,44 d'après la règle de Colbert, avait dû successivement s'accroître à mesure que les navires se sont transformés et qu'au lieu de mesurer simplement leur cale on a mesuré toute leur capacité ; de telle sorte que le diviseur 2,83 appliqué aujourd'hui à la capacité totale ne différerait pas du diviseur 1,44 appliqué à la cale. En réponse, M. Rumeau fait observer, qu'aujourd'hui, ce n'est plus la cale seule, telle que l'entendait Colbert, qui est le lieu de la charge ; que la charge, pour les marchandises légères, peut remplir tous les ponts et entreponts, et même tout ou partie du pont supérieur au moyen des installations spéciales qui peuvent y être établies; enfin que, si tous les espaces mesurés sont susceptibles de recevoir des marchandises, il faudrait, d'après la règle de Colbert, diviser leur capacité par 1,44 pour savoir combien ils peuvent contenir de tonnes de ce volume. Toutefois, M. Rumeau reconnaît qu'il y a à faire sur la capacité totale une déduction pour les besoins de la navigation ; et c'est précisément de cette déduction qu'il demande qu'on s'occupe d'abord pour arriver à la détermination de la capacité utilisable, premier terme de la question que la Commission a à résoudre.

Il y a, en effet, ajoute M. Rumeau, deux termes dans la question, ainsi que Moorsom l'a reconnu : la capacité utilisable et le diviseur par lequel on doit diviser cette capacité pour obtenir le tonnage effectif. M. Rumeau revient à ce sujet sur l'interprétation déjà donnée par lui de la règle de Moorsom. Il y a lieu tout d'abord, — ainsi qu'il l'a déjà énoncé, — de déterminer la déduction à faire en raison des espaces non utilisables pour les marchandises et arriver ainsi à la détermination de la capacité vraiment utilisable : ce doit être là le premier travail de la Commission. Quant au diviseur 100, déjà excessif avec le dividende actuel, il le deviendrait bien davantage avec le dividende affaibli, et il y a lieu de le réduire dans la mesure nécessaire pour faire rendre à la formule le tonnage effectif, sinon exactement et rigoureusement, du moins aussi approximativement que possible. La recherche de cette réduction, ou en d'autres termes du tonneau-type, fera le second objet du travail de la Commission.

C'est pourquoi, sans s'écarter de la question à l'ordre du jour, et pour rester au contraire dans cette question, M. Rumeau a demandé et demande encore que la Commission procède d'abord à l'examen de la question de la capacité utilisable.

M. Jansen (Pays-Bas) fait observer qu'après les considérations que la Commission vient d'entendre, il est de plus en plus convaincu que M. Rumeau a un système particulier de jaugeage qui doit faire penser que tous ses autres collègues sont dans l'erreur. M. Rumeau, dit-il, parle des grands écarts qu'il y a entre les chargements réels et le tonnage enregistré d'après la loi anglaise, mais il voit les écarts d'un seul côté sans prendre en considération ceux des navires légers. C'est, encore une fois, parler de marchandises et non pas de jaugeage, qui n'est que la proportion moyenne de la fraction utilisée de la capacité totale du navire. Cette fraction moyenne, — il l'a clairement démontré, — n'est pas applicable à chaque navire. C'est la moyenne entre le bâtiment lège et le bâtiment chargé, entre le tonneau de poids et le tonneau d'encombrement, entre les voyages au long cours et les petites traversées, entre les voyages d'hiver et d'été, en un mot, c'est la moyenne statistique de tout le mouvement commercial d'un grand pays, moyenne dans laquelle les écarts des deux côtés se détruisent mutuellement, et c'est pour cela qu'elle forme une base solide et exacte pour l'unité de jaugeage.

La jauge donne la fraction de la capacité en moyenne, déduite d'un grand nombre de navires ; mais ce n'est pas la capacité utilisable de chaque navire dans les circonstances les plus avantageuses, cette capacité ne pouvant être déterminée, parce qu'elle dépend de mille circonstances différentes. Cette moyenne a été fixée en Angleterre d'après les exportations et les importations, pendant un grand nombre d'années, faites par 27.000 navires ; c'est donc très justement qu'on a fait de cette moyenne statistique la condition *sine quâ non* et qu'on en a déduit le diviseur 100 du système Moorsom.

M. le colonel Stokes (Grande-Bretagne) fait observer qu'on se trouverait en face d'une grande difficulté pour les céréales si l'on voulait adopter la tonne de 50 à 60 pieds cubes de M. Rumeau : les céréales, dit-il, sont payées d'après les quarters; le blé est transporté par une mesure; le bois par un autre étalon. La Commission n'a pas pour but de trouver seulement un mode utile pour une entreprise particulière; mais elle a pour mission d'arriver à une entente sur une mesure générale à adopter dans l'intérêt du commerce universel.

M. Rumeau (France) présente les nouvelles observations suivantes :

M. Jansen, dit-il, a parlé de navires légers, de chargements incomplets et de la nécessité d'un fort diviseur pour arriver à la détermination de la capacité non pas utilisable, mais moyennement utilisée des navires. Quant à lui, il en a parlé également, mais en faisant remarquer, avec la Sublime Porte, que ces considérations, bonnes pour les Etats, ne pouvaient plus être admises quand il s'agissait de Compagnies concessionnaires de grands travaux publics qui doivent trouver la juste rémunération de leurs services dans la perception de taxes assises sur la capacité réellement utilisable, et non pas simplement utilisée des navires. D'ailleurs, en admettant même, ce qu'il ne peut faire, le principe de la capacité moyennement utilisée, le diviseur 100, selon lui, tiendrait encore un trop grand compte des déductions à faire d'après ce principe et devrait être notablement réduit.

Comme on peut le voir, ajoute M. Rumeau, un des embarras de la discussion actuelle est de se compliquer des préoccupations relatives au règlement de la question du canal de Suez. Il est impossible, en effet, dit-il, de ne pas voir l'influence que la règle de jaugeage qui sera adoptée doit exercer sur ce règlement, et de ne pas regretter que la Commission, ainsi qu'il l'avait demandé, n'en ait pas fait le premier objet de sa délibération. C'est à l'occasion de cette demande qu'il avait parlé de la difficulté de modifier la jauge officielle et des perturbations qui pourraient en résulter dans les statistiques commerciales et la perception des droits de navigation. M. Rumeau n'a pas changé d'avis comme on le lui reproche; mais cette modification est devenue nécessaire du moment qu'on voit clairement apparaître le dessein de faire, de la règle de jaugeage, la base du règlement de la question du canal. M. Rumeau ajoute que ce règlement devait être l'unique objet de la mission de la Commission, ainsi qu'on a pu en juger par la communication des instructions du Gouvernement français à ses délégués en date du 7 août 1873. Il n'a pas cru devoir, néanmoins, se dérober à la discussion de la question générale du jaugeage recommandée par la Sublime Porte; mais il a été de son devoir de l'aborder sans perdre de vue les intérêts du canal et avec la pensée de n'accepter qu'une solution logique et rationnelle. On aurait pu ajourner encore cette solution et continuer à fermer les yeux sur l'inexactitude manifeste de la jauge actuelle. Aujourd'hui que la question de la réforme est agitée, et que la discussion en est commencée, il faut la poursuivre jusqu'au bout sous peine de consacrer à jamais un système erroné.

8e *séance.* — 29 *octobre.*

Rien d'important à signaler.

9e *séance.* — 4 *novembre.*

M. le colonel Stokes donne, au sujet du système Moorsom, de nouvelles explications en opposition aux appréciations de M. Rumeau.

En réponse notamment à la question posée par M. Rumeau, à savoir pourquoi les courtiers et les constructeurs citent dans leurs annonces un tonnage autre que le tonnage de registre, M. le colonel Stokes dit qu'ils agissent en cela contrairement aux conseils de Moorsom, et parce que les anciennes habitudes n'ont pu être encore déracinées : ces habitudes, ajoute-t-il, avaient pour but d'exprimer la portée des bâtiments, aussi bien en marchandises qu'en capacité officielle, laquelle s'écartait de la capacité réelle par suite des écarts possibles sous l'ancienne loi ; mais aucun doute n'existait plus à présent au sujet de cette capacité.

M. le colonel Stokes dit ensuite que M. le délégué des Pays-Bas a parfaitement établi déjà, dans son premier exposé, que la jauge est l'exposant de la capacité et non l'exposant de la charge et démontré, de plus, comment dès le commencement du jaugeage, et depuis, il y a toujours eu un certain écart entre l'exposant de capacité et la charge. Il termine en reproduisant l'observation déjà présentée par lui au début de la discussion, que ce qu'il y a à considérer, c'est la capacité du corps contenant, et nullement celle du volume des objets contenus, deux choses incompatibles que l'on confond toujours dans les annonces dont parle M. Rumeau.

M. Rumeau ne croit pas utile de répondre aux nouvelles observations de M. le colonel Stokes, car il ne pourrait, dit-il, que se répéter.

M. le colonel Korchikoff (Russie) fait remarquer qu'il ressort de l'examen qui a été fait du système Moorsom, que le diviseur 100 a été uniquement adopté pour définir le tonneau de jaugeage que les bâtiments avaient avant l'application de ce système.

Il serait indispensable, selon lui, lorsqu'une tonne quelconque de jauge est admise pour unité, de définir en même temps le rapport entre cette tonne de jauge et la tonne de capacité commerciale ou tonne de mer, que la France a admise à 1^{mc},44, et l'Angleterre à 40, 50 et 63 pieds cubes suivant la circonstance ; et cela, par ce motif que la tonne de jauge sert de base à la taxe que les Gouvernements perçoivent des armateurs ; que ce sont là des relations entre les États et le commerce maritime tendant à favoriser celui-ci ; tandis que, quand il s'agit d'intérêts d'entreprises particulières, la tonne de mer devrait être autant que possible précise et indépendante d'une règle arbitraire.

M. le colonel Korchikoff croit nécessaire de réserver son opinion sur telle ou telle tonne de jauge, jusqu'à ce que cette question soit bien éclaircie.

Le Président constate que la question est épuisée.

Une discussion s'engage sur la manière de procéder au vote des deux motions en présence, l'une de M. Jansen (Pays-Bas), l'autre des délégués français.

M. le baron d'Avril (France) demande la prise en considération de la proposition française, dont lecture est donnée et qui est conçue en ces termes :

« Nous demandons que, conformément aux instructions de la Sublime « Porte qui recommande de prendre pour base du tonnage des navires « leur capacité utilisable pour le transport des marchandises, la « Commission, avant d'aller plus loin, se livre à la recherche et à la détermination de cette capacité pour tous les navires, en général, considérés « indépendamment de leur mode de propulsion, toute réserve étant « faite à l'égard des navires à vapeur pour les déductions particulières « aux machines qui seront l'objet d'un examen spécial. »

MM. les délégués d'Allemagne, de Belgique et d'Espagne estiment qu'il convient de mettre d'abord aux voix la proposition française, celle-ci devant se trouver forcément exclue dans le cas où l'autre motion viendrait à être préalablement votée. M. le délégué d'Autriche-Hongrie demande, au contraire, la priorité pour la motion néerlandaise, la proposition française, intervertissant, suivant lui, l'ordre du jour.

M. Rumeau, en réponse à M. le délégué d'Autriche-Hongrie, fait observer que ce n'est pas la première fois qu'il a été dit que la proposition française ne rentrait pas dans l'ordre du jour; que ce n'est pas la première fois, non plus, que les délégués français ont cherché à démontrer qu'elle y rentrait très directement et qu'elle était au cœur même de la question. Puisqu'on y insiste, dit-il, il peut être cependant utile d'y revenir avant de passer au vote. De quoi s'agit-il, en effet ? Du tonnage des navires considérés indépendamment de leur mode de propulsion. On l'appellera comme on voudra, brut ou net, n'importe; mais, encore une fois, c'est sur ce tonnage que doit porter la réforme si l'on veut arriver à une évaluation exacte et pratique de la capacité de transport des navires. Or, quels sont les deux éléments de cette évaluation ? Ce sont, d'un côté, la partie utilisable de leur capacité totale, et, de l'autre, le tonneau-type auquel cette partie utilisable doit être rapportée. Comment prétendre, après cela, que la recherche de la capacité utilisable ne rentre pas dans la discussion à l'ordre du jour? Elle y rentre au premier chef, et ce doit être le premier objet de l'examen de la Commission, si elle veut entrer dans le vif de la question et sortir enfin de la voie trop vague, à l'avis des délégués de France, où elle est restée jusqu'ici.

M. LE COLONEL STOKES diffère d'opinion avec M. Rumeau, étant d'avis qu'il ne s'agit pas de tonnage brut dans la motion française, ce qui serait seul conforme à l'ordre du jour. Cependant, il ne voit pas d'inconvénient à voter préalablement sur la motion française.

Après quelques nouveaux dires, la majorité de la Commission se prononce en faveur de la priorité à accorder à la motion des délégués de France.

M. GILLET (Allemagne) désire motiver, dit-il, le vote qu'il va émettre.

Il croit, avec M. le délégué d'Espagne, que si, par impossible, on écartait le terme « tonneau » on tomberait d'accord, mais pour le moment seulement. Il y aurait de nouveau, une difficulté pour l'affaire du canal de Suez, lorsqu'il s'agira de préciser de combien de mètres cubes est le tonneau dont parle le firman impérial. Tout pourrait s'arranger si on voulait ne pas préjuger cette question. En conséquence, M. le délégué d'Allemagne, en invitant ceux de ses collègues qui partageraient son opinion à s'unir à lui, déclare vouloir motiver son vote dans les termes suivants :

« La proposition de MM. les délégués de France formant une partie « de la discussion sur le tonnage brut; M. Rumeau lui-même ayant « déclaré ne pas vouloir changer l'ordre du jour, et cet ordre du jour « ne préjugeant pas la discussion des questions qui pourront suivre, « entre autres celles relatives au canal de Suez, il convient de conti- « nuer la discussion à l'ordre du jour afin d'arriver de la manière la « plus naturelle à la détermination de la capacité utilisable. »

M. RUMEAU demande si M. le délégué d'Allemagne veut définitivement écarter la motion française ? Pour sa part, il désirerait qu'on votât par oui ou par non sur cette motion.

M. GILLET répond que son avis est d'écarter la motion française avec les réserves faites.

M. le baron D'AVRIL (France) fait observer que le vote doit avoir seulement rapport à la prise en considération.

LE PRÉSIDENT met aux voix la motion des délégués de France.

Cette motion est repoussée par la Commission.

Ont voté contre : l'Allemagne, l'Autriche-Hongrie, la Belgique, l'Espagne, la Grande-Bretagne, la Grèce, l'Italie, les Pays-Bas, la Suède et Norwège.

Ont voté pour : la France, la Russie, la Turquie.

Les délégués de Belgique, de la Grande-Bretagne, d'Italie, des Pays-Bas et de la Suède et Norwège ont déclaré s'associer aux observations faites par le délégué d'Allemagne et motiver leur vote en conséquence.

M. le baron D'AVRIL (France), à propos du vote qui vient d'avoir lieu, fait la déclaration suivante :

« Il est à craindre que nous ne soyons sur la voie de constater un « dissentiment primordial.

« Environ deux mois avant la réunion de la Commission, le Gouver- « nement français a eu soin, par une communication étendue, de « faire connaître aux Puissances maritimes comment il comprenait « l'objet de cette réunion et les conditions dans lesquelles il s'était « décidé à y prendre part.

« A notre connaissance, non seulement cette manière de voir n'a « été contredite par aucun Gouvernement, mais nous l'avons trouvée « explicitement confirmée par les instructions de la Sublime Porte qui, « reconnaissant que les règles de jaugeage avaient été successivement « faussées et qu'elles ne donnaient plus la mesure vraie de la capacité « de transport des navires, en a recommandé la réforme sur la base « de la *capacité utilisable* et d'un *tonneau-type* propre à servir de base à « la fois aux transactions commerciales et à la perception des droits « de navigation.

« En refusant de procéder à la recherche de la capacité utilisable, « malgré nos instantes et itératives demandes, la Commission nous « semble avoir méconnu les intentions de la Sublime Porte et l'esprit « dans lequel le Gouvernement français s'est fait représenter à la con- « férence.

« Dans cette situation, les délégués français, pour obéir aux instruc- « tions de leur Gouvernement, s'abstiendront de prendre part à la suite « de la délibération[1]. »

M. JANSEN (Pays-Bas), en réponse aux appéciations de M. le baron d'Avril soutient que, jusqu'à présent, la Commission a recherché la capacité utilisable ; que la différence avec les délégués français consiste seulement dans la manière de trouver cette capacité ; que la Commission, en cherchant en premier lieu le meilleur mode de détermination du tonnage brut, agit en tous points en conformité avec les instructions de la Sublime Porte aussi bien qu'avec celles des différents Gouvernements.

Les délégués d'Autriche-Hongrie, d'Allemagne, de Suède et Norwège et de la Grande-Bretagne s'associent à ces observations.

---

1. Les délégués français informèrent immédiatement le Ministre des Affaires Étrangères de la déclaration qu'ils venaient de faire à la Commission de s'abstenir de prendre part à la suite de la délibération, demandant en même temps s'ils devaient partir ou rester à Constantinople.

Le Ministre leur répondit par télégramme du 5 novembre pour approuver leur conduite et les inviter à ne pas partir avant d'avoir reçu de nouvelles instructions.

S. E. Edhem Pacha (Turquie) fait observer que le vote précédent de la Turquie sur la proposition française ne lui semble pas se trouver en contradiction avec les instructions ottomanes. C'est lui-même, dit-il, qui a proposé la fixation de l'ordre du jour qui a été arrêté et qui contient, à son avis, la meilleure marche à suivre pour arriver au but désiré. S'il a donné son vote favorable à la proposition française, c'est qu'il n'avait pas trouvé d'inconvénient à ce que cette proposition fût discutée avec la capacité utilisable.

M. Mattei (Italie) est d'avis que, dans la décision à prendre sur la préférence à donner aux propositions qui ont été présentées, il y a lieu de tenir grand compte des précédentes discussions.

Or, dit-il, l'objet sur lequel ont plus spécialement porté ces discussions et sur lequel les opinions différentes se sont le plus clairement exprimées, c'est certainement celui de l'unité de jauge.

Du côté de la majorité, on pense qu'une coutume à peu près séculaire a consacré l'adoption de l'unité de jauge adoptée par la loi anglaise de 1854, c'est-à-dire de 100 pieds cubes anglais, ou de 2^mc^,83, et que toute proposition ayant pour but de changer cette unité serait pratiquement inacceptable.

D'un autre côté, MM. les délégués de France, sans en avoir fait positivement la propostion, paraissent être d'avis que cette unité devrait être fixée à 42 pieds cubes français, ou 1^mc^,44.

A ce sujet, la discussion a eu un très grand développement; tous les délégués qui l'ont suivie ont pu se former là-dessus une opinion bien motivée, et, au point où l'on en est, on peut sans crainte déclarer cette discussion épuisée.

A l'heure qu'il est, il y a deux propositions soumises aux délibérations de la Commission : l'une, celle de M. le délégué des Pays-Bas, demande d'affirmer que la meilleure méthode pour la détermination du *gross tonnage* est celle exprimée dans le *Merchant Shipping act de* 1854, sans déductions; l'autre, celle de MM. les délégués de France, proposant à la Commission de se livrer à la détermination de la capacité utilisable pour tous les navires en général.

A part la question de l'unité de tonnage, sur laquelle il ne paraît pas que la discussion puisse être prolongée avec utilité, il n'est pas facile de trouver aucune différence essentielle entre ces deux propositions; l'une et l'autre faisant abstraction des déductions, elles ne peuvent avoir en vue que le même objet, la détermination du tonnage brut. Exprimées en des termes différents, les deux propositions reviennent au même.

La proposition de M. le délégué des Pays-Bas semble à M. Mattei devoir avoir la préférence comme étant conçue dans des termes plus clairs et plus précis et présentant à la discussion et au vote de la Commission un sujet plus positif et plus défini; mais, même dans ce cas, cela allait sans dire, MM. les délégués de France auraient le champ libre pour exposer leur opinion avec tout le développement qu'ils jugeraient convenable; ils pourraient même porter la discussion sur leur propre proposition comme amendement à la proposition néerlandaise.

En conséquence, et sans s'arrêter plus longtemps sur le choix à faire de l'objet à mettre en discussion, M. le délégué d'Italie est d'avis qu'il convient de passer à l'examen de la proposition de M. le délégué des PaysB-as.

M. le baron DE STEIGER (Russie) fait observer que tout le monde serait d'accord pour accepter le tonneau anglais si l'on ne voulait pas dire qu'il est le tonneau utilisable ; mais qu'il ressort de la motion néerlandaise que c'est là précisément le tonnage brut utilisable.

A la suite de dires de plusieurs autres délégués, et sur la proposition de sir PHILIP FRANCIS (Grande-Bretagne) de passer au vote, « la question étant épuisée »,

LE PRÉSIDENT met aux voix la proposition néerlandaise ainsi conçue :

« La détermination du tonnage brut d'un navire ou *gross tonnage*, « sans aucune déduction, est le mieux effectuée par le système Moorsom, tel qu'il est exposé dans la loi anglaise de 1854 (art. 20 et 21). »

La proposition est adoptée.

Ont voté pour : l'Allemagne, l'Autriche-Hongrie, la Belgique, l'Espagne, la Grande-Bretagne, la Grèce, l'Italie, les Pays-Bas, la Suède et Norwège, la Turquie;

La France s'est abstenue; la Russie également, réservant son vote par le motif que cette résolution préjuge la question de la mesure du tonneau utilisable.

M. JANSEN (Pays-Bas) propose de mettre à l'ordre du jour l'étude de ce qu'on doit comprendre dans le tonnage brut. Après avoir adopté le principe du mesurage, on doit, dit-il, constater ce qu'on mesurera pour trouver le tonnage brut.

M. le baron STEIGER (Russie) croit qu'après la déclaration de MM. les délégués de France de ne pas vouloir prendre part aux délibérations, il y aurait lieu à un ajournement de la Commission, afin de voir ce qu'il y aurait à faire dans le cas non prévu de cette abstention et de demander de nouvelles instructions.

Cette proposition, combattue par les délégués des Pays-Bas et de la Grande-Bretagne, invoquant les articles 3 et 4 du règlement, appuyée au contraire par le délégué de Belgique, étant mise aux voix, la Commission décide que la discussion doit continuer.

Le reste de la séance est consacré à l'étude de la question des espaces à comprendre dans le tonnage brut.

10e, 11e et 12e *séance.* — 10, 15 *et* 18 *novembre*

(Les délégués français n'assistent pas à ces séances.)

Ces séances ont été consacrées à l'étude des déductions à faire sur le tonnage brut pour les navires à voiles et à l'étude de la détermination du tonnage net des navires à vapeur.

Au cours de la 12e séance, LE PRÉSIDENT fait donner lecture par le Secrétaire d'une lettre qui lui a été adressée la veille par le Ministre des Affaires Étrangères du Gouvernement ottoman avec prière de porter à la connaissance de la Commission la communication suivante que l'ambassade de France venait de faire parvenir à cet effet à la Sublime Porte [1] :

« Les commissaires français ont eu pour mission d'aider, de concert « avec leurs collègues, le Gouvernement ottoman à déterminer la capa- « cité utilisable dont le principe est posé par la lettre vizirielle, et à « régler sur cette base le péage du canal. Du moment que la discus- « sion s'éloigne de ce terrain, leur mandat est terminé. La Commission « s'étant occupée de l'unification des méthodes de jaugeage, la majo- « rité des délégués a manifesté sa préférence pour le système Moorsom, « semblant ainsi exclure l'examen de la question de la capacité utili- « sable. Les commissaires français ont insisté pour que cet examen fût « immédiatement abordé, mais la majorité n'a pas cru devoir déférer « à leur demande. Cette décision implique-t-elle, de la part de la Com- « mission, le dessein d'écarter cette question de ses délibérations ulté- « rieures ?

« Le Gouvernement français n'a pas en vue de réformer le système « Moorsom, qui est aujourd'hui la base de ses tarifications; mais, « comme le nombre de tonneaux officiels qui résulte de ce système est « manifestement inférieur au nombre de tonneaux de marchandises « du poids de 1.000 kilogrammes qu'un navire peut prendre à fret, il « demande que la Commission recherche l'écart existant entre ces « deux nombres, afin que la détermination de cet écart par la Porte « permette à la Compagnie du Canal d'effectuer ses perceptions sur « une base incontestée. S'il n'est pas satisfait à notre demande, le Gou- « vernement français ne traitera plus la question que par la voie « diplomatique. »

M. DE KOSJEK (Autriche-Hongrie) croit devoir, en présence de la communication faite, motiver son opinion dans les termes suivants, en

1. La communication de l'ambassade de France reproduisait textuellement les termes d'instructions envoyées au Chargé d'affaires de France à Constantinople par un télégramme du Ministre des Affaires Étrangères du 8 novembre.

demandant à ses collègues de s'y associer et d'envoyer comme réponse de la Commission une déclaration conçue en ces termes :

« La Commission constate qu'elle n'a jamais eu l'intention d'écarter « une question quelconque proposée par l'un ou l'autre délégué ; elle « avait simplement arrêté que la question du tonnage général serait « discutée avant les autres questions.

« La discussion sur cette question étant épuisée, la Commission est « prête à entendre MM. les délégués de France formuler leurs propo- « sitions qui seront discutées au sein de la Commission.

« La Commission se réserve cependant toute sa liberté quant à « l'application de tel ou tel tonnage qui aurait servi de base de per- « ception pour la Compagnie du Canal de Suez, dont les conditions « légales seront soumises à un examen approfondi et spécial de la « part de la Commission.

« La Commission n'a pas eu l'intention de préjuger cette question « particulière par ses débats sur la question générale du tonnage ; elle « procédera avec la même réserve à l'examen des propositions qui « seront formulées par MM. les délégués de France. »

Après un échange de vues entre plusieurs de ses membres, la Commission décide à l'unanimité que le texte de la motion de M. Kosjek servira de réponse à la communication française[1].

M. LE COLONEL STOKES propose de fixer l'ordre du jour de la prochaine séance.

La discussion de la question générale du tonnage étant pour le moment terminée, il croit que la Commission donnera à MM. les délégués de France l'occasion de développer leurs propositions en décidant d'examiner si le mode actuellement appliqué dans la perception

---

1. Le Chargé d'affaires de France ayant fait connaître au Ministre des Affaires Étrangères, par télégramme du 19 novembre, la réponse votée par la Commission à la communication qu'il lui avait faite, le Ministre lui envoya, par télégramme du 22 du même mois, les instructions suivantes :

« La Commission n'a pas à appliquer au canal tel ou tel tonnage, mais « seulement à fournir à la Porte les éléments d'une décision. Or, parmi ces éléments, se trouve en première ligne, le rapport existant entre le volume total d'un navire et le volume des marchandises de poids moyen qu'il peut porter en restant navigable. Si la Commission se décide à aborder franchement cette question, avant ou après celle des déductions des bateaux à vapeur, nos délégués pourront concourir utilement à l'examen de ces deux points. Mais, si elle refuse, il ne leur reste plus qu'à se retirer ; je desire seulement, dans ce cas, que son refus soit bien constaté. Insistez donc pour que son Président la mette en demeure de se prononcer catégoriquement. Insistez aussi sur l'intérêt qu'a le Gouvernement Ottoman, au point de vue de sa souveraineté, à maintenir la Commission dans son rôle consultatif. Quant à la question de surtaxe, nous sommes disposés à la traiter lorsque les travaux de la Commission seront plus avancés, mais sans abandonner le terrain du droit, c'est-à-dire le principe de la capacité utilisable. »

des droits du Canal de Suez est en harmonie avec les prescriptions de l'acte de concession et du firman impérial, suivant l'interprétation qui leur a été donnée par les deux lettres vizirielles à S. A le Khédive.

M. Jansen (Pays-Bas) croit que l'ordre du jour proposé facilite en tous points la rentrée de MM. les délégués de France.

M. Gillet (Allemagne) serait d'avis de laisser à MM. les délégués de France la décision de savoir si la discussion qu'ils désirent, entre, ou non, dans l'ordre du jour proposé par M. le colonel Stokes. Sans cela, dit-il, ce serait une restriction que la Commission mettrait à sa déclaration en proposant la discussion au point de vue du canal de Suez.

M. de Kosjek (Autriche-Hongrie) émet l'avis d'adopter l'ordre du jour tout en réservant à MM. les délégués de France de développer leurs propositions annoncées.

La Commission adhère à l'unanimité à cet avis.

13e *Séance.* — 25 *novembre.*

(Les délégués français n'assistent pas à la séance.)

M. le colonel Stokes (Grande-Bretagne) dit que, pour résoudre la question maintenant à l'ordre du jour, il faut établir deux points principaux et les comparer entre eux,

Après avoir rappelé et interprété les deux lettres vizirielles; après avoir rappelé ensuite que la Commission,

D'une part, a déjà déclaré que le système Moorsom, tel qu'il est défini par la loi anglaise de 1854, est le meilleur pour constater le tonnage brut, et l'a en conséquence recommandé, par un vote de 10 voix sur 12, à l'adoption des Puissances comme système universel pour la constatation du tonnage des navires;

D'autre part, a recommandé un mode de déterminer le tonnage net d'après le même système, et l'adoption de ce tonnage net comme base de taxation, par cette considération qu'il approche, de la seule manière pratique, de la capacité utilisable,

M. le colonel Stokes continue ainsi :

Dans tous les pays, dit-il, les Gouvernements reconnaissent le tonnage net comme base de taxation pour les buts fiscaux et pour compenser les travaux industriels construits pour le bénéfice de la navigation. On ne peut admettre qu'il soit fait une distinction entre ces deux buts de taxation. Le tonnage officiel, déduit directement et par des procédés exacts, de la capacité d'un navire, fournit la seule donnée fixe et digne de confiance à laquelle on puisse se fier pour taxer un navire.

Que ce soit pour l'un ou pour l'autre de ces buts que l'on prélève des droits sur la navigation , il n'y a pas une autre base également sûre et qui n'offre pas d'objections. La capacité utilisable, par exemple, comme les marchandises contenues, n'est pas un chiffre fixe, et certes elle n'est pas une base favorable aux intérêts que l'on cherche à défendre. Elle n'a pas un exposant officiel, si ce n'est le tonnage net de registre, qui en approche assez exactement et toujours d'une manière favorable à ceux qui ont exécuté des travaux pour le profit de la navigation.

Légalement, suivant la lettre vizirielle, la Compagnie de Suez n'a le droit de prélever ses droits que sur la capacité utilisable d'un navire. La même lettre vizirielle semble reconnaître aussi que cette capacité utilisable est identique avec le tonnage net, suivant le système Moorsom.

La Commission est arrivée à la même conclusion par un examen indépendant. Les commissaires anglais l'invitent à déclarer formellement que, dans son opinion, la Compagnie de Suez, pour conformer ses procédés aux décisions des lettres vizirielles, devrait prélever ses droits sur la capacité utilisable des navires représentée par le tonnage net inscrit sur les papiers de bord dans les conditions indiquées par la Commission.

M. Jansen (Pays-Bas) dit que la Commission, après avoir terminé la première partie de sa tâche, celle qui regarde l'unification du jaugeage, a encore une seconde partie, non moins intéressante que la première, à traiter, parce qu'elle a pour but de donner une explication du terme « tonneau de capacité » comme base de perception de la taxe de navigation sur le canal de Suez.

Si la Commission, ajoute-t-il, a pu trouver à la première question une solution que les Gouvernements représentés à la Commission trouveront, il l'espère [1], acceptable, elle peut espérer de trouver également une solution acceptable pour la seconde question.

M. Jansen regrette, avec toute la Commission, l'absence des délégués français, surtout au point de vue de l'intérêt des actionnaires du canal qui méritent, dit-il, toutes les sympathies de la Commission et qui ont droit à une rémunération pour les avantages qu'ils ont procurés au commerce du monde par la grande œuvre qu'ils ont fait réaliser et qui transmettra à la postérité le nom illustre du Président-directeur, M. de Lesseps. Mais il sait que tous les membres de la Commission ont, comme lui, le désir d'envisager la question de Suez, du point de vue le plus avantageux aux intérêts des actionnaires, en tant qu'il sera compatible avec la justice et l'équité. Ainsi, malgré le regret que tous éprouvent de l'absence de leurs collègues de France, la Commission tâchera de suppléer à tous les arguments que ceux-ci auraient pu faire valoir en faveur des actionnaires du canal.

---

1. En fait, aucun Gouvernement n'a adopté le mode de jaugeage préconisé par la Commission internationale. Ce mode de jaugeage est resté exclusivement appliqué au canal de Suez.

Voir, au sujet du refus du Parlement anglais d'adopter le mode de jaugeage de la Commission, la note de la page 262.

Après avoir refait l'historique du premier tarif appliqué par la Compagnie à partir de l'ouverture du canal à la navigation, puis du tarif appliqué depuis le 1er juillet 1873, et reproduit ensuite quelques considérations générales sur la question du tonnage, M. Jansen, partageant la manière de voir de M. le colonel Stokes, exprime l'avis « qu'il est désirable que le tonnage net trouvé par les règles de jaugeage proposées par la Commission internationale devienne la base pour la perception des droits de navigation sur le canal ». Toutefois, ajoute-t-il, comme il se pourrait, qu'en concluant l'acte de concession, les deux parties contractantes aient eu chacune en vue un différent tonneau de capacité, la Commission pourrait recommander aux Gouvernements respectifs d'accorder temporairement, sous des conditions clairement définies, que la taxe maximum de 10 francs fut élevée, afin de procurer à la Compagnie les moyens de donner quelques bénéfices à ses actionnaires.

M. Jansen croit et espère que, de cette manière, la Commission pourrait donner une solution juste, équitable et surtout acceptable à la seconde partie de sa tâche.

M. Zamara (Autriche-Hongrie) présente au sujet de la « capacité utilisable » diverses considérations pouvant se résumer de la manière suivante :

Dans un sens absolu, dit-il, la capacité utilisable est l'ensemble des espaces susceptibles de recevoir des passagers et des marchandises. Pour trouver cette capacité, il faudrait, en outre des espaces déduits pour la détermination du tonnage net, déduire encore du tonnage brut les espaces occupés par le trou des pompes, les approvisionnements et l'eau, les baux, les courbes, les mâts, etc. Mais un mesurage exact de toutes ces parties, d'un détail si minutieux, exigerait un très grand travail et prendrait un temps énorme; sans considérer qu'un pareil système donnerait probablement lieu à une quantité d'abus, parce que les capitaines et les armateurs pourraient, par exemple, augmenter artificiellement, avant le jaugeage, les espaces ne devant pas être occupés par les passagers et la cargaison, puis réduire ensuite ces espaces à leur état normal pour en profiter dans les opérations commerciales.

Indépendamment de l'inconvénient qu'il vient de signaler, M. Zamara estime qu'il faut considérer aussi que la capacité utilisable absolue n'est pas toujours constante dans un même navire. Il arrive, par exemple, souvent, dit-il, que, pour recevoir une certaine cargaison exigeant des soins particuliers, ou bien pour préserver les marchandises qui pourraient être gâtées par l'humidité provenant de la cale ou par l'eau qui pénètre quelquefois dans l'intérieur du navire, on élève artificiellement, par un plancher de pièces de bois, le plan du fond de la cale sur lequel on commence à placer les marchandises. D'autres fois, lorsqu'on doit recevoir une cargaison légère, on est obligé de charger auparavant une certaine quantité de lest pour obtenir la stabilité nécessaire pendant le voyage. Dans l'un et l'autre cas, on voit qu'il y a un certain espace de perdu pour la cargaison, ce qui fait diminuer sensiblement la capacité utilisable du navire.

Dans la détermination du tonnage net, la Commission, d'ailleurs, n'a pas pu comprendre toutes les déductions qu'on devrait faire à la rigueur pour parvenir à la capacité utilisable absolue, puisque cette manière de procéder eût été contraire au principe sur lequel est basé le système Moorsom avec son diviseur 100. Ainsi qu'il a été déjà remarqué et démontré dans les séances précédentes, on ne saurait séparer le diviseur du système de jaugeage; ce sont deux choses liées et combinées ensemble d'une manière indissoluble : Si l'une change, l'autre doit être modifiée en conformité.

Mais le tonnage brut, ainsi que la Commission l'a déterminé, exprimant la capacité totale intérieure du navire, offre à chacun la facilité d'en déduire, à volonté, approximativement, la capacité absolue utilisable pour les passagers et la cargaison. Il suffit pour cela, ainsi que cela est bien connu, de calculer les espaces occupés par les logements de l'équipage, des officiers de bord, du capitaine; par les soutes à voiles et à cordages et autres objets de la manœuvre; enfin, par les approvisionnements et le dépôt d'eau, le trou des pompes, les baux, les courbes, les mâts, etc., espaces qui, ensemble, d'après quelques-uns cités comme exemple par Moorsom lui-même, peuvent être évalués à environ 20 0/0 de la contenance cubique totale du navire; et bien entendu que s'il s'agit d'un navire à vapeur, il faut déduire en outre tous les espaces occupés par les machines et accessoires.

Si, au contraire, on entend parler de la capacité utilisable d'un navire dans un sens relatif, alors la question change tout à fait, puisqu'il ne s'agit pas dans un tel cas de savoir ce que le navire contient en volume, mais la quantité de marchandises qu'il peut contenir pour la navigation. Sous ce point de vue, la capacité utilisable du même navire varie à l'infini selon la nature et les poids relatifs des objets à transporter, selon la vitesse de marche qu'on veut lui donner, suivant les voyages auxquels on veut le destiner, par rapport aux vents, à la mer, et en général aux dangers de la navigation auxquels il seraient exposés, etc. On ne pourrait donc mesurer exactement, à titre fixe, la capacité relative utilisable d'un navire On ne peut donner qu'une mesure moyenne qui, autant que cela peut être justifié par l'expérience, correspond avec assez de précision aux chiffres du tonnage officiel.

Quant au « tonneau-type » dont il est fait mention dans la circulaire du 1er janvier 1873 du ministre des Affaires étrangères de Turquie, il n'y a aucun doute, après ce qui a été discuté et établi jusqu'à présent, que, selon la manière de voir de la Commission, c'est le tonneau de capacité de 100 pieds cubes anglais ou 2^{mc},83, qui représente en même temps l'unité de jauge dans le système de mesurage voté par la Commission.

M. Togorès (Espagne) présente à son tour les appréciations suivantes sur la « capacité utilisable ».

Comme M. Zamara, il fait ressortir d'abord que la capacité totale du navire n'est pas utilisable tout entière; après quoi il continue son exposé comme suit :

Si l'on considère, dit-il, le voyage qu'un navire doit faire, la saison dans laquelle ce voyage doit s'accomplir, enfin la nature des marchandises que le navire doit transporter, il est très facile de déterminer d'avance la quantité de marchandises en poids et en volume que ce navire peut embarquer. On connaît en effet, alors, toutes les données nécessaires à la solution du problème, à savoir : la capacité utilisable ou disponible pour la charge; la flottaison qu'on peut atteindre, en considération des conditions de la mer que le navire peut traverser; enfin, le poids des marchandises par unité, et l'encombrement de ces marchandises. C'est justement le cas général dans lequel se trouve le commerce, où l'armateur et le capitaine, en présence de ces différentes données, arrêtent avec une précision presque mathématique le chargement en poids et en volume qui convient à leur navire. Mais ce poids et ce volume se trouvent changés aussitôt que l'une des données faisant partie du problème change elle-même. En effet, la capacité en volume reste toujours la même dans le navire : mais les marchandises en poids et en volume varient pour chaque marchandise et pour chaque combinaison de marchandises; la ligne de flottaison qu'on peut atteindre varie aussi avec la densité du chargement, ainsi que les approvisionnements pour un voyage plus ou moins long, de sorte que, pour un même navire, la capacité utilisable, en poids et en volume de marchandises, varie pour chaque voyage d'une manière tout à fait irrégulière.

Il est donc impossible d'établir scientifiquement la capacité vraiment utilisable d'un navire, si cette capacité doit représenter le nombre de tonneaux de marchandises, soit en poids, soit en volume, qu'il peut transporter en moyenne, en tenant compte de tous les changements mentionnés, pendant le temps de son existence. Et cependant, il est clair qu'il y a une certaine moyenne qui s'établit d'elle-même dans la pratique. Si l'on considère, en effet, un navire depuis le jour où il commence à naviguer jusqu'au jour où il ne peut plus le faire, et si l'on prend les moyennes en poids et en volume de tous les chargements complets qu'il a transportés, on en déduira le nombre de tonneaux de poids correspondant à ceux du volume, pour le navire en question. Cette opération, pratiquée sur chaque navire marchand, ferait connaître ainsi le nombre de tonneaux en poids correspondant à un certain volume, qu'en moyenne chaque navire a pu transporter pendant son existence. Enfin, la même opération, appliquée à un grand nombre de navires de constructions différentes, pour les navigations diverses dans le monde entier, etc., permettrait de déduire le volume moyen nécessaire au transport d'un tonneau de marchandises, en général, c'est-à-dire le tonneau de capacité propre à la détermination de la jauge officielle des navires.

Cela prouve que c'est seulement par l'expérience, c'est-à-dire par la statistique commerciale que l'on peut arriver à déterminer l'unité de jauge ou le tonneau de capacité. Cela prouve aussi que la capacité utilisable obtenue par la jauge officielle, n'est pas la capacité exactement utilisable pour chaque voyage et pour chaque navire; mais elle est censée l'être pour un grand nombre de navires considérés dans leur ensemble.

Moorsom a commencé par établir un système de mesurage exact, contrairement aux méthodes empiriques employées jusqu'alors, qui introduisaient dans ce problème compliqué une nouvelle cause d'erreur, en ne tenant pas compte des formes si variables des navires. Ce système lui a donné la possibilité de mesurer la capacité intérieure des navires, quelles que soient leurs formes. Il a pris ensuite toute la flotte marchande anglaise composée de près de trente mille navires, et, par les données statistiques de ces navires voyageant dans des conditions très différentes les uns des autres, et en leur appliquant sa méthode pour le mesurage, il est parvenu à déterminer le tonneau de capacité représenté en nombre rond par 100 pieds cubes anglais. Ce tonneau constitue pour la jauge le plus juste étalon de capacité qui existe dans les circonstances générales. Depuis son adoption, l'idée de poids de marchandises doit disparaître tout-à-fait. Pour rentrer avec justice dans l'idée de poids, il faudrait revenir à la détermination des flottaisons lège et en charge, et aux calculs du déplacement du navire pour en déduire le poids qu'il peut porter. Or, la supériorité de la méthode, consistant à mesurer les capacités, étant universellement reconnue, par la raison que ces capacités représentent des quantités fixes, on ne saurait, à l'état d'étude où la Commission en est arrivée, proposer un tonneau de capacité plus juste que celui de 100 pieds cubes anglais déduit par Moorsom.

Ce point établi, les espaces nécessaires aux équipages et autres besoins propres aux navires à voiles, ainsi que ceux nécessaires aux machines et au combustible des bateaux à vapeur étant compris dans les calculs du mesurage de la capacité totale du navire, il faut évidemment déduire ces espaces dans l'un et l'autre cas pour arriver à la détermination de la capacité utilisable pour le transport des marchandises et des passagers; et telle a été justement la marche suivie par la Commission pour arriver à établir le tonnage net, soit des navires à voiles, soit des navires à vapeur.

Ainsi, conclut M. le délégué d'Espagne, le register tonnage ou tonnage net représente aussi exactement que possible la capacité moyenne utilisable des navires marchands, telle qu'elle été prévue par la lettre vizirielle, en prescrivant à la Compaguie de s'en tenir au net tonnage fixé d'après le système Moorsom comme base de perception du droit maximum de 10 francs, établi dans l'acte de concession; et comme la Compagnie a continué à percevoir ce droit sur le tonnage brut, qui ne peut représenter nullement la capacité utilisable, M. le délégué d'Espagne estime que ce procédé est en dehors du droit accordé à la Compagnie par l'acte de concession et par les lettres vizirielles postérieures qui l'ont expliqué.

M. LE COLONEL KORCHIKOFF (Russie) s'associe à la partie du discours prononcé par M. le délégué d'Autriche-Hongrie concernant le diviseur 100. Il est heureux, dit-il, de voir constater, ainsi qu'il a eu déjà l'occasion de le développer, que ce diviseur tient compte, dans le tonnage brut, de toutes les parties difficilement mesurables du navire. Il maintient par conséquent son point de vue que la tonne nette établie définitivement par le calcul Moorsom ne représente plus 100 pieds, mais à peu près 80 pieds cubes anglais, les parties non utilisées pouvant être évaluées à environ 20 0/0.

M. LE COLONEL STOKES fait observer, en réponse à M. le délégué de Russie, que ses appréciations sont justes quant au tonnage, mais nullement quant à la tonne. Le diviseur, dit-il, donne le tonnage total brut d'un navire, mais toutes les tonnes libres, après les déductions faites pour établir le tonnage net, sont toujours de 100 pieds cubes.

M. MATTEI (Italie) est d'avis que MM. les délégués de Russie ont parfaitement compris ce qu'a dit M. Zamara avec qui il se trouve sur ce point parfaitement d'accord. En résumé, il résulte des explications de M. Zamara, que chaque unité de 100 pieds cubes du chiffre de jaugeage obtenu par les règles de Moorsom ne peut représenter qu'un espace partiellement encombré, et qui ne peut être utilisé qu'en partie pour recevoir des marchandises ou des passagers.

Il croit, en conséquence, que le colonel Korchikoff est parfaitement dans le vrai, quand il dit que chaque tonneau d'un navire mesuré d'après la méthode Moorsom ne représente pas 100 pieds cubes de capacité utilisable, mais seulement un espace bien inférieur, c'est-à-dire diminué en proportion de l'encombrement des pièces de construction et des installations, objets et approvisionnements nécessaires à la navigation.

M. LE BARON STEIGER (Russie) constate que son collègue de Russie insiste surtout sur la différence qui résulte évidemment pour le tonnage qu'on ferait admettre dans cette capacité utilisable, s'il se trouve être de 100 pieds ou seulement de 80 pieds cubes.

M. TOGORÈS (Espagne) réplique à M. le baron de Steiger, que si l'on considère un navire quelconque ayant deux ponts ou plus, par exemple, que l'on suppose jaugé par la méthode Moorsom, il lui paraît évident que l'espace occupé par le pont situé au-dessous du pont de jaugeage est compris dans le mesurage. On arriverait au même tonnage, soit en procédant comme il a été établi par Moorsom, en divisant l'espace total par le diviseur 100, soit en déduisant l'espace occupé par le pont intermédiaire, et divisant la différence par un autre diviseur naturellement réduit en conséquence.

M. Jansen (Pays-Bas) fait observer, en plus, que l'admission d'une opération de ce genre obligerait à mesurer chaque navire différemment, créerait de grandes difficultés, et donnerait surtout lieu à de nombreuses fraudes.

M. Mattei (Italie) émet l'avis qu'après les remarques de MM. les délégués de Russie, il lui paraît qu'on serait conduit à aborder la question suivante : puisqu'une partie considérable de l'espace intérieur des navires se trouve inévitablement encombrée par des pièces de construction, des installations, des objets nécessaires pour la navigation, pourquoi ne mesurerait-on pas exclusivement l'espace réellement utilisable pour recevoir des marchandises ou loger des passagers, en déterminant d'une manière convenable l'unité de mesure de cet espace.

En partie, dit-il, la raison en est que l'évaluation directe de tous les espaces réellement utilisables demanderait des opérations très minutieuses et très longues, et des calculs très compliqués, dont l'exécution rencontrerait certainement beaucoup de difficultés pratiques. Mais, ajoute-t-il, ce qui a surtout empêché l'adoption d'une pareille méthode de mesurage, c'est une considération d'un tout autre ordre : si, d'un côté, les pièces de construction et quelques-unes des installations qui encombrent en partie l'intérieur d'un navire, peuvent être considérées comme à peu près invariables pendant son existence, plusieurs de ces installations peuvent être changées selon les besoins de la navigation que l'on va entreprendre et du chargement que l'on reçoit; à plus forte raison, il y a d'assez grandes variations, d'un voyage à l'autre, dans la quantité de rechanges, de vivres, d'eau, de combustible que le navire doit embarquer, et dans leur encombrement, ce qui conduirait à devoir refaire la jauge d'un navire presque à chaque voyage. Or, sans compter l'impossibilité pratique de ces complications, ce serait là un système tout à fait opposé à l'idée de la jauge de registre, dont le chiffre doit représenter quelque chose de fixe, et qui doit rester invariable pendant toute la durée du navire. C'est là la raison pour laquelle la loi a dû renoncer à prendre en considération tous ces éléments variables; et, puisqu'il fallait renoncer à tenir compte des encombrements qui présentaient ce caractère, on a jugé convenable d'en faire autant pour les pièces de construction et les installations fixes, à cause de la difficulté d'évaluation.

Cela n'altère pas, en moyenne, l'exactitude des résultats obtenus. En supposant que l'on eût reconnu que l'encombrement moyen de l'intérieur du navire fut d'un cinquième, on aurait été conduit à, l'époque de l'introduction de la méthode Moorsom, et en procédant comme on le fit alors, à l'adoption d'un diviseur diminué proportionnellement; par conséquent, la jauge moyenne serait restée ce qu'elle est maintenant.

M le délégué d'Italie déclare, d'ailleurs, ne donner ces explications que comme une manière d'envisager la question qui n'infirme en rien ce qui a été adopté par la Commission relativement au tonnage des navires.

S. E. Salih Pacha émet l'avis qu'il ne reste aucun doute que le système Moorsom, avec son diviseur 100, est celui qui détermine le plus exactement la capacité totale des navires et que c'est en faisant subir à ce système les déductions justes et équitables proposées par la Commission qu'on arrivera au *net tonnage* ou à la capacité utilisable. La Sublime Porte, dit-il, était donc dans la vérité en recommandant le *net tonnage* obtenu par ce système.

M. de Kosjek (Autriche-Hongrie) donne son assentiment aux développements présentés sur la question à l'ordre du jour par M. le colonel Stokes; il aurait appuyé même, dit-il, le cas échéant, la proposition faite à la fin de son discours par M. le délégué des Pays-Bas; mais il trouve que la question n'est pas encore assez mûre pour cela, et il propose, en conséquence, l'ajournement à la prochaine séance.

14e *Séance.* — 29 *novembre*

(Les délégués français n'assistent pas à cette séance)

Des considérations sont encore présentées par divers membres sur l'interprétation à donner au mot *tonneau de capacité* de l'acte de concession concluant toutes dans le même sens que dans les séances précédentes.

M. le colonel Stokes (Grande-Bretagne), au sujet du vœu formulé dans la précédente séance par M. le délégué des Pays-Bas, de voir la Commission trouver un moyen de donner à la Compagnie un revenu qui lui permît de payer un dividende aux actionnaires, mentionne certains pourparlers officieux engagés un mois auparavant en vue d'arriver à un arrangement à l'amiable de la question du péage « dans une mesure supportable pour le commerce maritime, mais devant assurer pourtant aux actionnaires de la Compagnie un certain intérêt de leur capital en attendant le développement de la navigation ». Ces démarches, dit-il, avaient à l'origine un caractère tout à fait privé et avaient été entamées dans le but d'amener un vote unanime sur la question générale du tonnage par une entente sur la question des péages du canal. L'entente une fois obtenue, ajoute M. le colonel Stokes, les délégués français, en effet, eussent été prêts à voter pour la résolution proposée par M. le délégué des Pays-Bas; ce dont, plus tard, à défaut de cette entente, ils se sont abstenus. Dans les pourparlers privés dont il vient d'être parlé, une offre ferme avait été faite par les délégués de la Grande-Bretagne, et cette offre avait reçu le concours de la grande majorité de leurs collègues. D'après l'arrangement proposé, la Compagnie aurait reçu de la Puissance territoriale l'autorisation de prélever une surtaxe de 3 francs par tonne sur le tonnage net, jusqu'à ce que le tonnage net total fut arrivé au chiffre de 2 millions de tonnes par an; la surtaxe serait alors réduite à 2 francs jusqu'à un tonnage de 2.150.000 tonnes; enfin, la surtaxe ne serait plus que de 1 franc jusqu'au tonnage annuel de 2.300.000 tonnes. Mais, ajoute M. le colonel Stokes, ce projet d'arrangement ne fut pas accueilli avec l'empressement que l'on avait cru pouvoir espérer par MM. les délégués français qui jugèrent devoir en référer à leur Gouvernement[1].

M. le colonel Stokes complète l'exposé précédent, en rappelant que l'offre d'arrangement sur les bases indiquées vient d'être renouvelée auprès des délégués français qui l'ont de nouveau repoussée, la Compagnie de Suez, dit-il, tenant à ne rien abaisser de ses prétentions. Il déclare, quant à lui, au nom de son Gouvernement, que le chiffre de 3 francs est le maximum qu'il puisse proposer. Il annonce, d'ailleurs,

---

1. Par un premier télégramme du 30 octobre 1873, les délégués français avaient informé le Ministre des Affaires Étrangères que, sur l'initiative du délégué suédois, des pourparlers venaient d'être engagés à l'effet de résoudre préalablement l'affaire du canal par une transaction.

Par un nouveau télégramme du 1er novembre, les délégués français informèrent le Ministre que les autres délégués, moins le délégué russe, proposaient une surtaxe de 3 francs sur le tonnage net, avec réduction progressive au fur et à mesure de l'augmentation du tonnage, jusqu'à 2.200.000 tonnes; qu'ils avaient déclaré, quant à eux, ne pouvoir consentir à ce que le point de départ fût inférieur à la perception actuelle équivalente à une surtaxe de 4 fr. 50, laquelle décroîtrait progressivement, pour être supprimée au tonnage de 3 millions de tonnes; que les autres délégués s'étaient déclarés prêts à discuter avec eux les chiffres de tonnage à partir desquels la surtaxe serait d'abord amoindrie et plus tard éteinte, mais qu'ils avaient maintenu le point de départ de 3 francs, affirmant qu'ils n'iraient pas au delà. La tentative de transaction paraissait donc devoir échouer. Les délégués turcs n'avaient émis aucune opinion.

Le Ministre des Affaires Étrangères répondit à ces communications par un télégramme du 3 novembre signalant aux Commissaires français que la Commission n'avait pas à discuter la question de surtaxe, laquelle ne pourrait, disait-il, être réglée que par la voie diplomatique, et qui, dans tous les cas, serait pour le moment prématurée. Le Ministre ajoutait, qu'ainsi que l'établissait la proposition faite par M. Rumeau le 22 octobre, il s'agissait avant tout de déterminer la capacité utilisable des navires. Toute autre proposition lui semblait ne pouvoir être l'objet que de pourparlers officieux et en dehors de la Commission même.

qu'en présence du refus d'acceptation des délégués français et de la situation qui est faite ainsi à la Commission, il se réserve de formuler ultérieurement un projet de résolution à soumettre à la Sublime Porte.

15e *séance.* — 2 *décembre.*

(Les délégués français n'assistent pas à la séance.)

M. LE BARON DE STEIGER (Russie) signale que tout d'abord, dans les pourparlers officieux dont a rendu compte M. le colonel Stokes, MM. les délégués de France avaient formulé des contre-propositions consistant dans la demande d'une surtaxe de 5 francs et dans un chiffre supérieur de tonnage pour le commencement des déductions; mais que, sur l'observation de M. Mattei, la différence existante entre ce que percevait actuellement la Compagnie et ce qu'elle percevrait sur le net tonnage, ne représentait pas 50 0/0 mais à peu près 47 0/0, MM. les délégués de France avaient finalement proposé la surtaxe de 4 fr. 50, et que c'était sur cette base que les pourparlers avaient été poursuivis. Dans la seconde réunion privée des délégués, ajoute M. le baron de Steiger, l'augmentation du tonnage résultant des déductions admises par les règles que recommandait la Commission ayant été approximativement estimée à 6 1/2 0/0, la proposition de MM. les délégués de la Grande-Bretagne d'une surtaxe de 3 francs devenait équivalente pour le canal à une taxe de 13 fr. 80. Il restait, par conséquent, une différence de 0 fr. 70 par tonne. Afin de diminuer cette différence et de rapprocher ainsi les deux propositions, M. le délégué russe avait, dit-il, demandé à M. le colonel Stokes s'il ne pourrait pas augmenter de 0 fr. 50 la surtaxe déjà proposée par lui, ce qui avec l'augmentation des déductions proposées par la Commission, aurait porté la perception à environ 14 fr. 30, chiffre sur lequel MM. les délégués de France pourraient peut-être entrer en transaction. M. le colonel Stokes ayant répondu que son Gouvernement ne l'avait pas autorisé à aller au-delà de 13 francs, et MM. les délégués de France n'ayant pas encore l'autorisation de leur Gouvernement pour entrer définitivement dans cette base de discussion, les pourparlers de transaction n'avaient pu être continués. MM. les délégués de France venaient de recevoir cette autorisation. La Commission avait à considérer qu'en discutant les bases de surtaxe, les délégués de France ne devaient pas perdre de vue l'état du canal, ses besoins, les devoirs de l'administration vis-à-vis des actionnaires; il ne fallait pas oublier non plus que ceux-ci, dans le cas où la transaction réussirait, tout en faisant des sacrifices pour le présent en feraient d'énormes pour l'avenir, puisqu'il s'agissait de revenir de nouveau, dans un temps donné, à la taxe de 10 francs pour ne plus la modifier jusqu'à la fin de la concession.

M. le baron de Steiger juge utile de consigner ces faits dans le procès-verbal en réponse à ce qu'a dit M. le colonel Stokes sur le peu d'empressement avec lequel MM. les délégués de France auraient accueilli les propositions faites, et sur ce que la Compagnie n'aurait en rien fléchi de ses prétentions. Il lui semble au contraire que ses collègues français avaient montré du bon vouloir, et il a la conviction que si le chiffre de 3 fr. 50, plus l'augmentation résultant du tonnage net établi par la Commission avait été accepté, l'entente n'aurait fait l'objet d'aucun doute. Il ne se dissimule pas qu'il se trouve, pour la discussion de ces chiffres dans le sein de la Commission, beaucoup moins à l'aise que lors des discussions des points techniques.

Tous les membres présents de la Commission, dit-il, ayant pour mission de représenter exclusivement les intérêts du commerce, se trouvent, vis-à-vis du canal, dans une position intéressée : celle de lui accorder le moins possible. Personne n'était là, par contre, pour défendre les intérêts de la Compagnie. Il constate que ce n'est là, ni sa mission, ni sa tâche; mais il croit devoir exprimer sincèrement son opinion, et il le fait dans les termes suivants :

Le canal de Suez étant nécessaire à toutes les nations maritimes, serait-il juste de discuter aujourd'hui les conditions de son existence? Il est possible que, lors de l'exécution, on ait cru à des dépenses moindres; il est possible, même, que M. de Lesseps ait eu en vue le tonneau de jauge en mettant sa signature au bas de l'acte de concession; mais c'est là un point qui semble sujet à discussion, car que signifierait dans ce cas l'emploi du terme nouveau *tonneau de capacité?* Mais, même dans le cas où il y aurait eu erreur, convient-il aujourd'hui de refuser les fruits de tant de peines, non à M. de Lesseps, mais aux actionnaires mêmes, à ces actionnaires qui, malgré l'avis de plusieurs ingénieurs célèbres, engagèrent leurs fonds dans cette entreprise. En 1865, M. de Lesseps avait convoqué les délégués du commerce de toutes les nations pour constater les travaux déjà exécutés. Il avait eu l'honneur, quant à lui, de participer à cette réunion à laquelle les délégués anglais seuls, par diverses raisons, avaient été subitement empêchés d'assister. Plusieurs des membres de la réunion avaient émis l'opinion que l'exécution finale du canal laissait beaucoup de doutes. Eh bien! malgré ces doutes réitérés, les actionnaires avaient eu foi en M. de Lesseps et l'avaient aidé à terminer l'œuvre grandiose qu'il avait entreprise. Il l'avait terminée malgré tous les obstacles. Au lieu de discuter comme on le faisait, ne serait-il pas plus juste, en ajoutant 0 fr. 50, d'arriver à donner aux actionnaires une rétribution au moins équitable pour les capitaux qu'ils avaient engagés dans cette œuvre dont profitaient toutes les nations maritimes, rétribution qui devait d'ailleurs, d'après la transaction projetée, être énormément diminuée dans l'avenir?

LE PRÉSIDENT fait donner lecture, par le Secrétaire, d'une lettre que le Ministre des Affaires Étrangères du Gouvernement ottoman vient de lui adresser avec prière de faire part à la Commission d'une nouvelle communication du Chargé d'affaires de France, en date du 30 novembre, et conçue en ces termes[1] :

« Monsieur le Ministre, j'ai reçu la lettre que Votre Excellence m'a « fait l'honneur de m'écrire le 25 de ce mois et à laquelle se trouvait « joint le texte de la motion votée le 18 novembre par la Commission « en réponse à la communication que vous avez bien voulu charger « S. E. Edhem Pacha de lui faire de la part de l'Ambassade de France.

« Le Gouvernement français demandait à la Commission de vouloir « bien rechercher l'écart existant entre le nombre de tonneaux accusé « par la jauge officielle et le nombre de tonneaux effectifs que peut « charger un navire, afin que la détermination de cet écart permît à la « Compagnie d'effectuer ses perceptions sur une base incontestée. La « résolution adoptée par la Commission ne répond pas directement à « la question que nous nous étions permis de lui adresser. Mon Gou- « vernement attacherait donc le plus grand prix à savoir si elle est dis- « posée à examiner le rapport existant entre le volume d'un navire « et celui des marchandises qu'il peut porter, les conséquences à tirer « de son avis devant être laissées à l'appréciation de la Sublime Porte « en ce qui concerne le péage du canal de Suez. »

M. LE COLONEL STOKES fait observer que, dans la réponse précédente, la Commission donnait l'assurance qu'elle était disposée à discuter l'écart, abstraction faite du Canal.

---

1. A la suite de la séance de la Commission du 25 novembre, le Chargé d'affaires de France, par télégramme du lendemain 26, avait informé le Ministre des Affaires Étrangères que, dans la discussion de la question du canal entamée la veille, plusieurs commissaires, et même l'un des deux délégués turcs, avaient opiné que le tonneau net Moorsom représentait la tonne de capacité ; qu'un vote dans ce sens était imminent ; enfin que dans une réunion privée tenue le matin même, la majorité des Commissaires avait offert de conseiller à la Porte une surtaxe de 3 fr. 80, y compris la bonification résultant du nouveau régime des déductions. Le Chargé d'affaires terminait sa communication en demandant des instructions.

En réponse, le Ministre envoya, par télégramme du 28 novembre, les instructions suivantes :

« Maintenez-vous sur le terrain indiqué par le télégramme du 22. Nous « demandons que la Commission recherche théoriquement le rapport existant « entre le volume d'un navire et celui des marchandises qu'il peut porter, et « que les conséquences à tirer de son avis soient laissées à l'appréciation de la « Porte en ce qui concerne le tarif du canal. Faites comprendre au Gouverne- « ment Ottoman qu'il ne doit pas laisser remettre en question, au sein de la « Commission, l'interprétation de la lettre vizirielle, et insistez surtout pour « que ses délégués, n'interprètent pas autrement qu'il ne l'a fait lui-même « les mots *tonneau de capacité*. »

Comme on s'en rend aisément compte, ce sont ces instructions qui ont fait la base de la nouvelle communication du Chargé d'affaires de France à la Commission.

On voudrait maintenant, dit-il, imposer d'avance la question du canal. Pour sa part, il est toujours du même avis qu'on pourrait discuter la question de l'écart indépendamment du canal. Cela serait possible si la Commission voulait voter la résolution proposée précédemment par les délégués de la Grande-Bretagne. Si, cependant, la Commission voulait procéder à une discussion en dehors de l'ordre du jour, il ne pourrait y consentir que dans le cas où la séance ne serait pas levée avant le vote de la résolution.

LE PRÉSIDENT fait observer à son tour qu'il s'agit d'une réponse à donner et non d'une discussion dans le cours de la séance.

M. JANSEN (Pays-Bas) estime que la réponse semble avoir été déjà donnée, la Commission ayant amplement traité la matière dans ses séances précédentes, aussi loin qu'elle pouvait aller, et il propose d'envoyer des exemplaires des procès-verbaux de ces séances à M. le Chargé d'affaires de France. Au cas, ajoute-t-il, où lesdits procès-verbaux ne répondraient pas à la demande formulée par l'Ambassade, ce serait suivant lui une preuve que cette demande a pour objet une discussion en dehors des attributions de la Commission.

LE PRÉSIDENT ayant fait observer que la question de la surtaxe, bien que ne rentrant pas dans les attributions de la Commission, avait pourtant été traitée par elle, M. Jansen réplique, en ce qui est de cette question de la surtaxe, que les délégués n'ont fait que manifester un signe de bon vouloir en la recommandant à leurs Gouvernements.

M. LE BARON DE STEIGER (Russie) reconnait que la Commission n'a pas à s'occuper officiellement de la surtaxe ; mais du moment, dit-il, que le Gouvernement le plus directement intéressé à la question du canal demande une discussion entrant dans cette question, il est d'avis que la Commission doit obtempérer à ce désir.

MM. les délégués de Suède et Norvège et d'Italie appuient la proposition de M. Jansen de communiquer à l'Ambassade de France un exemplaire des procès-verbaux des séances de la Commission.

M. GILLET (Allemagne) appelle l'attention de ses collègues sur la différence qu'il trouve, dit-il, entre les deux communications françaises. Dans la première, l'écart devait servir *a priori* de différence pour la taxe à imposer aux navires. D'après la seconde, c'est la Sublime Porte qui doit décider si l'écart doit, ou non, être appliqué. Le Gouvernement ottoman ne s'est cependant pas prononcé là-dessus et n'a pas cru devoir restreindre le mandat de la Commission à cet égard et faire d'elle une espèce de jury qui aurait simplement à examiner une question de fait sans pouvoir s'occuper de l'application. Les conclusions de la Commission seront laissées à l'appréciation de la Sublime Porte ; mais il ne faudrait pas constater que l'écart est recommandé comme base de la taxe. L'envoi des procès-verbaux lui paraît impossible. Il est d'avis de donner une réponse dont la teneur serait à discuter.

M. le colonel Stokes appuie, au contraire, la proposition de M. Jansen qui lui parait très pratique. Il estime également que la question posée par l'Ambassade de France a été étudiée dans tous les sens par la Commission et qu'il n'est pas possible de l'éclaircir davantage. Toutefois, ajoute-t-il, la Commission reste toujours prête à discuter l'écart, pourvu que les délégués français lui en fassent directement la demande, et non par l'intermédiaire de tiers. Rien n'empêche, dit-il, que ces délégués se présentent pour proposer à la Commission les discussions qu'ils désirent; mais il ne saurait admettre qu'une discussion puisse être imposée à la Commission en dehors de son sein.

Incidemment, M. le Colonel Stokes juge nécessaire de présenter à M. le baron de Steiger l'observation explicative suivante : en parlant, dit-il, du peu d'empressement trouvé auprès de MM. les délégués de France, il avait eu en vue la première démarche, mais nullement l'époque à partir de laquelle M. le délégué de Russie s'était mêlé de la question.

M. de Kosjek (Autriche-Hongrie), à son tour, signale une certaine différence entre les deux communications de l'Ambassade française, et estime que l'état légal de la question a donné lieu à un examen approfondi de la part de la Commission. D'après la tournure qu'ont prise les débats, il ne croit pas qu'il y aurait une utilité pratique à discuter aujourd'hui la question. Pour fixer l'écart dont parle l'Ambassade de France, il faut une étude technique et mathématique. Il ne verrait pas quant à lui d'inconvénient à ce qu'une sous-commission fût nommée pour discuter cette question avec les délégués de France.

M. de Kosjek propose finalement, par déférence pour la demande française, de s'occuper de l'écart comme d'une question théorique, sans modifier l'ordre du jour.

M. Togorès (Espagne) trouve la marche suivie par la Commission dans ses travaux entièrement conforme aux indications de la Sublime Porte. Quant à la question de l'écart, la première communication française parlait de la différence entre le tonneau de jauge et le tonneau de 100 kilogrammes; la seconde parle de la différence du volume des navires et de celui des marchandises qu'ils peuvent contenir; deux questions qui ont été traitées, l'une et l'autre, lors de la discussion sur le tonnage brut. Il ne voit aucun inconvénient à discuter; mais il ne voudrait pas que l'ordre du jour fût modifié. MM. les délégués de France avaient toute liberté de formuler leurs propositions dans le sein de la Commission.

M. Jansen (Pays-Bas), malgré son désir de déférer à la demande formulée par l'Ambassade de France, trouve de grandes difficultés à admettre la proposition faite par les délégués d'Autriche-Hongrie et d'Allemagne et appuyée en partie par M. Togorès et par M. le colonel

Stokes. Il trouve la tâche dont on voudrait charger les techniciens impossible à remplir, car il n'est pas facile, selon lui, de rechercher cet écart imaginaire. Il demande qu'une proposition claire et déterminée serve de base à l'examen de la Commission, et c'est pour cela qu'il voudrait donner communication des procès-verbaux.

M. de Kosjek (Autriche-Hongrie) répond que la question de la capacité utilisable des navires a été traitée par la Commission, soit lors de la question générale du tonnage, soit lors de l'examen de la question du canal. Il a été établi, dit-il, que la capacité utilisable n'a rien à faire avec les tonneaux effectifs. D'après lui, on s'est occupé ainsi, jusqu'alors, de l'écart. Il demande s'il n'est pas possible de fixer maintenant l'écart dont fait mention la communication de M. le Chargé d'affaires de France.

M. Nicolich (Autriche-Hongrie) et M. le baron de Steiger (Russie) désignés par M. Jansen comme les membres de la Commission le mieux à même de donner une réponse à la question posée et dont on pouvait d'avance adopter l'opinion, déclarent qu'il y a impossibilité pratique de fixer l'écart d'une manière constante, et MM. les délégués d'Allemagne et d'Espagne s'associent à cette opinion.

M. Janssen (Belgique) dit qu'une réponse à la communication française n'était pas demandée et qu'elle ne lui semblerait nécessaire que si la Sublime Porte en exprimait le désir.

Le Président fait observer que si la Commission accepte la discussion sur l'écart, MM. les délégués de France sont disposés à rentrer. Il demandera, dit-il, si la Sublime Porte désire avoir une réponse à la communication française.

Les trois délégués ottomans demandent que la Commission se prononce sur la question suivante :

« Y a-t-il une différence entre la capacité utilisable et le tonnage net « tel qu'il a été établi par les résolutions précédentes de la Commis- « sion? »

M. Mattei (Italie) et M. Zamara (Autriche-Hongrie) constatent que, selon eux, la question a été déjà résolue par les discussions précédentes.

M. le baron de Steiger (Russie) désirerait savoir, si, à l'avis de MM. les délégués ottomans, qui ont reconnu que le tonneau de jauge net représente justement la capacité utilisable, le tonneau de capacité est égal au tonneau de jauge net.

M. le colonel Stokes (Grande-Bretagne) trouve la réponse à cette question dans la déclaration clairement formulée par S. E. Salih Pacha dans la treizième séance.

M. Janssen (Belgique) fait observer que le Président désirerait maintenant que la Commission se prononçât également sur le sujet.

M. Jansen (Pays-Bas) ne verrait pas d'inconvénient à faire passer le considérant de la résolution qui parle de cette question avant les autres pour être agréable au Président.

M. Gillet (Allemagne) appuie la proposition de voter préalablement la motion ottomane. En agissant autrement, dit-il, on aggraverait la situation vis-à-vis de MM. les délégués de France.

M. le baron de Steiger (Russie) insiste sur l'explication demandée et désirerait connaître le point de vue de MM. les délégués ottomans.

Madrilly Effendi fait observer qu'il n'existe aucune différence entre le tonnage et la capacité utilisable, attendu que l'un ou l'autre représente les parties du navire susceptibles de fret, c'est-à-dire propres à recevoir des marchandises et des passagers.

M. le baron de Steiger (Russie) désirerait dans ce cas savoir si MM. les délégués ottomans trouvent que le tonneau de capacité mentionné dans l'acte de concession est en tous points égal au tonneau de jauge officiel?

Madrilly Effendi dit que ce point n'est pas à l'ordre du jour; mais que si, jamais, cette demande y était mise, il y donnerait une réponse.

M. le baron de Steiger désire que constatation de cette réponse soit faite au procès-verbal.

M. le colonel Stokes, au nom des délégués de la Grande-Bretagne, propose à l'acceptation de la Commission un projet de résolution longuement motivé, en réponse à l'invitation qui lui a été faite par la Sublime-Porte, « de donner une solution définitive sur l'application « des principes posés par elle, et d'examiner si le mode actuellement « appliqué dans la perception des droits du canal de Suez est en harmonie avec les prescriptions de l'acte de concession et du firman « impérial, suivant l'interprétation qui leur a été donnée par les deux « lettres vizirielles à S. A. le Khédive ».

Le cinquième considérant de la résolution était ainsi libellé :

« Considérant qu'on ne saurait entendre par capacité utilisable une « capacité différente de celle qui résulte du tonnage net tel qu'il a été « fixé par la Commission. »

Et la résolution portait entre autres dispositions les suivantes :

« La Commission prononce :

« 1° Que le mode de perception actuellement pratiqué par la Compagnie de Suez n'est pas en conformité avec l'acte de concession et « la lettre explicative des termes de cet acte ;

« 2° Que les taxes doivent être perçues par tonneau de capacité de « 100 pieds cubes anglais ou 2^{mc},83 sur le tonnage net trouvé d'après « le système Moorsom, ainsi qu'il a été établi par la Commission. »

Le Président ayant posé la question de savoir si l'on voterait par ordre les paragraphes du projet de résolution, ou si le cinquième considérant, contenant le point formulé dans la motion présentée par les délégués de Turquie aurait la priorité, la Commission se prononce à l'unanimité en faveur de cette priorité.

Le Président déclare alors la discussion ouverte sur la capacité utilisable, et suspend provisoirement la séance dans le but d'inviter les délégués de France à venir y prendre part et à formuler leurs propositions.

Le secrétaire de la Commission, accompagné du baron de Steiger, se rend auprès des délégués français et leur donne communication de la résolution prise par la Commission.

Les délégués de France, qui n'avaient pas le temps nécessaire de la réflexion, ayant refusé de prendre part à la délibération, et cette réponse lui ayant été communiquée, le Président met aux voix la motion ottomane, qui est votée dans les termes suivants :

« La Commission prononce, à l'unanimité des Puissances présentes, à « l'exception de la Russie qui réserve son vote, comme sur le tonnage « brut, qu'il n'y a pas de différence entre la capacité utilisable et le « tonnage net, tel qu'il a été établi par les résolutions précédentes de « la Commission. »

Le Président ouvre alors la discussion sur la résolution présentée par les délégués de la Grande-Bretagne.

M. le baron de Steiger (Russie) propose d'ajourner le vote sur cette résolution devant les nouvelles instructions reçues par les délégués de France. Il pense qu'il serait utile de s'entendre avec ceux-ci avant de procéder à une conclusion finale et propose en conséquence l'ajournement du vote jusqu'à la séance suivante.

Le Président appuie cette proposition.

M. Jansen (Pays-Bas) trouve que, dans l'intérêt même des délégués de France, et justement pour en arriver à une transaction que toute la Commission désire, il faut une base et une résolution votée.

M. le baron de Steiger (Russie) déclare que sa proposition ne vise nullement à empêcher la discussion éventuelle de la résolution, mais il estime qu'il convient d'en réserver le vote, afin de ne pas prendre des conclusions qui mettraient un obstacle sérieux à tout arrangement.

M. le colonel Stokes estime, de son côté, que la discussion est mûre, et il croit, d'après les informations que le baron de Steiger a bien voulu lui donner sur les nouvelles propositions françaises, que celles-ci ne lui paraissent pas de nature à promettre un arrangement.

Le Président met aux voix la proposition d'ajournement présentée par le délégué de Russie.

Ont voté contre :

La Belgique, l'Espagne, la Grande-Bretagne, l'Italie, les Pays-Bas;

Ont voté pour :

L'Allemagne, l'Autriche-Hongrie, la Russie, la Suède et Norvège et la Turquie.

En présence de la parité des voix, le vote du Président décide de la majorité.

En conséquence, l'ajournement est prononcé.

16e *Séance.* — *4 décembre*

(Les délégués français n'assistent pas à la séance.)

Délibération sur le projet de résolution des délégués anglais.

17e *Séance.* — *6 décembre*

(Les délégués français n'assistent pas à la séance.)

Continuation de la délibération sur le projet de résolution des délégués anglais.

Approbation, en première lecture, des règles de jaugeage présentées par la Sous-Commission qui avait été chargée de les formuler en conformité des décisions de la Commission.

18e *Séance.* — *9 décembre*

(Rentrée des délégués français)[1]

Le Président fait donner lecture, par le Secrétaire, d'une lettre, datée du jour même, qui lui a été adressée par le Ministre des Affaires Étrangères du Gouvernement ottoman, et conçue en ces termes :

---

1. La rentrée des délégués français aux séances de la Commission avait été précédée de la correspondance suivante :

Par télégramme du 30 novembre, le Chargé d'affaires de France à Constantinople avait informé le Ministre des Affaires Étrangères que l'Ambassadeur d'Angleterre lui avait annoncé la veille que les délégués anglais déposeraient à la prochaine séance de la Commission (comme ils l'ont effectivement fait à la séance du 2 décembre) une motion déclarant illégal le tarif actuellement en vigueur au canal. M. le Chargé d'affaires regardait comme certain que cette motion serait votée, à moins que les commissaires français ne fussent autorisés à adhérer à la transaction offerte. Il n'espérait pas que les autres commissaires consentissent à dépasser le chiffre de 3 fr. 80.

A la suite de cette communication, le Ministre des Affaires Étrangères envoya au Chargé d'affaires, par télégramme du 1er décembre, les instructions suivantes :

« Nous nous attendons à ce que le Gouvernement ottoman, fidèle aux assu-
« rances qu'il nous a données et aux termes mêmes de la convocation, ne
« laisse pas introduire devant la Commission une proposition aussi manifes-
« tement contraire à son mandat et étrangère à sa compétence.

« En faisant cette communication au Ministre ottoman, ajoutez que nous ne
« pourrions entrer dans la voie de transaction qu'aux conditions suivantes :

« Le contrat qui lie les deux parties ne pourrait être modifié que par l'accord
« des parties contractantes, sans intervention des tiers.

« Le Gouvernement ottoman devrait donc autoriser le khédive d'Egypte à
« entrer en négociations avec la Compagnie pour la modification du contrat
« tendant à l'établissement d'une surtaxe.

« Pour indemniser la Compagnie du sacrifice qu'on lui demanderait de faire
« en renonçant, pendant toute la durée de la surtaxe, à se prévaloir du droit

« Monsieur le Président, ainsi que vous avez bien voulu m'en informer, la Commission internationale pour le tonnage vient de discuter et d'établir successivement les règles concernant le gross tonnage, le tonnage net et la capacité utilisable.

« En présence des conséquences inévitables de la situation légale

---

qu'elle tient de l'acte de concession et de l'interprétation vizirielle de percevoir sur la capacité utilisable du navire, le Gouvernement égyptien l'autoriserait à percevoir une surtaxe de... par tonneau de registre anglais.

« Cette surtaxe serait ou ferme ou décroissante suivant le tonnage total annuel.

« Si cette dernière forme était adoptée, le point de départ de l'échelle décroissante devrait être de 4 francs, et la surtaxe devrait prendre fin quand le tonnage total annuel aurait atteint 3 millions de tonnes de registre. »

Par télégramme du 3 décembre, les commissaires français envoyèrent au Ministre des Affaires Étrangères les informations suivantes :

« La Commission se prononcera certainement sur la question du canal, soit en condamnant la perception actuelle, soit en examinant la surtaxe.

« Dans une réunion privée de ce jour, elle offre comme dernier terme de ses concessions et sans discussion possible, 4 francs pour point de départ de la surtaxe sur le tonnage de registre anglais obtenu par la déduction de 32 0/0, et 3 francs seulement pour les navires qui seront ou sont déjà jaugés conformément à la règle danubienne admise par la loi anglaise de 1854 pour certaines catégories de navires.

« La surtaxe de 4 francs descendrait à 3 francs lorsque les navires seraient jaugés par la règle danubienne proposée par la Commission. La surtaxe ainsi réduite serait perçue sur le jaugeage net jusqu'au tonnage de 2.100.000 tonnes.

« Elle décroîtrait ensuite de 0 fr. 50 par 100.000 tonnes.

« Une réponse catégorique est urgente pour prévenir la déclaration d'illégalité de la perception actuelle. »

Le Ministre envoya en conséquence au Chargé d'affaires de France, par télégramme du 4 décembre, les nouvelles instructions suivantes :

« Je confirme mon télégramme du 1er décembre quant à la compétence de la Commission et à la marche à suivre pour la transaction. L'accord des parties contractantes est indispensable. C'est un point de droit que la Compagnie ne peut abandonner sans compromettre son existence légale. On ne peut, à Constantinople, que s'entendre d'avance officieusement sur les limites dans lesquelles la Porte autorisera les modifications à consentir par le khédive à l'acte de concession. Je ne crois pas cette entente impossible, d'après le télégramme de nos délégués en date d'hier. Le point de départ de 4 francs est acceptable. L'échelle de décroissance n'a pas été suffisamment étudiée ; elle offre des anomalies qui ne peuvent être dans la pensée des auteurs de la proposition. Ils ne peuvent vouloir que les recettes de la Compagnie décroissent avec l'augmentation du transit.

Enfin, par télégramme du 6 décembre, les commissaires français faisaient savoir au Ministre qu'ils avaient lieu de penser que la Commission ne prononcerait pas ce jour même la déclaration d'illégalité ; mais que cette déclaration était imminente si la transaction échouait. Dans ces conditions ils croyaient nécessaire, déclaraient-ils, d'adhérer aux bases de transaction énoncées dans leur précédent télégramme.

« qui vient d'être ainsi fixée de manière à mettre un terme aux con-
« troverses et aux équivoques du passé, le Gouvernement Impérial a
« été heureux d'apprendre les efforts tentés avec succès par les
« délégués de plusieurs Puissances maritimes pour amener dans la
« pratique des adoucissements transactionnels en faveur d'une œuvre
« unique dans son genre. L'utilité de pareils arrangements semble
« d'autant plus évidente que, dans les instructions adressées à ses
« commissaires, le Gouvernement Impérial avait déjà déclaré que, eu
« égard au caractère d'urgence que présentait la question du canal, il
« se réservait de s'approprier les conclusions de la Commission qui
« seraient de nature à recevoir une exécution immédiate et d'en régler
« le mode d'application.

« Afin donc de répondre à des besoins et à des intérêts universelle-
« ment sentis et de donner à la nouvelle tâche que la Commission a
« si honorablement assumée un caractère officiel, je viens prier Votre
« Excellence d'engager MM. les délégués à vouloir bien compléter
« leurs travaux en formulant, au nom de leurs Gouvernements, et,
« dans un esprit d'équité bien entendue, les nouvelles conditions
« dont le bénéfice pourra être assuré dans l'avenir à la Compagnie
« universelle du canal maritime de Suez. »

Une discussion assez longue s'engage, au sujet de cette communication, sur une question d'ordre du jour, c'est-à-dire sur la question de savoir s'il y a lieu de surseoir provisoirement à la suite de la délibération sur la résolution proposée par MM. les délégués de la Grande-Bretagne et d'ouvrir auparavant la délibération sur la communication ministérielle.

Sur l'observation que la proposition de délibération sur le dernier point devrait être faite par les délégués ottomans,

Le Président présente la motion suivante :

« Les délégués ottomans, se conformant à la communication
« ministérielle de ce jour, proposent à la Commission de s'ajourner
« pour discuter à la prochaine séance un projet d'arrangement tran-
« sactionnel concernant la question du canal de Suez. »

Toutes les nations présentes ont voté l'ajournement, sauf les Pays-Bas qui ont réservé leur vote, et, sauf la France qui s'est abstenue comme ne prenant pas part à la délibération.

19e *séance.* — 13 *décembre*

M. le colonel Stokes donne lecture d'un « projet de transaction[1] ».

La discussion est ouverte sur ce projet, dont quelques articles sont modifiés.

---

1. Par télégramme du 11 décembre, le Chargé d'affaires de France avait informé le Ministre des Affaires Étrangères qu'il résultait des dernières expli-

S. E. EDHEM PACHA, avant le vote sur l'ensemble du projet de transaction, fait au nom de la Sublime Porte les déclarations suivantes :

« 1° Il est entendu qu'aucune modification ne pourra être apportée, « à l'avenir, aux conditions du transit, soit en ce qui concerne les « droits de navigation, soit même en ce qui concerne les droits de « remorquage, d'ancrage, de pilotage, etc., qu'avec l'assentiment de la « Sublime Porte, qui, de son côté, s'entendra à ce sujet avec les « principales Puissances intéressées avant de prendre aucune détermi- « nation;

« 2° En conséquence de la transaction, le Gouvernement ottoman « considère comme annulée la surtaxe de 1 franc qu'il avait précé- « demment accordée à la Compagnie. »

LE PRÉSIDENT met ensuite aux voix le projet de transaction dans son ensemble.

Ont voté *pour :* l'Autriche-Hongrie, la Belgique, l'Espagne, la France, la Grande-Bretagne, l'Italie, la Russie, la Suède et Norvège et la Turquie.

Les Pays-Bas ont réservé leur vote. La Grèce était absente.

M. LE COLONEL STOKES fait observer que, l'entente étant votée, il y a lieu d'abandonner les résolutions présentées par les délégués britanniques, et il propose à cet effet la motion suivante :

---

cations et d'une communication officieuse de la Porte que les délégués devaient déclarer qu'ils étaient autorisés par leurs Gouvernements à accepter les bases de la transaction à intervenir entre le Khédive et M. de Lesseps.

A la suite de cette information, le Ministre, par télégramme du même jour, adressa au Chargé d'affaires de France les instructions suivantes :

« Je vous autorise à adhérer à la transaction proposée au nom des Gouver- « nements représentés dans la Commission, c'est-à-dire au chiffre de 14 francs « par tonneau de jauge officielle nette, avec échelle décroissante à partir du « jour où le transit du canal aura atteint 2.100.000 tonnes. Je désirerais seule- « ment que cette échelle, qui décroîtrait par 100.000 tonneaux d'augmentation « jusqu'à 10 francs, fût calculée de manière à assurer à la Compagnie, pour « chaque période, une augmentation de recette quelle qu'elle fût. Il serait « anormal qu'une diminution de revenu correspondît à un accroissement de « transit, alors surtout que les dépenses d'exploitation ou d'entretien du canal « en seraient augmentées. Ce point me paraît du reste pouvoir être réglé « dans cet ordre d'idées sans qu'il en résulte un surcroît de charges pour « le commerce maritime dont nous avons toujours tenu à sauvegarder les « intérêts.

« Quant aux taxes accessoires, je ne vois pas d'inconvénient à ce qu'on « demande à la Compagnie l'engagement de les maintenir au taux actuel. « Cependant, il est équitable d'admettre une exception dans certains cas, par « exemple si les frais de remorquage n'étaient pas couverts par la taxe perçue. « J'ajouterai que les taxes de stationnement et de halage ne sont pas encore « établies et qu'il conviendrait d'en fixer le montant sur des bases modérées.

« Il est bien entendu que ces conditions devront faire l'objet d'un nouveau « contrat entre le Gouvernement territorial et la Compagnie pour la modifi- « cation du tarif établi par l'acte de concession. Nous persistons, d'ailleurs, à

« Les délégués de la Grande-Bretagne ont l'honneur de proposer à la « Commission, en raison de l'entente qui vient de s'établir sur les « conditions d'une transaction qu'elle a arrêtée pour régler les ques- « tions relatives aux péages prélevés par la Compagnie du canal de « Suez, de décider par un vote qu'il ne sera pas donné suite aux « discussions sur les résolutions qu'ils ont présentées à la Commission « le 4 décembre, pourvu que l'adoption de cette transaction reste « définitive. »

La Commission, consultée par le Président, donne son assentiment à cette motion, à l'unanimité, moins la Grèce et les Pays-Bas, absents.

Le protocole étant resté ouvert, conformément au règlement,

MM. LES DÉLÉGUÉS DES PAYS-BAS déclarent qu'aussi longtemps que la transaction n'est pas adoptée et mise à exécution par les parties contractantes, ils ne peuvent accepter la proposition des délégués de la Grande-Bretagne de ne pas voter les résolutions que la majorité de la Commission a formulées, telles qu'elles ont été présentées dans la 16e séance par le colonel Stokes.

LE PRÉSIDENT, avant d'adresser ses félicitations à la Commission sur l'heureux résultat qui vient d'être constaté, désirerait voir levées les réserves faites par la France et la Russie sur les questions du tonnage général.

« ne pas reconnaître à la Commission le droit de se prononcer sur la légalité « des perceptions de la Compagnie. »

Dès le lendemain, 12 décembre, le Ministre adressait au Chargé d'affaires de France le nouveau télégramme suivant :

« Au moment où la transaction dont nous acceptons les bases va mettre fin « aux difficultés qu'avait fait naître le nouveau péage du canal de Suez, je me « plais à vous exprimer ma satisfaction du zèle avec lequel vous avez, à plu- « sieurs reprises, insisté auprès du Gouvernement ottoman sur la nécessité de « maintenir fermement le principe de la capacité utilisable consacré par ses « déclarations antérieures. La bonne volonté que vous a manifestée le Ministre « des Affaires Étrangères du Sultan n'a malheureusement pas été assez efficace « pour empêcher le délégué ottoman qui présidait la Commission de devenir « un auxiliaire des adversaires de ce principe. Il en est résulté que, sans « émettre un vote directement opposé aux termes de la lettre vizirielle du « 12 juillet dernier, les commissaires, à la presque unanimité, ont adopté des « décisions inconciliables avec l'interprétation donnée par la Porte au Firman « de concession. Dans cette situation, nous ne pouvions repousser la pensée « d'un arrangement amiable, et j'approuve l'attitude conciliante que vous avez « prise en présence d'ouvertures faites avec l'assentiment des Puissances « intéressées. »

Enfin, par télégramme du 13 décembre, le Chargé d'affaires de France informait le Ministre des Affaires Étrangères que la Commission, dans la séance dudit jour, avait adopté les éventualités de la transaction avec quelques modifications seulement dans la forme ; et qu'elle avait ensuite voté qu'il n'y avait plus lieu de donner suite à la proposition de déclaration d'illégalité de la perception actuelle.

M. Rumeau (France) déclare qu'il n'a aucune objection à faire au désir exprimé par le Président s'il s'agit des règles pour l'unification du jaugeage proposées par la Commission.

A la suite de ces explications, la France et la Russie lèvent leurs réserves faites et déclarent qu'elles s'associeront à la décision de la Commission pour recommander les règles relatives à l'unification du jaugeage tel qu'il a été défini par la Commission, c'est-à-dire le système Moorsom avec l'alternative des règles du Danube ou de la loi allemande pour les déductions des bateaux à vapeur. Il est entendu qu'elles ne donnent pas leur adhésion au vote émis le 2 décembre sur la capacité utilisable.

20e *séance.* — 16 *décembre*

M. Anargyros (Grèce) déclare s'associer à tous les votes émis en son absence, à la dernière séance, par la Commission.

MM. les délégués d'Allemagne, d'Autriche-Hongrie, de Belgique, d'Espagne, de France, de Grande-Bretagne, de Grèce, d'Italie, de Suède et Norwège, de Russie et de Turquie déclarent avoir reçu de leurs Gouvernements respectifs l'autorisation d'adhérer aux dispositions de la transaction.

M. le délégué des Pays-Bas déclare être autorisé à y adhérer également sous les réserves faites.

Le Président fait donner lecture, par le Secrétaire, du projet de transaction qui est arrêté et adopté dans son texte définitif.

M. Gillet (Allemagne) déclare qu'en adhérant à la transaction, il n'entend pas renoncer aux réserves qu'il a maintenues à l'égard de plusieurs conclusions votées par la majorité de la Commission et concernant les règles générales de jaugeage. Il déclare, de plus, maintenir intacte pour son Gouvernement la faculté d'accepter les règles générales de jaugeage comme telles, c'est-à-dire comme règles générales, ou de ne les accepter que pour les navires transitant par le canal, c'est-à-dire de donner à ces bâtiments des certificats constatant l'application de la règle du Danube, ou, enfin, de garder intact le système allemand. Dans ce dernier cas, aussi, les bâtiments allemands ne paieraient pas plus de 13 francs par tonne de registre net constaté par leurs papiers de bord.

M. le baron d'Avril (France) reconnaît qu'il est exact que les navires allemands n'auraient pas à payer plus de 13 francs par tonne nette de leurs papiers de bord actuels, au cas où ces navires ne seraient pas munis des certificats proposés par la Commission.

A la suite de ces observations, les délégués britanniques et, avec eux, tous les autres délégués, maintiennent les réserves précédemment faites, consistant à laisser toute liberté d'action à leurs Gouvernements respectifs quant à l'application des règles de jaugeage.

Avant la clôture de la séance, M. le colonel Stokes donne une Première lecture du rapport final qu'il a été chargé de faire avec ceux de ses collègues nommés à cet effet.

21e *séance.* — 18 *décembre*

Adoption, à l'unanimité, du rapport final.

Discours du Président pour rendre hommage aux travaux de la Commission.

Discours, en réponse, de M. le baron de Steiger (Russie) et de M. le colonel Stokes (Grande-Bretagne).

III. — Rapport final résumant les travaux de la Commission Internationale

(18 DÉCEMBRE 1873)

La Commission internationale réunie à Constantinople pour répondre à l'appel adressé aux Puissances maritimes par le Gouvernement de S. M. I. le Sultan.

Prenant pour guide de ses travaux les dépêches circulaires du Gouvernement Impérial à ses représentants à l'extérieur, en date des 1er janvier et 13 août 1873, les lettres viziriclles à S. A. le Khédive d'Égypte du 17 Djemazi-ul-Ewel et du 6 Djemazi-ul-Ahir 1290 et les instructionss de la Sublime Porte à ses délégués, a consacré vingt et une séances à la discussion des questions qui lui ont été soumises en procédant, d'après les règles qu'elle s'est elle-même préalablement tracées, ainsi qu'en témoignent les procès-verbaux annexés à ce rapport.

En fixant l'ordre de ses travaux, la Commission a cru devoir s'en tenir aux indications données par le Gouvernement de Sa Majesté Impériale dans les lettres d'invitation adressées aux Puissances et dans les instructions données aux délégués ottomans.

Lesdites pièces recommandent de rechercher, en premier lieu, le meilleur mode de constater :

1° La capacité totale et la capacité utilisable d'un navire :

2° Et, comme conséquence, d'examiner ensuite les conditions actuelles de la perception des droits de navigation par la Compagnie du Canal de Suez.

La Commission, poursuivant cet ordre d'idées, a divisé ses travaux en deux parties distinctes :

1° Question générale du tonnage ;

2° Question des perceptions des taxes pour le passage dans le canal de Suez.

Abordant l'examen du premier point en envisageant cette question sous tous ses aspects, elle l'a classée en deux principales divisions :

Tonnage brut et tonnage net.

Formulant son avis sur cette partie de ses travaux, la Commission résume ainsi qu'il suit les considérations qui déterminent les propositions qui vont suivre :

L'usage traditionnel de toutes les nations maritimes est d'assujettir les navires du commerce à un mesurage dont le résultat, sous le nom générique de tonnage, sert de base à l'application des taxes auxquelles le corps du navire est ou peut être soumis pour quelque cause et en quelque lieu que ce soit.

La fixation du tonnage appartient en tout pays au Pouvoir souverain comme un des attributs de l'autorité publique. Réglée, à l'origine, dans chaque État, selon les convenances locales, elle a tendu à se dégager des divergences de nation à nation ; mais, au fur et à mesure que les échanges maritimes se développaient, les privilèges réservés aux bâtiments nationaux ont fait place à la concurrence internationale.

L'objectif des anciennes règles de tonnage a été d'abord le déplacement, avec une unité de poids, qui s'exprimait aussi en volume supposé équivalent, pour déterminer ce qu'un navire pouvait porter ou contenir.

Mais, partout, l'expérience a démontré l'impossibilité de fixer, d'une manière constante, le port du navire, qui varie nécessairement suivant la nature, la forme et la densité de chacun des éléments concourant à former la cargaison, et selon les saisons, l'état de la mer et la durée relative des voyages. Il est toujours possible, au contraire, de mesurer exactement la capacité intérieure du navire et d'en déduire, d'une manière pratique, les espaces qui, manifestement, ne peuvent pas être utilisés pour la production du fret. C'est à cette conclusion qu'ont abouti les diverses ordonnances réglant ce sujet, après avoir eu successivement des phases analogues de tâtonnements et d'études.

Heureusement, après avoir passé par toutes ces phases, malgré les variations dans les procédés, on est arrivé à la fin à établir dans des conditions à peu près semblables, une statistique comparable du tonnage maritime des différentes nations.

En adoptant partout les mêmes règles de jaugeage, la comparaison ne laisse plus rien à désirer, et la navigation sera partout taxée d'une manière uniforme et équitable.

Cette unification de tonnage peut être réalisée en adoptant une formule qui réunit les trois conditions suivantes :

1° Mesurer la capacité intérieure du navire avec toute la précision que comporte pratiquement la science géométrique ;

2° Exprimer cette capacité en tonneaux, adoptant pour diviseur commun une unité de jauge qui résume le mieux, pour toutes les marines, les traditions séculaires de l'expérience commune, et qui donne comme quotient une moyenne de toutes les conditions variables dans lesquelles les navires sont employés ;

3° N'admettre pour la détermination du tonnage net, qui sert de base à l'application des taxes, aucune déduction, qu'à la condition que les espaces déduits ne soient pas employés pour la production du fret, soit en y mettant des passagers, soit en y mettant des marchandises.

La Commission s'est demandé s'il ne serait pas mieux de supprimer l'expression *tonneau de jauge*, afin de faire cesser la confusion continuelle entre le tonneau de jauge et les différents tonneaux employés par le Commerce, soit en poids, soit en mesure ; mais, après mûre délibération, elle a jugé que le temps n'est pas encore venu pour recommander un tel changement dans les usages du monde commercial et maritime, et elle s'est décidée à adopter pour unité de jauge le tonneau de capacité du système Moorsom, de 100 pieds cubes anglais ou 2^{mc},83.

Ces principes posés, la Commission internationale ayant reconnu que le procédé de mesurage de la capacité des navires inauguré par le *Merchants Shhipping act* de 1854, sous le nom de système Moorsom, dans le Royaume-Uni de la Grande-Bretagne et d'Irlande, réalise le mieux les conditions requises pour la détermination du tonnage brut; qu'aucun système ne se prête mieux à l'application des règles précises de déduction qui doivent déterminer le tonnage net et ne se recommande avec de plus grands avantages pour l'unification du tonnage que la Commission doit rechercher et désire atteindre;

Constatant, d'ailleurs,

1° Que la plupart des Puissances maritimes en ont ainsi jugé, puisque l'Allemagne, l'Autriche-Hongrie, le Danemark, les Etats-Unis d'Amérique, la France, l'Italie, la Norwège et la Turquie ont successivement, avec des variantes dans l'application, adopté le système Moorsom, et que la Belgique, l'Espagne, les Pays-Bas et la Suède, d'après les déclarations de leurs délégués respectifs, sont également en voie de l'adopter;

2° En ce qui concerne le tonnage net des navires à vapeur, que les prescriptions de la loi anglaise de 1854 laissent beaucoup à désirer, notamment en ce que la déduction est calculée, pour une catégorie de navires dont les machines sont dans un certain rapport avec la capacité totale, en prenant un tantième pour cent du tonnage brut, tandis que, dans d'autres navires, la déduction dépend simplement de l'espace occupé par la machine;

3° Qu'il y a deux autres systèmes de déduction, la différence entre lesquelles consiste dans le traitement des soutes à charbon : l'un, avec les cloisons mobiles, est appelé la règle du Bas-Danube; l'autre, pour des soutes fixes, est adopté en Allemagne, en Autriche-Hongrie, en

France et en Italie; que, par le premier de ces systèmes, on laisse la liberté aux armateurs d'employer sans inconvénient leurs navires, partout, dans le commerce général du monde, tandis que, par l'autre système, ils sont obligés d'adopter les soutes à charbon fixes pour des voyages déterminés;

Mais en vue des opinions partagées sur les avantages de l'un ou de l'autre système,

La Commission recommande à l'acceptation des Puissances maritimes les modes de procéder ci-après indiqués et les règles de jaugeage annexées au présent rapport.

S'ils sont adoptés, il sera désirable que les papiers de bord des navires présentent un tableau de tous les détails du mesurage et du calcul par lesquels on aurait trouvé le tonnage brut et des déductions opérées pour déterminer le tonnage net.

Pour le cas où il y aurait des exceptions dans le mesurage de la capacité totale du navire, on devrait le mentionner dans les papiers de bord.

En discutant et fixant les règles de jaugeage annexées à ce rapport, la Commission a été guidée par les considérations suivantes qu'elle soumet aussi à l'approbation des Puissances maritimes :

§ 1. — Tout navire de commerce, à quelque nation qu'il appartienne, doit être muni d'un certificat de jauge constatant:

A. Le tonnage brut ou gross tonnage, qui est l'expression de la capacité totale du navire;

B. Et le tonnage net, qui est l'expression de la capacité du navire après déduction des espaces reconnus non utilisables pour la production du fret.

§ 2. — Le certificat de jauge dont il s'agit, délivré par les autorités compétentes de l'État auquel appartient le navire, après jaugeage opéré d'après les prescriptions des règles proposées par la Commission internationale, fait foi en tout pays pour servir de base à la perception des taxes auxquelles le corps du navire est ou peut être soumis, pour quelque cause et en quelque lieu que ce soit. Lesdites taxes sont appliquées au tonnage net du navire.

§ 3. — La détermination du tonnage brut ou capacité totale du navire est le mieux effectuée au moyen des procédés de jaugeage et de calcul connus sous le nom de système Moorsom, tels qu'ils sont définis par les règles de jaugeage adoptées par cette Commission et annexées au présent rapport.

§ 4. — Le tonnage brut comprend le résultat du jaugeage de tous les espaces au-dessous du pont supérieur, ainsi que de ceux compris dans toutes les constructions permanentes, couvertes et closes sur ce pont (Pour leur définition, voir les règles de jaugeage annexées).

§ 5. — Les déductions à opérer du tonnage brut pour déterminer le tonnage net sont :

1° Les déductions générales s'appliquant aux navires à voiles et aux navires à vapeur;

2° Les déductions spéciales aux navires à vapeur.

§ 6. — Les déductions générales s'appliquent :

1° Au logement de l'équipage; (ne sont pas considérés comme faisant partie de l'équipage les gens de service, quels qu'ils soient, embarqués pour le service des passagers);

2° Aux cabines des officiers de bord (celle du capitaine non comprise) ;

3° Aux cuisines et aux lieux d'aisances et latrines à l'usage exclusif du personnel du bord, qu'ils soient situés au-dessous ou au-dessus du pont ;

4° Aux espaces couverts et clos, s'il en existe, placés sur le pont supérieur et destinés à la manœuvre du navire ;

Tous les espaces appliqués à chacun des usages ci-dessus indiqués peuvent être limités séparément suivant les besoins et les habitudes de chaque pays ; ils sont cubés isolément et additionnés, le total devant être déduit, s'il est au-dessous de 5 0/0 du tonnage brut, et ne pouvant dans aucun cas dépasser 5 0/0 dudit tonnage.

Outre les espaces compris dans les déductions, il a été proposé au sein de la Commission de déduire aussi les espaces occupés par la cabine du capitaine, les soutes à voiles, à cordages et autres agrès de la manœuvre ; mais ces propositions n'ont pas obtenu la majorité des voix.

§ 7. — La Commission recommande la suppression de tout système qui ferait dépendre la détermination du tonnage net d'un navire à vapeur de la déduction d'un tantième pour cent de la capacité totale du navire.

§ 8. — Les déductions spéciales aux navires à vapeur s'appliquent :

A. A la chambre des machines et des chaudières ;

B. Au tunnel des navires à hélice ;

C. Aux soutes à charbon permanentes ;

Les espaces des chambres, tunnel et soutes étant exactement mesurés.

§ 9. — Si le navire n'a pas de soutes permanentes, ou s'il a seulement des soutes latérales, et si l'approvisionnement de charbon est logé dans des magasins prélevés sur la cale au moyen de cloisons mobiles, on ne fera pas entrer l'espace des soutes latérales ou des magasins à charbon dans le mesurage.

Dans ce cas, on appliquera la règle en vigueur aux Bouches du Danube, c'est-à-dire que, pou tenir compte de l'approvisionnement moyen de combustible, on accordera 50 0/0 de l'espace de la machine si le navire est à roues, et 75 0/0 de l'espace de la machine si le navire est à hélice (Voir art. 16 des règles de jaugeage annexées).

§ 10. — Les navires munis de soutes permanentes pourront néanmoins être jaugés selon les règles du Danube. Dans ce cas, le tonnage en sera établi conformément aux prescriptions du paragraphe ci-dessus.

§ 11. — Dans aucun cas (sauf pour les remorqueurs), le total des déductions spéciales aux navires à vapeur ne pourra dépasser 50 0/0 du tonnage brut.

§ 12. — Pour les navires remorqueurs, et à la condition expresse que ces navires seront exclusivement affectés au remorquage, les déductions spéciales s'appliqueront sans limite aux espaces réellement occupés par la chambre des machines et l'approvisionnement de combustible.

§ 13. — Provisoirement et jusqu'à ce que tous les Gouvernements aient adopté des règles uniformes pour le tonnage net, et dans le but d'obtenir, en attendant, une certaine uniformité de pratique, il pourra, dans tout État, être délivré aux navires à vapeur appartenant audit État, par les soins des autorités compétentes pour la délivrance du registre de jauge constatant le tonnage d'après la loi nationale en vigueur, un certificat annexe qui fera foi dans les ports étrangers et qui établira le tonnage net auquel devront être appliquées les taxes à payer dans ces ports.

§ 14. — Dans les État qui ont déjà adopté le système Moorsom, le certificat annexe mentionné ci-dessus sera dressé facultativement, soit d'après la règle applicable aux navires à soutes permanentes, soit d'après les règles du Danube.

§ 15. — Dans les pays où le système Moorsom sera mais n'est pas encore adopté, les navires à vapeur pourront être mesurés d'après la règle II de la loi anglaise de 1854, avec les facteurs 0,17 et 0,18. Du tonnage brut ainsi trouvé, on opérera les déductions spéciales accordées par les paragraphes 6 à 12 ci-dessus. Le certificat annexe spécifié au paragraphe 13 constatera le tonnage brut et le tonnage net du navire ; ledit tonnage net sera établi facultativement, soit d'après la règle applicable aux navires à soutes permanentes, soit d'après la règle du Danube.

§ 16. — Les navires non pontés n'ont pas été compris dans les règles de jaugeage proposées.

§ 17. Comme sanction pénale, on recommande d'ordonner que, si un des espaces permanents qui ont été déduits est employé pour y mettre des marchandises ou des passagers, ou pour en tirer du profit en l'affrétant, cet espace sera ajouté au tonnage net et ne pourra plus être déduit.

Les dispositions des paragraphes ci-dessus embrassent les principes qui ont guidé la Commission dans son travail et elle émet le vœu que pour garantir l'application identique desdits principes dans tous les États, les règles de jaujeage proposées par elle soient adoptées par voie diplomatique ou par des délégués munis de pleins pouvoirs qui pourraient s'entendre sur les procédés à employer et pour tous les détails d'exécution.

En abordant la seconde partie de la tâche qui lui a été dévolue par le Gouvernement de S. M. I. le Sultan, la Commission a posé dans les termes suivants, d'accord avec le Gouvernement ottoman à ses délégués, la question à résoudre :

« Le mode actuel appliqué pour la perception des droits du « canal est-il en harmonie avec les prescriptions de l'acte « de concession et du firman impérial, selon l'interpréta- « tion qui leur a été donnée par les deux lettres vizirielles « à S. A. le Khédive? »

Examen fait de l'acte de concession et des documents ci-dessus indiqués, la Commission a ouvert la discussion; et après avoir entendu successivement MM. les délégués d'Allemagne, d'Autriche-Hongrie, de Belgique, d'Espagne, de la Grande-Bretagne, de Grèce, d'Italie, des Pays-Bas, de Russie, de Suède et Norvège et de Turquie, elle a été appelée à délibérer sur le projet de résolution présenté par les délégués de la Grande-Bretagne, ainsi qu'en témoignent les procès-verbaux n°s 13, 14, 15 et 16.

Avant de se prononcer par un vote sur cette résolution, la Commission, dans la séance du 9 décembre, a reçu de son président communication de la lettre, en date du même jour, à lui adressée par S. E. Rachid Pacha, ministre des Affaires Étrangères.

Déférant à la recommandation contenue dans cette lettre, la Commission a discuté et officiellement adopté la rédaction de l'avis suivant, qui a été accepté à l'unanimité, et qu'elle espère être conforme au désir exprimé par la Sublime Porte.

AVIS

Invitée par la Sublime Porte à exprimer un avis sur le mode de perception applicable au canal de Suez en vertu du contrat de concession, du firman de 1865 et des lettres vizirielles du 17 Djemazi-ul-ewel et du 6 Djemazi-ul-ahir 1290, et se conformant au désir exprimé dans la lettre adressée le 9 décembre 1873 par S. E. Edhem Pacha, président de la Commission,

Se référant, d'une part, à l'acte de concession de l'entreprise du canal de Suez, lequel acte doit rester intact;

Se référant, d'autre part, pour l'application des prescriptions de cet acte, aux principes généraux et aux règles de jaugeage, tels que la Commission internationale les a précédemment déterminés;

La Commission est d'avis qu'on peut régler le mode de cette perception par une transaction dont les dispositions sont les suivantes :

NAVIRES JAUGÉS D'APRÈS LE SYSTÈME MOORSOM

1° Il sera payé sur chaque tonne de registre net des navires dont les déductions propres aux machines ont été déterminées d'après le paragraphe (*a*) de la clause XXIII qui définit la règle III de la loi anglaise de 1854, outre la taxe de 10 francs, une surtaxe de 4 francs.

2° Cette surtaxe sera réduite à 3 francs pour chaque bâtiment qui aura inscrit sur ses papiers de bord, ou annexé à ses papiers, le tonnage net résultant du système de jaugeage recommandé par la Commission internationale, lequel formera la base de la perception de la taxe et de la surtaxe;

3° Il est entendu que les navires qui sont déjà mesurés d'après l'alternative posée par la Commission, et notamment suivant le paragraphe (b) de la clause précitée de la loi anglaise de 1854, n'auront à acquitter, dès à présent, que la surtaxe de 3 francs par tonneau de registre net, sous la condition que les déductions pour la machine et le combustible n'excéderont pas 50 0/0 du tonnage brut.

NAVIRES JAUGÉS D'APRÈS UN AUTRE SYSTÈME QUE CELUI DE MOORSOM

4° Le tonnage brut des navires qui ne sont pas jaugés d'après le système Moorsom sera ramené au tonnage de ce système par l'application des facteurs du barême du Bas-Danube, et leur tonnage net sera déterminé d'après le paragraphe (a) de la clause XXIII précitée. Ils paieront, outre la taxe de 10 francs, une surtaxe de 4 francs par tonne sur le tonnage net.

DISPOSITION COMMUNE A TOUS LES NAVIRES

5° La surtaxe de 3 francs par tonne nette de registre sera progressivement réduite dans les proportions ci-après spécifiées, à mesure du développement du tonnage net des navires transitant annuellement par le canal, et de manière à ne plus percevoir finalement que la taxe maximum de 10 francs par tonne sur le tonnage net constaté par les papiers de bord, aussitôt que ce tonnage aura atteint pendant une année 2.600.000 tonnes de tonnage net de registre.

La décroissance de la surtaxe suivra les proportions ci-après :

Aussitôt que le tonnage net aura atteint le chiffre de 2 100.000 tonnes pendant une année, la Compagnie ne pourra, à partir de l'annés suivante, percevoir la surtaxe qu'à raison de 2 fr. 50 par tonne;

A partir de l'année qui suivra celle durant laquelle le tonnage net aura atteint 2.2000.000 tonnes, la surtaxe ne sera plus que de 2 francs par tonne, et ainsi de suite, chaque augmentation de 100.000 tonnes pour une année entraînant une diminution de surtaxe de 0 fr 50 pendant l'année suivante; de telle sorte qu'au moment où le net tonnage aura atteint 2.600.000 tonnes pendant une année, la surtaxe sera définitivement supprimée et la taxe ne dépassera plus le chiffre maximum de 10 francs par tonne de registre net.

Il est bien entendu : 1° Qu'au cas où l'augmentation du tonnage net réalisée pendant une année dépasserait 100.000 tonnes, la surtaxe décroîtrait pendant l'année suivante d'autant de fois 0 fr. 50 par tonne qu'il se serait produit de fois 100.000 tonnes de plus ; 2° Qu'une fois que la surtaxe aura été diminuée ou abolie d'après les conditions qu'on vient de dire, aucune augmentation ou réimposition ne pourra avoir lieu, même si le tonnage de transit venait de nouveau à descendre ; 3° Que l'année mentionnée plus haut commence le 1er janvier, nouveau style.

6° Les bâtiments de guerre, les bâtiments construits ou nolisés pour le transport des troupes et les bâtiments sur lest seront exemptés de toute surtaxe; ils ne seront pas soumis à une taxe supérieure au maximum de 10 francs par tonne qui sera prélevé sur le tonnage net de registre.

Après avoir exprimé cet avis dans sa dix-neuvième séance, le premier délégué de Turquie, autorisé par son Gouvernement, a fait les deux déclarations suivantes :

Que la permission de percevoir une surtaxe de 1 franc concédée à la Compagnie universelle du Canal maritime de Suez dans l'année 1871, pour un but spécial, est abrogée;

Qu'aucune modification ne pourra être apportée à l'avenir aux conditions de transit, soit en ce qui concerne les droits de navigation, soit en ce qui concerne les droits de remorquage, d'ancrage, de pilotage, etc., qu'avec l'assentiment de la Sublime Porte, qui, de son côté, s'entendra à ce sujet avec les principales Puissances intéressées avant de prendre aucune détermination.

MM. les délégués de la Grande-Bretagne, d'Italie, d'Espagne, de Belgique, d'Autriche-Hongrie, d'Allemagne, de Turquie, de France, de Grèce, de Russie et de Suède et Norvège ont déclaré, dans la vingtième séance, qu'ils sont autorisés par leurs Gouvernements à adhérer aux dispositions de la transaction. MM. les délégués des Pays-Bas ont déclaré qu'ils sont autorisés par leur Gouvernement à y adhérer également, sous les réserves faites.

Ce rapport final a été signé à Constantinople par tous les délégués dans la vingt-et-unième et dernière séance de la Commission, le 6/18 décembre 1873, vingt-huitième jour du mois de Chewal 1290.

ANNEXE AU RAPPORT DE LA COMMISSION

RÈGLES DE JAUGEAGE
RECOMMANDÉES PAR LA COMMISSION INTERNATIONALE DU TONNAGE
RÉUNIE A CONSTANTINOPLE EN 1873

Principes généraux

1° Le tonnage brut ou la capacité totale des navires comprend le mesurage exact de tous les espaces (sans en excepter aucun) qui se trouvent au-dessous du pont supérieur, ainsi que de ceux compris dans toutes les constructions permanentes couvertes et closes sur ce pont.

Nota. — Par constructions permanentes couvertes et closes sur le pont supérieur, on doit entendre toutes celles qui constituent des espaces limités par des ponts ou couvertures et des cloisons fixes et représentant une augmentation de capacité qui pourrait être utilisée par l'arrimage des marchandises ou pour le logement et la commodité des passagers et du personnel du bord. Ainsi une ouverture quelconque ou plusieurs ouvertures, soit sur le pont ou couverture, soit dans les cloisons, ou une interruption du pont ou le manque d'une partie de cloison, ne les empêcheront pas d'être comprises dans le tonnage brut, si, après le mesurage, elles peuvent être facilement closes et rendues ainsi mieux appropriées au transport de marchandises et passagers.

Mais les espaces sous des toitures d'abri, sans d'autres liens avec le corps du navire que les supports nécessaires à leur solidité, qui ne constituent pas des espaces limités et qui sont exposés d'une manière permanente aux intempéries et à la mer, ne seront pas compris dans le tonnage brut, bien que ces toitures puissent servir à abriter les hommes de l'équipage, les passagers de pont et même les marchandises appelées cargaison de pont (*deck loads*).

2° Les cargaisons de pont (*deck loads*) ne sont pas comprises dans le mesurage ;

3° Les espaces clos destinés ou pouvant servir aux passagers ne seront pas déduits du tonnage brut ;

4° Pour les soutes à charbon, on adopte les règles de la Commission européenne du Danube de 1871 et le mesurage exact des soutes fixes.

Règle 1. — Pour les navires vides

ARTICLE PREMIER. — La longueur, pour le jaugeage des navires ayant un ou plusieurs ponts, est prise sur le pont de jaugeage qui est :

a. — Le pont supérieur pour les navires à un ou deux ponts ;

b. — Le second pont à partir de la cale, pour les navires ayant plus de deux ponts.

Cette longueur est mesurée de tête en tête en dedans du vaigrage, à la face supérieure du pont de jaugeage ; on en retranche ensuite des quantités correspondantes : l'une à l'élancement de l'étrave, sur la partie comprise dans l'épaisseur du bordé du pont ; et l'autre à la quête de l'arrière, sur une hauteur égale à l'épaisseur du bordé du pont, augmenté du tiers du bouge du bau.

ART. 2. — En vue de calculer les aires des différentes sections transversales qui sont nécessaires pour établir le volume intérieur du navire, la longueur définie à l'art. 1 est divisée conformément au tableau ci-après :

LONGUEUR DU PONT DE JAUGEAGE

(Les fractions de mètres sont négligées)

		Nombre de divisions à effectuer
1re classe	: 50 pieds anglais (15 mètres) au moins......	4
2e —	: de 50 pieds anglais exclusivement à 120 pieds anglais inclusivement (15 mèt. à 37 mèt.).	6

		Nombre de divisions à effectuer
3e classe	: de 120 pieds anglais exclusivement à 180 pieds anglais inclusivement (37 mèt. à 55 mèt.).	8
4e —	: de 180 pieds anglais exclusivement à 225 pieds anglais inclusivement (55 mèt. à 69 mèt.).	10
5e —	: plus de 225 pieds anglais (69 mètres).......	12

NOTE. — Un plus grand nombre de divisions n'est pas interdit.

ART. 3. — A chaque point de division de la longueur, y compris les points extrêmes, on mesure le creux ou la hauteur de chaque section depuis un point marqué au tiers du bouge du pont en contre-bas du can supérieur du barrot, jusque sur le collet de la varangue à côté de la carlingue, en déduisant l'épaisseur moyenne du vaigrage de fond.

Les hauteurs de toutes les sections transversales sont partagées en quatre parties égales lorsque celle de la section milieu est de 16 pieds anglais (5 mètres) ou moins, et en six parties égales lorsque celle de la section milieu excède 16 pieds anglais (5 mètres).

A chacun des points de division de la hauteur de chaque section, (les points extrêmes compris) on mesure la largeur du navire en dedans du vaigrage.

Chaque largeur est numérotée (nos 1, 2, 3, etc.) à partir du pont de jaugeage et l'on multiplie :

Lorsque la hauteur est de 16 pieds anglais (5 mètres) ou moins :

Par 1, les largeurs nos 1 et 5 (points extrêmes) ;

Par 4, les largeurs nos 2 et 4 ;

Par 2, la largeur no 3.

Lorsque la hauteur est de plus de 16 pieds anglais (5 mètres) :

Par 1, les largeurs nos 1 et 7 (points extrêmes) ;

Par 4, les largeurs nos 2, 4 et 6 ;

Par 2, les largeurs nos 3 et 5.

Le total des produits ci-dessus est multiplié par le tiers de la distance entre les divisions de la hauteur. Le résultat donne l'aire de la section.

ART. 4. — On peut aussi mesurer l'aire des sections transversales avec la même exactitude par la méthode suivante des coordonnées polaires :

On partage chaque demi-section transversale en 5 secteurs angulaires ayant même angle au sommet $\left(\frac{90}{5} = 18^\circ\right)$ et on prend pour la surface de chacun d'eux celle du secteur de cercle compris entre les rayons vecteurs extrêmes et décrit avec le rayon moyen.

Pour procéder au mesurage, il faut mesurer les rayons vecteurs moyens de chaque secteur, dont les deux extrêmes feraient, l'un avec l'horizontale, et l'autre avec la verticale des angles de 9°, tandis que les autres sont espacés uniformément de 18°.

Pour obtenir leur direction, on place dans le plan de la section un demi-cercle, convenablement divisé, et dirigé de manière que son diamètre horizontal passe par le tiers du bouge du bau et que le centre se trouve dans le plan diamétral du navire ; les rayons vecteurs seront mesurés à l'aide d'un ruban fixé au centre du demi-cercle.

Pour calculer l'aire de la section on élève au carré les rayons moyens ainsi mesurés, on les additionne entre eux, et la somme multipliée par 0,31416 sera considérée comme la surface de la section.

ART. 5. — Les sections transversales mesurées par l'une de ces deux méthodes sont numérotées (n°s 1, 2, 3, etc.), assignant le n° 1 à l'extrémité avant et le dernier numéro à l'extrémité arrière de la longueur.

On multiplie : l'aire de la première et de la dernière section, s'il y en a, par 1 ; celles des sections des numéros pairs par 4 ; et celles des sections des numéros impairs (la première et la dernière exceptées) par 2.

Le total de ces produits, multiplié par le tiers de l'intervalle entre les sections, donne le volume de l'espace mesuré. Le tonnage de ce volume est obtenu en le divisant par 100, si les mesures sont prises en pieds anglais, et par 2,83 si les mesures sont prises en mètres[1].

Art. 6. — Lorsque le navire a un troisième pont, le volume compris entre ce troisième pont et le pont de jaugeage est déterminé de la manière suivante :

On mesure la largeur de l'entrepont, au milieu de la hauteur, depuis le vaigrage à côté de l'étrave jusqu'au revêtement intérieur de l'allonge de poupe.

Cette longueur est divisée en autant de parties que pour le pont de jaugeage ; à chacun des points de division ainsi qu'aux points extrêmes, on mesure la largeur au milieu de la hauteur. Les largeurs sont numérotées (n°s 1, 2,3, etc.) à partir de l'avant :

On multiplie par 1 la première et la dernière ; par 4, celles ayant des numéros pairs et par 2 celles ayant des numéros impairs (la première et la dernière exceptées). Le total de ces produits, multiplié par le tiers de la distance entre les divisions de la longueur, donne l'aire moyenne horizontale de l'entrepont. On obtient ensuite le volume de l'entrepont en multipliant cette aire par la hauteur moyenne ; et ce volume, divisé par 100, si les mesures ont été prises en pieds anglais, ou par 2, 83, si elles ont été prises en mètres, représente le tonnage à ajouter au tonnage principal (art. 5).

Si le navire a plus de trois ponts, le volume et le tonnage des entreponts supérieurs sont calculés de la même manière et ajoutés au tonnage principal.

Art. 7. — S'il existe sur le pont supérieur des dunettes, tengues, roufles ou autres constructions permanentes couvertes et closes, telles qu'elles ont été définies dans les principes généraux, le tonnage en est également ajouté au tonnage principal. Il est calculé de la manière suivante :

1° Quand les contours sont formés par des surfaces courbes,

1. Quand les mesures sont prises en mètres, au lieu de diviser les volumes par 2,83, on peut les multiplier par 0,353.

on mesure à l'intérieur la longueur moyenne de chaque compartiment. On détermine le milieu de cette longueur. A ce point, ainsi qu'aux deux extrémités, on mesure, à la moitié de la hauteur, la largeur du compartiment. On multiplie par 4 la largeur du milieu ; on y ajoute les largeurs aux points extrêmes ; le total, multiplié par le tiers de la distance entre les divisions de la longueur, donne l'aire moyenne horizontale du compartiment. On mesure alors la hauteur moyenne, et on la multiplie par l'aire moyenne.

2° Quand les contours sont entièrement formés par des surfaces planes, on mesure le volume en multipliant entre elles la longueur, la largeur et la hauteur moyenne de chaque compartiment.

L'opération est effectuée pour chaque compartiment distinct.

Dans les deux cas, on divise le volume obtenu par 100, si les mesures sont prises en pieds anglais, ou par 2,83, si elles sont prises en mètres, pour avoir le tonnage de ces espaces.

Art. 8. — Dans le mesurage de la longueur, de la largeur et de la hauteur du volume principal et des autres espaces, on doit ramener à l'épaisseur moyenne le vaigrage qui dépasse cette épaisseur.

Quand le vaigrage manque ou qu'il ne doit pas être établi à demeure, la longueur et les largeurs sont comptées à partir de la membrure.

Règle 2. — Pour les navires chargés

Art. 9. — Lorsque les navires ont leur chargement à bord, ou que, par tout autre motif, ils ne peuvent être jaugés d'après la règle première, on opère comme il suit :

La longueur du navire est prise sur le pont supérieur depuis le trait extérieur de la rablure de l'étrave jusqu'à la face arrière de l'étambot; on en retranche la distance du point de rencontre de la voûte avec la rablure de l'étambot à la face arrière de cet étambot.

On mesure ensuite la plus grande largeur du navire hors bordé ou hors préceintes.

On marque à l'extérieur et des deux côtés, dans une direction perpendiculaire au plan diamétral et à l'endroit de la plus grande largeur, la hauteur du pont supérieur, et l'on fait passer sous le navire une chaîne allant de l'une à l'autre marque. A la moitié de la longueur de la chaîne on ajoute la moitié de la plus grande largeur ; on élève la somme au carré ; on multiplie le résultat, d'abord par la longueur déjà prise et ensuite par le facteur 0,17 si le navire est en bois, et par le facteur, 0,18 si le navire est en fer. Le produit donnera approximativement le volume du navire, et l'on obtient le tonnage principal en divisant par 100 ou par 2,83, selon que les mesures sont prises en pieds anglais ou en mètres.

Art. 10. — Si au-dessus du pont supérieur il existe des dunettes, tengues, rouffles, ou autres constructions permanentes couvertes et closes, (telles qu'elles ont été définies dans les principes généraux), on en détermine le tonnage en multipliant entre elles la longueur, la largeur et la hauteur moyenne et en divisant le produit par 100 ou par 2,83, selon que les mesures sont prises en pieds anglais ou en mètres, et on les ajoute au tonnage principal pour déterminer le tonnage brut ou la capacité totale du navire.

Déductions à faire au tonnage brut pour arriver au tonnage net

Art. 11. — Pour passer du tonnage brut des navires, tel qu'il vient d'être exposé, à la jauge officielle ou tonnage net, soit pour les navires à voiles, soit pour les navires à vapeur, on procède de la manière suivante :

NAVIRES A VOILES

Art. 12. — Pour les voiliers, on déduit : les espaces appropriés et affectés exclusivement au logement des équipages et aux cabinets des officiers de bord, à la cuisine et aux latrines à l'usage exclusif du personnel du bord, qu'ils soient situés au-dessous ou au-dessus du pont supérieur ; les espaces couverts et clos, s'il en existe, placés sur le pont supérieur et destinés à la manœuvre du gouvernail, du cabestan, des appareils de mouillage, à la chambre aux cartes, signaux et autres instruments de la navigation.

Tous les espaces compris dans ces déductions pourront être limités séparément suivant les besoins et les habitudes de chaque pays, mais sans pouvoir dépasser, en totalité, 5 0/0 du tonnage brut.

Art. 13. — Le mesurage de ces espaces sera effectué selon les règles exposées pour mesurer les espaces couverts et clos sur le pont supérieur; leur total retranché du tonnage brut représente le tonnage net (register tonnage) ou jauge officielle des navires à voiles.

NAVIRES A VAPEUR

Art. 14. — Dans les navires mus par la vapeur ou par toute autre puissance mécanique, on déduit :

1° Les mêmes espaces que pour les navires à voiles (art. 12) avec la limitation de 5 0/0 du tonnage brut ;

2° Les espaces occupés par les machines, chaudières, soutes à charbon, tunnels des navires à hélice, et, dans les entreponts et constructions couvertes et closes sur le pont supérieur, l'entourage des cheminées, les espaces réservés pour donner accès à l'air et à la lumière aux chambres des machines et ceux nécessaires au fonctionnement et au service de la machine même. Ces déductions ne pourront dépasser 50 0/0 du tonnage brut.

Art. 15. — Le mesurage des espaces communs aux navires à voiles et aux navires à vapeur (1° de l'article 14) sera pratiqué comme il a été exposé aux articles 12 et 13 pour les navires à voiles.

Le mesurage des espaces spéciaux aux navires à vapeur (2° de l'article 14) est effectué de la manière suivante :

Art. 16. — *Navires à soutes à charbon avec cloisons mobiles.* — Dans les navires à vapeur qui n'ont pas des soutes fixes, mais qui ont des soutes transversales à cloisons mobiles, avec ou sans soutes latérales, on mesure l'espace occupé par les chambres à machines et on y ajoute pour les navires à hélice 75 0/0 et pour les navires à roues 50 0/0 de cet espace.

Par l'espace occupé par les chambres à machines on doit entendre : celui de cette chambre et de celle à chaudières, avec les espaces strictement nécessaires à leur service et leur fonctionnement, en y ajoutant l'espace du tunnel des navires à hélice et les espaces dans les entreponts destinés à l'entourage de la cheminée et à donner accès à l'air et à la lumière dans les chambres à machines.

Le mesurage de ces espaces se pratique de la manière suivante :

On mesure le creux moyen de l'espace occupé par les machines et les chaudières depuis le can supérieur du bau jusqu'au vaigrage de fond à côté de la carlingue ; on mesure trois largeurs ou plus, si on le croit nécessaire, à la moitié du creux dans cet espace ; en tout cas, l'une de ces largeurs sera mesurée au milieu et deux autres aux extrémités de cet espace ; on prend la moyenne entre ces largeurs ; on mesure la longueur moyenne de l'espace compris entre les cloisons avant et arrière qui limitent la longueur, mais on en déduit, s'il y a lieu, les parties qui ne sont pas affectées ou nécessaires au bon fonctionnement des machines et des chaudières.

Le produit de ces trois dimensions ainsi mesurées est

considéré comme donnant le volume de cet espace au-dessous du pont qui couvre la machine.

On ajoute à ce volume celui des espaces des entreponts qui seraient nécessaires au fonctionnement de la machine et à donner accès à l'air et à la lumière.

On y ajoute, de même, le volume de l'espace occupé par tunnel de l'arbre de l'hélice et le résultat ainsi obtenu, réduit en tonneaux de jauge de 100 pieds cubes anglais ou de 2^{mc},83 selon que les mesures sont prises en pieds ou en mètres, donne le tonnage correspondant à la chambre des machines et des chaudières qui sert de base aux déductions dont il s'agit.

Si la chambre des machines se trouve répartie dans plusieurs compartiments, on mesure chacun d'eux séparément, comme il vient d'être dit pour les cas où ils se trouvent réunis, et on les additionne pour obtenir le tonnage total des chambres des machines qui sert comme auparavant de base aux déductions totales.

Art. 17. — *Navires à soutes à charbon fixes.* — Dans les navires à soutes à charbon fixes, on mesure la longueur moyenne de la chambre à machines et chaudières, y compris les soutes à charbon. On calcule les surfaces de trois sections transversales du navire (comme il a été exposé dans les déterminations, articles 3 et 4, du tonnage brut) jusqu'au pont qui forme le couronnement de la machine.

L'une de ces trois sections doit passer par le milieu de ladite longueur et les deux autres par les extrémités.

On ajoute à la somme des deux sections extrêmes le quadruple de celle du milieu, et l'on multiplie ce résultat par le tiers de la distance qui sépare les sections. Ce produit divisé par 100, si les mesures sont prises en pieds anglais ou par 2,83, si elles sont prises en mètres, donne le tonnage de l'espace dont il s'agit.

Si les machines, chaudières et soutes à charbon se

trouvent dans des compartiments séparés, on les mesure séparément, d'après la méthode qui vient d'être exposée et on en fait l'addition.

Dans les navires à hélice, le volume intérieur du tunnel sera mesuré en prenant les longueur, largeur et hauteur moyennes et le produit des trois dimensions divisé par 100 ou par 2,83, selon que les mesures sont prises en pieds anglais ou en mètres, donne le tonnage de ces espaces.

On détermine de la même manière le tonnage dans les entreponts ou dans les constructions couvertes et closes sur le pont supérieur :

a. — Des espaces destinés à l'entourage de la cheminée;

b. — Des espaces destinés à donner accès à l'air et à la lumière dans les chambres à machines.

c. — Des espaces, s'il y en a, nécessaires au fonctionnement et au service des machines.

Art. 18. — Au lieu du mesurage des soutes fixes, on pourra appliquer les règles pour les soutes à cloisons mobiles de l'article 16.

Art. 19. — Pour les bateaux remorqueurs, les déductions ne sont pas limitées à 50 0/0 du tonnage brut ; l'on déduit tous les espaces occupés par les machines, chaudières et soutes à charbon.

Toutefois, si ces navires ne sont pas exclusivement destinés au service du remorquage, la déduction dont il vient d'être question ne peut dépasser 50 0/0 du tonnage brut :

IV. — Compte rendu des commissaires anglais sur la manière dont ils ont accompli leur mission à la Commission internationale.

(31 DÉCEMBRE 1873)

Les deux délégués anglais à la Commission internationale du tonnage, M. le colonel Stokes et sir P. Francis, ont rendu compte au Ministre des Affaires Étrangères de la Grande-Bretagne de la manière dont ils avaient accompli leur mission, dans la lettre suivante, datée de Péra le 31 décembre 1873 :

Le rapport et les procès-verbaux de la Commission internationale du tonnage ayant été envoyés à Votre Seigneurie, nous pensons qu'il pourra vous être agréable de recevoir un rapport de nous, avant de nous séparer, donnant un compte rendu général de notre mission, dont les incidents ont été relatés séparément, sans suite, et quelquefois en toute hâte, à mesure qu'ils se produisaient.

La première séance de la Commission, fixée primitivement pour le 15 septembre, fut renvoyée au 1er octobre, puis au 6, jour à partir duquel elle s'est réunie, en général, deux fois par semaine jusqu'au 18 courant, date à laquelle nos discussions furent menées à terme. Nous commençâmes notre tâche commune le 21 septembre.

Pendant la quinzaine qui s'est écoulée avant les réunions de la Commission, nous avons eu l'avantage de voir beaucoup de nos collègues, de nous assurer de leurs vues et de discuter avec eux plusieurs des sujets qui devaient occuper notre attention.

Notre premier pas, lorsque la Commission s'est réunie, a été de proposer à son adoption certaines règles de débats qui guideraient et régiraient son action. Ces règles, amendées à la discussion, ont été une précieuse sauvegarde contre les surprises et ont été très efficaces pour ramener la Commission à des résultats pratiques dans quelques débats troublés. Nous nous croyons justifiés à attribuer à ces règles une grande partie de l'heureuse issue des labeurs de la Commission, et à exposer à Votre Seigneurie que, par conséquent, les trois séances occupées à les élaborer n'ont pas été inutiles.

Nos instructions prescrivaient d'abord que la question générale du tonnage fut, si cela était possible, réservée pour être examinée à

Londres, et que les questions se rattachant aux droits du canal de Suez formassent le principal sujet d'enquête. Nous avons dû bien vite signaler que cette marche des choses n'était guère possible, à cause des instructions contradictoires des différents délégués, et qu'elle ne promettait pas d'être couronnée de succès. La teneur complète des instructions turques et celles de quelques-uns de nos collègues indiquaient la question du tonnage comme la principale qui devait occuper l'attention de la Commission. Sur ce sujet, nous avons pu réunir une forte majorité, et sa décision a montré d'une manière indubitable que le mode actuel de perception des droits au canal est irrégulier. Les commissaires français s'opposèrent à l'ordre du jour qui engageait la Commission dans cette voie; mais s'étant soumis au vote de la majorité, ils ont pris part à la discussion sur le gross tonnage. Comme Votre Seigneurie le sait, ils se sont abstenus dans la suite, de prendre part aux débats de la Commission pour le motif que la question : « Quelle est la capacité utilisable d'un navire », n'était pas examinée et que, conformément à leurs instructions et à l'interprétation de celles données aux délégués ottomans, cette question seule aurait dû faire l'objet des recherches de la Commission. Ceci aurait pu justifier leur retraite de nos débats au début de la discussion sur le tonnage, mais il n'y avait pas de motif suffisant pour se retirer lorsqu'elle durait depuis trois semaines et qu'ils avaient exprimé leur bon vouloir d'accepter les décisions sur le tonnage si la question du canal de Suez pouvait être arrangée.

Dans la discussion sur le gross tonnage, nous n'avons pas essayé de remonter dans l'histoire du mesurage du tonnage dans le passé, ni de reproduire la théorie du système de Moorsom, qui est bien connu par ses ouvrages et d'autres publications faites en Angleterre. Nos collègues techniques se sont montrés parfaitement au courant de ces ouvrages dès leurs premières observations. Comme il était question de proposer le système anglais, le colonel Stokes les a invités à diriger la discussion et à faire la proposition. Nous nous sommes tenus principalement à un exposé des véritables principes sur lesquels le mesurage de la capacité d'un navire devrait être établi et à défendre le système de Moorsom contre l'interprétation fallacieuse que lui donnaient M. de Lesseps et les délégués français de la Commission. Nous avons également pris part à la réfutation générale de l'idée française que la tonne de marchandise et la tonne d'un navire étaient des expressions synonymes.

En discutant le tonnage net, notre but a été de limiter les déductions à quelques espaces bien définis, excluant autant que possible les facilités d'éluder la loi, et d'introduire un mode de déduire le tonnage dû pour les espaces de la machine et du combustible, qui tiendrait compte le plus approximativement possible de l'espace réel occupé par eux, sans restreindre indûment les besoins du navire et sans encourager la fraude, tandis qu'en même temps il pourrait être appliqué sans porter atteinte aux lois existantes. Nous croyons que ces fins ont été obtenues par le système recommandé. Le désir du Gouvernement de Sa Majesté, que le gross tonnage fut adopté partout comme base de taxation, n'a pas été négligé par nous; mais il a rencontré une opposition décidée de la part de certains, et d'appui chez aucun. En conséquence, nous n'avons pas insisté et nous nous sommes contentés de faire une réserve en faveur de sa future adoption lorsqu'on le jugerait possible. La prétention du Gouvernement de Sa Majesté que la tonne *nette* ou *enregistrée* était la tonne visée par le terme *tonneau de capacité* de la concession de la Compagnie du canal a été amplement justifiée et soutenue par l'opinion de la grande majorité de la Commission, et le vote de dix des Puissances, sur les douze représentées, a formellement déclaré que le nouveau terme *capacité utilisable* était le mieux exprimé par le tonnage net recommandé par la Commission.

Avant que la Commission eût clos son examen de la question du tonnage, elle a reçu du Chargé d'affaires de France, par l'entremise du Ministre des Affaires Étrangères de Turquie, l'invitation d'examiner la différence entre le tonnage officiel d'un navire et le nombre de tonnes de poids qu'il peut porter. Cette demande était accompagnée de la menace que, si on n'y satisfaisait pas, le Gouvernement français ne traiterait la question, à l'avenir, que par la voie diplomatique. La Commission n'a pas refusé d'examiner ce point; mais elle y a mis ses conditions. Cependant ce point n'a pas été plus longuement examiné ; mais les délégués français sont éventuellement rentrés à la Commission et ont adopté les conclusions sur le tonnage.

Du moment où il est devenu certain que la Commission adopterait la loi anglaise sur le gross tonnage, et que le tonnage net, en dérivant sous une certaine forme, serait déclaré la base de la taxation, des efforts actifs ont été faits par les délégués de certaines Puissances pour arriver à un arrangement réglant la question du canal de Suez. Le mode par lequel on pouvait arriver à ce résultat a été examiné et discuté dans des réunions particulières pendant près d'un mois. Les Français ont proposé d'ajouter au net tonnage de chaque navire un équivalent de la différence entre ce tonnage et le nombre de tonnes de marchandises qu'il peut contenir et de taxer ce tonnage augmenté.

Nous n'avons pas voulu accepter cela. Nous avons alors offert d'adopter le gross tonnage comme base avec une diminution proportionnelle du maximum, ou de fixer une surtaxe qui diminuerait à mesure que le tonnage net augmenterait. Les délégués français n'ont pas voulu entendre parler d'une réduction du péage maximum de 10 francs. La seule proposition qui subsistât, celle de la surtaxe, est devenue la base d'une entente. Le Gouvernement de Sa Majesté a approuvé les conditions de cette offre qui étaient fondées sur un examen minutieux des chiffres publiés par la Compagnie. Pendant trois semaines, les délégués français n'ont pas donné signe de vie; mais la Commission a continué à discuter la question du tonnage qui a été close le 18 novembre. La Commission a alors procédé à l'examen de la légalité du mode actuel de perception des droits de la Compagnie, et des opinions distinctes ont été exprimées le condamnant. Par l'intervention du délégué russe, la négociation en vue d'un arrangement a été reprise, et le vote formel prononçant l'illégalité du système actuel, suspendu. On est arrivé alors à un arrangement dont les termes ont été si récemment exposés en entier qu'il est inutile de les répéter ici. Cet arrangement doit entrer en vigueur dans trois mois.

En conclusion, nous espérons que Votre Seigneurie nons permettra d'exprimer nos remerciements reconnaissants du concours que nous avons reçu tout le temps de S. E. sir Henry Elliot (l'ambassadeur de la Grande-Bretagne à Constantinople) à qui, suivant les instructions de Votre Seigneurie, nous avons eu continuellement recours pour des avis et auquel nous sommes redevables de précieux conseils et secours dans bien des circonstances d'une grande difficulté.

V. — Mise en application des résolutions de la Commission internationale, imposée par la force à la Compagnie.

Lettre, du 19 décembre 1873, du Ministre des Affaires Étrangères de France au baron d'Avril, l'un des deux délégués français à la Commission internationale, donnant ses appréciations sur les résolutions adoptées par la Commission.

Les commissaires français, délégués à la Commission internationale du tonnage n'avaient pas manqué, dès la clôture des travaux de la Commission, d'en informer le Ministre des Affaires Étrangères par un télégramme du 19 décembre 1873, où ils annonçaient, en même temps, « que la Commission avait voté, à l'unanimité, un rapport final contenant le résumé des règlements pour l'unification du tonnage et l'avis relatif à la transaction, aux bases de laquelle les délégués avaient déclaré être autorisés par leurs Gouvernements à adhérer ».

En réponse, le Ministre adressa le jour même au baron d'Avril, l'un des deux commissaires, la lettre suivante :

Votre télégramme de ce jour m'informe que la Commission internationale a terminé ses travaux sans avoir émis un vote déclarant illégales les perceptions effectuées par la Compagnie de Suez à partir du 1er juillet 1873. Ce vote a été prévenu par la transaction dont nous avons accepté les bases, et, dans les circonstances actuelles, je ne puis que considérer cette solution comme satisfaisante.

C'est vainement, en effet, que dans le cours des délibérations vous vous êtes efforcés, M. Rumeau et vous, avec un zèle que je me plais à reconnaître, d'amener la discussion sur son véritable terrain et d'empêcher que la légalité des perceptions effectuées d'après la capacité utilisable ne fut remise en question. Lorsque, en prévision d'un vote contraire au principe que vous étiez chargés de défendre, vous avez cessé d'assister aux séances, on pouvait espérer que, pour faciliter votre rentrée, la Commission adopterait une attitude plus conciliante à laquelle semblait devoir l'encourager la décision prise par les délégués russes de continuer à participer à ses travaux. Cette attente a été trompée : la presque unanimité des commissaires, trouvant dans les délégués ottomans des auxiliaires inattendus, ont persisté à émettre des votes inconciliables avec l'interprétation précédemment donnée par la Porte au firman de concession. D'après nous, le principal objet de la réunion devait être de rechercher l'écart existant entre le nombre de tonneaux de jauge obtenus par la méthode Moorsom et le nombre de tonneaux de marchandises qu'un bâtiment peut porter en restant navigable. Ils n'ont pas nié l'existence de cet écart; mais ils ont soutenu que, dans le choix de leurs méthodes de jaugeage, les nations maritimes ne se préoccupaient nullement d'établir entre ces deux nombres une concordance même approximative ; et, de cette assertion, que les faits semblent loin de confirmer, ils ont déduit une interprétation toute nouvelle des mots *capacité utilisable*. Cette expression qui, jusqu'ici, dans notre pensée comme dans celle de la Porte, et en apparence aussi dans la pensée des autres Puissances, s'appliquait au volume des marchandises de poids moyen qu'un bâtiment est présumé pouvoir prendre à fret, ne devait, suivant eux, désigner autre chose que le tonnage officiel après la déduction de l'espace occupé dans les bâtiments à vapeur par la machine, la chaudière et le combustible; d'où il résultait que la lettre vizirielle, dans la même phrase qui excluait, comme base de perception, le tonnage net officiel, l'aurait imposé sous le nom de capacité utilisable. Cette interprétation n'a pas été désavouée, le moment venu, par les représentants de la Porte Ottomane, et en présence d'un parti pris contre lequel tout effort semblait devoir échouer, nous n'avons pu que nous prêter finalement à la transaction par laquelle se sont terminées ces difficultés.

Memorandum adressé le 22 décembre 1873 par M. de Lesseps au Khédive d'Égyte

Le 22 décembre 1873, M. de Lesseps adressa au Khédive d'Égyte un mémorandum « sur les faits et précédents relatifs à la question du tonnage » :

Après avoir rappelé :

L'article 17 de l'acte de concession, dénommé *Contrat* dans le firman du Sultan, en date du 5 janvier 1856 ;

Les circonstances dans lesquelles avaient été établies, d'abord le mode provisoire d'application de la taxe de navigation au début de l'exploitation, puis, à la suite d'une enquête poursuivie par la Compagnie pour définir la *capacité utilisable* des navires, le nouveau mode d'application de la taxe édicté par la décision du Conseil d'Administration du 4 mars 1872;

Le rapport approbatif de cette décision par le commissaire du Gouvernement égyptien, en sorte qu'aucune objection n'avait été présentée au Conseil par l'Autorité compétente; l'action judiciaire intentée à la Compagnie par les Messageries maritimes françaises ; les réclamations diplomatiques adressées à la Sublime Porte par les ambassadeurs d'Angleterre, d'Autriche et d'Italie; les déclarations faites à Constantinople par le Président-Directeur de la Compagnie pour protester contre l'intervention des Gouvernements étrangers dans l'exécution du contrat qui liait le Gouvernement égypto-ottoman et les actionnaires du canal ; la déclaration du sultan constatant que la *capacité utilisable* des navires, à l'exclusion du jaugeage officiel des papiers de bord, devait servir de base à la taxe de navigation ; l'invitation faite par la Porte aux Puissances maritimes de former une Commission internationale pour définir scientifiquement le capacité utilisable; les termes dans lesquels le Président de la Compagnie notifia son abstention dans les délibérations de la Commission ;

Le Memorandum se terminait ainsi :

« Aujourd'hui, l'on annonce que la Commission internationale réunie à Constantinople, abandonnant le principe de l'examen scientifique de la capacité utilisable par rapport à la navigation universelle, s'est occupée du cas spécial de la Compagnie de Suez, et, comme son but s'est trouvé changé par l'idée préconçue de maintenir l'inexactitude des jaugeages officiels, elle a imaginé de compenser cette inexactitude par une surtaxe que l'on proposerait à la Compagnie.

« Nous nous bornons, pour le moment, à rappeler au Gouvernement égyptien les faits qui viennent d'être exposés afin de le mettre en garde contre toute atteinte à un contrat public, qui ne pourraît être modifié que par l'accord des parties contractantes. Il jugera, s'il y a lieu, de rappeler de son côté ces faits à la Sublime Porte. »

Lettre, du 31 *décembre* 1873 (22 *zilcadé* 1290) *du Grand-Vizir au Khédive d'Égypte*

Par une lettre datée du 31 décembre 1873, mais qui semble n'avoir été expédiée au Caire que le 14 janvier 1874, ladite lettre accompagnant l'envoi des procès-verbaux des délibérations et des rapports de la Commission internationale du tonnage, le Grand-Vizir adressa au Khédive d'Égypte les instructions suivantes :

Ainsi que Votre Altesse voudra bien le relever de la lecture de ces documents, toutes les questions relatives au tonnage ont été résolues de manière à faire disparaître dans l'avenir toute incertitude d'interprétation et toute objection.

Indépendamment du règlement de ces points, règlement qui fixe la base du droit de péage à percevoir par la Compagnie du Canal de Suez, otre Altesse trouvera, dans les procès-verbaux et dans le rapport final usmentionnés les détails d'un avis exprimé par la Commission internationale sur une transaction destinée à régler le mode de perception des taxes. Les dispositions de cette transaction ont été adoptées en vertu d'autorisations spéciales.

L'avis émis sur ce point ayant été exprimé à l'unanimité par la Commission internationale et approuvé par la Sublime Porte, Votre Altesse est invitée à en entretenir la Compagnie du Canal.

Dans tous les cas, il est essentiel que les droits soient perçus sur la base du *net tonnage* établi par la Commission internationale dans un délai de trois mois, qui donnera un temps suffisant pour se concerter sur toutes les mesures relatives à la mise à exécution de la transaction conseillée par la Commission internationale.

Lettre, du 31 janvier 1874, du Président de la Compagnie au Ministre de l'Intérieur du Gouvernement égyptien

M. de Lesseps, par lettre du 31 janvier 1874, accusa réception au Ministre de l'Intérieur du Gouvernement égyptien de la lettre vizirielle ainsi que d'un exemplaire des documents qui l'accompagnaient, qui lui avaient été adressés le 29 du dit-mois.

Dans cette lettre, M. de Lesseps déclare partager le désir de transaction exprimé par la Sublime Porte.

Il ressort, dit-il, des procès-verbaux des délibérations de la Commission, que tous les membres ont voulu mettre un terme aux difficultés qui se sont produites, en assurant la bonne marche de l'œuvre universelle du canal et sa prospérité en même temps que les intérêts de la navigation générale.

Animé des mêmes intentions, et après avoir constaté que le Conseil d'administration de la Compagnie a agi légalement en appliquant le maximun de son droit de 10 francs par tonne de capacité utilisable, M. de Lesseps se déclare prêt à proposer à l'Assemblée générale des actionnaires, dès qu'il y sera autorisé par la Sublime Porte, la transaction suivante, conforme, suivant lui, aux principes émis dans le rapport final résumant les travaux de la Commission internationale :

Article premier. — Le tonnage officiel, tel qu'il a été formulé à Constantinople par une Commission internationale, est accepté avec le calcul d'une surtaxe en faveur du canal de Suez.

« Art. 2. — La surtaxe de 3 francs dans certains cas, de 4 francs dans d'autres, équivalant à la perception actuelle du canal, est adoptée.

« Art. 3. — La surtaxe sera maintenue jusqu'à ce que les actionnaires soient remboursés de leurs coupons arriérés depuis l'ouverture du canal (30 millions de francs) ; que les améliorations complémentaires actuellement prévues et réclamées par la navigation pour faciliter et accélérer le transit du canal soient exécutées (30 millions), et que le capital actions ait atteint un revenu net de 8 0/0, résultant du bilan présenté à l'Assemblée générale annuelle des actionnaires.

A partir de cette époque, la surtaxe sera successivement réduite et éteinte à raison de 50 centimes par année.

« Art. 4. — Par exception, les bâtiments de guerre, les bâtiments construits ou nolisés pour le transport des troupes seront exemptés de toute surtaxe. Ils payeront le droit de 10 francs par tonne sur le tonnage adopté.

« Art. 5. — La surtaxe d'un franc, concédée à la Compagnie, dans l'année 1871, pour un but spécial, est abrogée.

« Art. 6. — Le droit de pilotage ne dépassera pas le chiffre maximum actuel de 20 francs par décimètre d'enfoncement.

« Les droits d'ancrage ou de stationnement ne dépasseront pas le chiffre maximum actuel de 5 centimes par jour et par tonne, dans les cas où ces droits sont payés aujourd'hui. »

M. de Lesseps termine sa lettre en se disant convaincu que si le Gouvernement ottoman avait connu les nécessités intérieures de la Compagnie, il aurait, avec son équité naturelle, pris l'initiative du mode proposé de réduction et d'extinction de la surtaxe. Il manifeste d'ailleurs l'espoir que le Gouvernement ottoman n'insistera pas sur l'exemption de la surtaxe en faveur des bâtiments sur lest.

Lettre, du 7 mars 1874 (18 moharrem 1291),
du Grand-Vizir au Khédive d'Égypte

Le Grand-Vizir fit connaître au Khédive d'Égypte l'opinion de la Sublime Porte sur le contre-projet de M. de Lesseps par les deux lettres suivantes en date du 7 mars 1874.

Première lettre :

La proposition de M. de Lesseps s'écartant sur des points essentiels de celles qui avaient été formulées par la Commission internationale, je crois nécessaire, afin d'éviter tout malentendu, de me reporter à la teneur de ma communication du 22 zilcadé.

Dans cette communication, il avait été établi que la Commission internationale, en considération des instructions de la Sublime Porte, dont M. de Lesseps lui-même a fait une appréciation bien favorable, avait fixé, avec l'autorité qui n'appartient qu'à elle seule, la base du droit de péage à percevoir par la Compagnie du Canal. En même temps, Votre Altesse était invitée à porter à la connaissance de la Compagnie l'avis émis, grâce au concours unanime des volontés des diverses Puissances maritimes, sur un arrangement d'un caractère spécial. Dès lors, il est aisé de comprendre qu'il serait impossible à la Sublime Porte de revenir sur aucun de ces points.

Toutes les améliorations suggérées dans l'entretien du canal peuvent mériter l'attention du Gouvernement Impérial. Mais la Sublime Porte ne saurait entreprendre de les recommander à l'appréciation des intéressés que lorsque la question du péage aura d'abord cessé de faire difficulté et qu'ensuite les améliorations auront été formulées par la Compagnie d'une manière suffisamment motivée.

En conséquence, et conformément à l'esprit et à la lettre de la communication du 22 zilcadé, Votre Altesse est priée de donner connaissance de ce qui précède à la Société et de lui *réitérer l'assurance* que, dans le cas où avant l'expiration du délai trimestriel, elle n'aurait pas adhéré à la transaction proposée, le droit de péage sur les navires traversant le canal devra être perçu sur la base de 10 francs par tonneau, d'après le calcul du tonnage net établi par la Commission internationale.

Deuxième lettre :

Par ma lettre de ce jour, je réponds à celle par laquelle Votre Altesse me transmettait la réponse de M. de Lesseps à la communication qui lui a été faite des résultats de la Commission internationale. M. de Lesseps semble croire que la proposition de la surtaxe et la règle pour le calcul du tonnage net adoptée par la Commission ne font qu'un seul et même tout. Ma réponse, dans laquelle j'ai voulu éviter toute controverse, explique suffisamment qu'il y a là deux questions bien distinctes; qu'il dépend entièrement de la Compagnie d'accepter ou de refuser la transaction concernant la surtaxe, mais que sa décision sur ce point ne saurait exercer aucune influence sur le mode de calcul établi pour la détermination du tonnage net. Dans le memorandum de M. de Lesseps que Votre Altesse m'avait transmis précédemment par sa lettre du 16 zilcadé 1290, celui-ci semblait révoquer en doute la compétence de la Commission à résoudre une question que soulevaient les termes d'une concession accordée par le Gouvernement à une Compagnie, concession, disait-il, qui a le caractère d'un contrat. Je reconnais avec empressement la justesse de la réponse que Votre Altesse fit à M. de Lesseps en lui faisant savoir qu'elle transmettait son memorandum à la Sublime Porte.

La dernière lettre de M. de Lesseps indique qu'il a quitté le terrain sur lequel il s'était placé dans son susdit memorandum, dont la date était d'ailleurs antérieure à celle de la lettre du 22 zilcadé. Il ne pouvait lui échapper que, même dans l'hypothèse où l'on assimilerait sa concession à un simple contrat, la Compagnie aussi bien que les représentants des intérêts maritimes s'en étant remis à l'interprétation de la Sublime Porte pour lever les difficultés qui avaient surgi sur l'application de ce contrat, et la Porte ayant interprété la clause douteuse du contrat, nulle autre autorité n'aurait pu établir avec plus de compétence la règle technique qui devait terminer l'application de cette interprétation que la Commission internationale, qui représentait les lumières réunies de toute l'Europe. Toute discussion ultérieure paraissant donc superflue, Votre Altesse est invitée, ainsi qu'il est dit dans ma lettre d'aujourd'hui, à tenir la main ferme à l'exécution de la mesure qui prescrit la perception d'un droit de 10 francs par tonneau, d'après l'évaluation du tonnage net établi par la Commission, dans le cas où, avant l'expiration du terme de trois mois indiqué par la lettre du 22 zilcadé, la Compagnie n'aurait pas notifié à Votre Altesse son adhésion à la transaction proposée.

Lettre, du 19 mars 1874, du Ministre de l'Intérieur du Gouvernement égyptien à M. de Lesseps

Les deux lettres vizirielles furent envoyées en traduction à M. de Lesseps par le Ministre de l'Intérieur du Gouvernement égyptien.

Dans sa lettre d'envoi, datée du 19 mars, le Ministre disait que S. A. le Khédive était persuadée que la Compagnie exécuterait d'elle-même la décision de la Sublime Porte et que son Gouvernement ne se verrait pas dans la nécessité d'intervenir pour tenir la main haute à cette exécution conformément aux ordres de la Sublime Porte.

Lettres, des 20 et 21 mars 1874, de M. de Lesseps au Ministre de l'Intérieur du Gouvernement égyptien

M. de Lesseps répondit à la communication du Ministre de l'Intérieur du Gouvernement égyptien par les deux lettres suivantes :

Lettre du 20 mars :

J'ai eu l'honneur de recevoir la dépêche de Votre Altesse en date d'hier, et j'ai étudié avec la plus grande attention les deux lettres vizirielles du 7 mars adressées à S. A. le Khédive.

La précédente lettre vizirielle du 22 zilcadé 1290, mentionnant une transaction conseillée par une Commission internationale à laquelle la Compagnie du Canal n'avait pas été appelée à participer, nous avait semblé renfermer un simple projet. La disposition conseillée ne pouvait être intitulée transaction que si elle était le résultat d'un accord entre les parties contractantes.

Aussi, m'étais-je empressé de montrer mes bonnes dispositions à entrer en négociations, et j'avais soumis à la Sublime Porte, par le bienveillant intermédiaire de S. A. le Khédive, une proposition que je jugeais assez équitable pour la présenter au Conseil d'administration de la Compagnie et à l'Assemblée générale des actionnaires.

Les deux nouvelles lettres vizirielles se traduisent, non plus par une demande de négociation, mais par une intimidation formelle devant, au besoin, être appuyée par une force gouvernementale. En conséquence, je retire ma proposition de conciliation et je maintiens dans toute leur intégralité les droits écrits des actionnaires du canal, sans aucune modification.

La Compagnie financière du Canal de Suez, n'ayant par elle-même d'autre force que son droit et désirant éviter un conflit qui serait dangereux pour tout le monde, se voit obligée de se soumettre provisoirement; mais elle constate la violation d'un contrat public, juridiquement établi par l'article 17 de son acte de concession ratifié par S. M. I. le Sultan.

Je remets, ci-jointe, la copie d'une protestation que j'avais déposée à Constantinople, le 13 mai de l'année dernière, à l'époque où une première tentative avait été faite pour porter atteinte aux droits de la Compagnie. Cette atteinte devenant aujourd'hui un fait mis arbitrairement à exécution malgré les observations contenues dans mon memorandum du 22 décembre 1873 et ma proposition du 31 janvier 1874, je renouvelle personnellement mes protestations antérieures, et, me portant fort pour les actionnaires qui m'ont confié leurs capitaux, sous la foi d'un contrat solennel revêtu de toutes les formalités légales, je déclare rendre la Porte Ottomane responsable de toutes les pertes pouvant résulter de l'application de la taxe de 10 francs par tonne suivant le calcul inexact de la Commission internationale au lieu de la tonne de véritable capacité utilisable déterminée par notre contrat.

Je dois, en outre, considérer comme une seconde violation de contrat, de la part de la Sublime Porte, l'obligation qui nous serait imposée d'appliquer le nouveau tarif avant le délai exigé par l'acte de concession et les statuts pour la publicité des modifications de tarifs, et je fais, à ce sujet, une réserve spéciale pour le dommage qui nous serait causé jusqu'au moment où la Compagnie aura pu légalement prendre les dispositions nécessaires afin de compenser, suivant les moyens réguliers dont elle profitera, le dommage évalué, dans l'état actuel, à environ 700.000 francs par mois.

Deuxième lettre :

En exécution de la mesure imposée à la Compagnie de Suez par la Sublime Porte, sous menace de l'emploi de la force, et au sujet de laquelle j'ai adressé hier à Votre Altesse ma protestation, j'ai l'honneur de l'informer que je viens d'engager, par voie télégraphique, le Conseil d'administration de la Compagnie à faire les publications exigées par notre contrat, pour appliquer, dans le délai légal, c'est-à-dire le 1er juillet prochain, le nouveau tarif du droit spécial de navigation d'après le tonnage danubien.

Lettre, du 30 mars 1874, de l'Ambassadeur de France à Constantinople au Ministre des Affaires Étrangères

Les deux lettres de M. de Lesseps, des 20 et 21 mars, communiquées par le Khédive à la Sublime Porte, donnèrent lieu, entre le Grand Vizir et les représentants des Puissances, à des pourparlers dont l'Ambassadeur de France à Constantinople rendit compte au Ministre des Affaires Étrangères par la lettre suivante en date du 30 mars :

Au reçu de ces documents (les deux lettres de M. de Lesseps), le Ministre des Affaires Étrangères de la Sublime Porte, s'est empressé de convoquer tous les chefs de mission pour les leur communiquer officieusement et leur demander leur avis. La réunion a eu lieu aujourd'hui.

Le Ministre a commencé par donner connaissance des pièces; puis, il a déclaré que la Porte, prenant acte de la déférence avec laquelle M. de Lesseps se soumettait à ses décisions en matière de tonnage, était disposée à lui accorder le délai de trois mois qu'il demandait, mais qu'avant de répondre dans ce sens, elle désirait savoir si cette mesure ne soulèverait pas d'opposition de la part des Puissances qui avaient concouru aux travaux de la Commission internationale.

L'Ambassadeur de Russie a déclaré, tant en son nom qu'au nom de son Gouvernement, qu'il n'avait aucune objection à élever.

Quant à moi, avant d'aborder le fond de la question, j'ai demandé au Ministre de nous expliquer à quel titre il nous consultait. J'ai alors soutenu que les Puissances n'avaient aucune qualité pour s'immiscer dans les rapports du Gouvernement ottoman avec une Compagnie ottomane, tant que celle-ci restait dans les termes de son acte de concession. Remontant dans le passé, j'ai fait allusion aux incidents de la Commission ; j'ai rappelé comment cette réunion d'hommes spéciaux convoqués pour un but technique, avait vu dévier son mandat jusqu'à être transformée en une sorte de Cour de justice ; j'ai ajouté que le Gouvernement français ne s'était pas associé à ces procédés et ne s'y associerait pas dans l'avenir; que si, pourtant, la Porte persistait à admettre cette ingérence étrangère dans ses affaires intérieures, je me contenterais d'en prendre acte, afin de me prévaloir de ce précédent le jour où mon intervention serait nécessaire aux actionnaires français du canal, dont les intérêts étaient aussi respectables que ceux des armateurs anglais.

Je fis observer ensuite que la Commission de Constantinople avait accompli un double travail : en premier lieu, un travail technique qui avait abouti à une méthode de jaugeage; en second lieu, un travail de conciliation qui avait produit un projet de transaction pratique. La méthode de jaugeage avait été adoptée par la Porte, qui l'avait imposée à M. de Lesseps, lequel se soumettait ; quant à la transaction, elle n'était nullement obligatoire. M. de Lesseps la repoussait et préférait s'en tenir aux termes de son firman ; le rôle de la Commission et des Puissances qui l'avaient constituée était donc entièrement épuisé. Si l'application des termes du firman soulevait quelque difficulté entre la Compagnie et le Gouvernement concessionnaire, les voies de droit ne manquaient sans doute pas pour la résoudre ; en tout cas, ce litige n'avait rien d'international, et je ne reconnaissais ni à moi, ni à mes collègues, aucune compétence pour la juger.

Le Ministre me répondit que la réunion n'avait aucun caractère officiel ; qu'il avait désiré s'éclairer des lumières des représentants étrangers; qu'on ne pouvait refuser au Gouvernement ottoman la faculté de consulter les Puissances plus intéressées que lui dans la question du péage du canal ; que les résolutions de la Commission de Constantinople étaient l'œuvre des Puissances ; qu'en se les appropriant et en les imposant à la Compagnie de Suez, le Gouvernement n'avait fait que céder au vœu de la majorité ; chacun savait qu'il n'avait pu agir autrement qu'il n'avait fait. Aujourd'hui encore, il était prêt à souscrire au désir de la Compagnie en lui accordant le délai de trois mois qu'elle demandait ; mais il ne voulait pas le faire sans l'assentiment des Puissances qui avaient concouru avec lui à l'élaboration de la règle qu'il avait adoptée.

Je répliquai que je constatais avec un certain étonnement la pression qui avait été exercée sur le Gouvernement ottoman. Le Ministre avouait qu'il n'avait pas agi librement en imposant à la Compagnie les conclusions de la Commission, et qu'aujourd'hui encore, s'il était libre, il souscrirait aux demandes de la Compagnie ; en un mot, le Gouvernement ottoman voulait abriter sa responsabilité derrière celle des Puissances. Il m'était impossible d'admettre cette théorie : à mon sens, la Commission n'avait eu qu'un rôle technique ; une fois ce rôle rempli, elle avait disparu, et il ne restait plus en présence que le Gouvernement ottoman et une Compagnie ottomane. Le Gouvernement était libre d'accepter ou de rejeter les conclusions de la Commission ; en se les appropriant et en les imposant à la Compagnie, il assumait seul la responsabilité des effets qu'elles produiraient ; je maintenais l'incompétence des Puissances et les réserves que j'avais déjà faites à ce sujet.

Le Ministre d'Allemagne et le Chargé d'affaires d'Angleterre, chacun de leur côté, se dirent incapables, sans instructions spéciales, d'exprimer un avis sur la question ; mais se référant à leurs instructions générales, ils déclarèrent que les Gouvernements respectifs considéraient le Gouvernement ottoman comme engagé envers eux à faire exécuter les résolutions de la Commission de Constantinople.

Le Ministre d'Autriche-Hongrie s'attacha à réfuter, point par point, les lettres de M. de Lesseps, soutenant que l'article 17 du firman n'était pas applicable dans l'espèce, vu que l'adoption du système de jaugeage danubien n'était pas une modification du tarif, mais le retour à la légalité dont la Compagnie était sortie depuis dix-huit mois ; assurant que le délai de trois mois demandé par M. de Lesseps n'avait pour but que de lui laisser le temps d'appliquer les surtaxes de pilotage et de remorquage, à l'aide desquelles il voulait combler le déficit de ses recettes ; rappelant que M. de Lesseps avait, dès le principe, accepté l'interprétation qui serait donnée par le Gouvernement ottoman des mots *tonneau de capacité ;* qu'il était donc mal fondé à protester contre l'interprétation que la Porte, éclairée par les travaux de la Commission, avait officiellement promulguée. Sa conclusion fut qu'il n'y avait plus lieu de faire aucune concession à la Compagnie ; que trois mois de délai lui avaient été accordés à partir de la première notification ; qu'à partir de ce délai, c'est-à-dire dans le courant du mois prochain, la Compagnie, ayant repoussé la transaction, devait être tenue d'appliquer la taxe de 10 francs au tonnage net.

Une discussion assez animée et assez confuse s'engagea alors. Au bout de quelque temps, Rachid Pacha se résuma en disant qu'il persistait à vouloir accorder à la Compagnie la faculté de n'appliquer qu'à partir du 1er juillet le système de jaugeage fixé par la Commission ; mais qu'il attendrait pour répondre au Khédive en ce sens, que les divers Gouvernements, consultés par le télégraphe, eussent donné leur adhésion.

Comme il est à prévoir que la majorité des Puissances répondra dans un sens défavorable à la Compagnie, je vous serais reconnaissant,

Monsieur le Duc, de me faire parvenir vos instructions le plus tôt possible.

Quant au parti adopté par M. de Lesseps, je ne saurais en ce moment en apprécier la valeur, ni préjuger l'accueil que vous lui réservez. Je fais des vœux pour qu'en échangeant les réalités de la transaction pour les chances aléatoires d'une nouvelle campagne, il ait bien servi les intérêts de la Compagnie qu'il dirige. Puisqu'il a préféré se renfermer dans l'exercice pur et simple des droits qu'il tient de son acte de concession, il est à désirer, pour le succès de sa cause, qu'il se maintienne sur un terrain strictement légal et ne donne prise, par aucun côté, aux attaques d'adversaires décidés et vigilants.

Les documents ci-après font connaître les incidents qui suivirent la conférence dont il est rendu compte dans la lettre précédente :

Télégramme, du 7 avril 1874, de l'Ambassadeur de France à Constantinople au Ministre des Affaires Étrangères

Le conseil des Ministres a décidé qu'il y avait lieu de répondre au Vice-Roi d'Égypte de faire exécuter les ordres primitifs de la Porte, ceux qui fixent à trois mois, à partir de la première signification, la mise en vigueur du tonnage adopté à Constantinople.

Cette décision a été réclamée par les représentants d'Angleterre, d'Autriche-Hongrie, d'Allemagne et d'Italie.

Lettre, du 11 avril 1874, de M. de Lesseps au Ministre de l'Intérieur du Gouvernement égyptien

En réponse à la communication d'un télégramme de la Sublime Porte en date du 7 de ce même mois, j'ai l'honneur de déclarer que, après un premier refus de mes propositions de négociation ou de conciliation, et après un deuxième refus du délai statutaire pour publier la modification de tarif imposée arbitrairement, j'opposerai, en ma qualité de chef d'une société financière universelle et comme citoyen français, une résistance absolue à la violation d'un contrat bilatéral accepté et accompli par quarante mille actionnaires français.

En l'absence de tout plaignant responsable et de toute sentence ou jugement, ni la Porte, ni les Puissances n'ont aucun droit de s'immiscer dans nos affaires lorsque nous observons strictement les termes de notre contrat.

Je prends mes dispositions pour réunir, dans les délais légaux, l'Assemblée générale des actionnaires auxquels la question actuelle sera présentée intacte avec le maintien de tous leurs droits.

Télégramme du 15 avril 1874 de l'Ambassadeur de France à Constantinople au Ministre des Affaires Étrangères

Ismaïl Pacha (le khédive) a télégraphié à la Porte que M. de Lesseps se refusait à toute concession et aurait menacé d'interrompre le service du canal.

Ismaïl Pacha voudrait être autorisé, dans ce cas, à prendre lui-même la direction du service.

Le Cabinet anglais a adressé à Constantinople un télégramme comminatoire invitant la Porte à faire appliquer le tonnage devenu légal depuis la sanction donnée aux travaux de la Commission internationale.

Télégramme du 16 avril 1874 du Grand Vizir au Khédive

Le Conseil des Ministres, après avoir délibéré sur le télégramme que Votre Altesse a bien voulu m'adresser le 14 avril pour me transmettre la protestation de M. de Lesseps contre l'application du tarif de navigation, vient d'arrêter la résolution suivante :

En présence du refus de M. de Lesseps et de l'attitude menaçante qu'il a prise vis-à-vis de la Sublime Porte, Votre Altesse est autorisée à user de tous les moyens et de toute la force nécessaires pour assurer la stricte application, à la date fixée, du tarif. Dans le cas où M. de Lesseps abandonnerait le canal et se retirerait pour interrompre le service, Votre Altesse voudra bien me le télégraphier pour que je lui fasse connaître la décision du Gouvernement Impérial.

Télégramme, du 16 avril 1874, du Ministre des Affaires Étrangères de la Sublime Porte à l'Ambassadeur de Turquie à Paris

Par mon télégramme du 14 avril, je vous ai fait connaître la protestation formulée par M. de Lesseps contre l'application, à la date fixée, du tarif de navigation du canal, et l'attitude menaçante qu'il a prise en se déclarant résolu à résister à toute mesure qui serait adoptée. Ce fait avait fixé toute l'attention du Gouvernement Impérial, et, ainsi que je vous le faisais pressentir, le Conseil des Ministres, après en avoir délibéré, a décidé de télégraphier aujourd'hui même à S. A. le Khédive pour l'autoriser, au cas où M. de Lesseps persisterait dans son refus, à user de tous les moyens et de toute la force nécessaires pour contraindre M. de Lesseps à obtempérer aux injonctions de la Sublime Porte et pour assurer d'une manière effective l'application du tarif en question.

Vous savez, sans que j'aie besoin de le dire, que nous agissons en cette circonstance d'accord avec les Puissances ; qu'il s'agit ici d'une question d'autorité, et surtout de faire exécuter une décision dont la légalité a été reconnue par les Gouvernements qui sont unanimes à nous conseiller d'user d'énergie pour obtenir résolument l'exécution des dispositions arrêtées. D'autre part, d'après nos informations, M. de Lesseps, aussitôt qu'il se verra mis sérieusement en demeure d'obéir à l'invitation qui lui a été adressée, poussera les choses jusqu'à abandonner le canal, à retirer le personnel administratif, les employés préposés aux travaux d'entretien et autres, à éteindre les feux, à arrêter les communications télégraphiques sur le canal, ce qui amènera forcément des perturbations dans le service et, peut-être, par suite, l'interruption de la navigation. Nous déclarons donc formellement, dès à présent, que la grave responsabilité et toutes les conséquences qui pourraient en résulter resteront à la charge de M. de Lesseps et du Conseil d'administration du Canal.

Vous connaissez toute l'influence qu'a le Gouvernement français sur le Président et le Conseil d'administration de la Compagnie du Canal; aussi, aurez-vous soin, en exposant ce qui précède à M. le duc Decazes (ministre des Affaires Étrangères de France), de lui rappeler que la France s'est elle-même ralliée à la décision de la Commission; de faire ressortir à ses yeux la haute gravité du cas, et de l'amener à exercer une action pressante sur le Conseil sus-mentionné afin de nous éviter d'en venir à cette extrémité et d'employer des moyens auxquels nous n'aurons recours que bien malgré nous et contraints par les circonstances.

Une copie de ce dernier télégramme a été envoyée en même temps à tous les Représentants de la Turquie, à l'Étranger.

Lettre, du 16 avril 1874, du Ministre des Affaires Étrangères à l'Ambassadeur de France à Constantinople

En présence de la situation créée par l'attitude de M. de Lesseps et par les résolutions de la Porte, le Ministre des Affaires Étrangères, par lettre du 16 avril, adressa à l'Ambassadeur de France à Constantinople les instructions suivantes :

Dans cette situation (la Porte ayant décidé de maintenir définitivement le terme qu'elle avait d'abord fixé), qui ne peut se prolonger puisque le délai expire le 29 courant, les instructions que j'ai l'honneur de vous adresser ne peuvent avoir qu'un caractère éventuel. Il serait difficile en effet de préjuger un dénoûment qui est susceptible d'être modifié, d'un moment à l'autre, par des résolutions extrêmes, soit de M. de Lesseps, soit des intéressés. J'ai cru tout d'abord nécessaire d'arrêter au plus tôt le Président de la Compagnie dans la voie dangereuse où il s'est engagé, et je viens d'adresser des instructions à cet effet à notre Consul général à Alexandrie. Pour atténuer la fâcheuse impression produite sur les Puissances maritimes par l'attitude de M. de Lesseps et pour prévenir des complications qui pourraient compromettre gravement les intérêts de son entreprise, je lui fais conseiller, en déclarant catégoriquement que nous ne le suivrions pas sur un autre terrain, d'appliquer, dès la fin du mois, les quatre premiers articles de l'avis de la Commission, c'est-à-dire le droit de 14 francs par tonneau de jauge nette calculée d'après la méthode anglaise et celui de 13 francs lorsque cette jauge serait modifiée par l'application de la règle danubienne. En notifiant sa décision au Gouvernement territorial, il se réserverait de présenter ultérieurement, avec documents à l'appui, les considérations qui lui paraîtraient de nature à justifier une extension de la durée de ce tarif temporaire, au double point de vue du paiement de l'arriéré d'intérêts dû aux actionnaires et de l'exécution des travaux complémentaires d'amélioration du canal. De plus, il annoncerait l'intention de soumettre à la Porte des propositions pour la fixation ou l'exhaussement du taux des taxes autres que le droit spécial de navigation.

Si, comme je l'espère, M. de Lesseps se conforme à mes avis, il est à présumer que, toute cause d'irritation ainsi écartée, les Gouvernements consentiront à examiner dans un esprit d'équité les nouvelles combinaisons qui auraient pour objet d'améliorer encore, s'il était nécessaire, la situation de la Compagnie de Suez, et qu'ils se rappelleraient combien les conditions exceptionnelles dans lesquelles a été entreprise une œuvre aussi considérable et aussi aléatoire, les difficultés de toute nature qui en ont entravé les commencements, l'importance des services qu'elle rend déjà au commerce maritime, la recommandent à leur sympathique intérêt.

Quelques jours plus tard, par lettre circulaire du 20 avril, le Ministre des Affaires Étrangères envoya une copie des instructions ci-dessus aux agents diplomatiques de France auprès des Puissances maritimes européennes, afin de faire connaître aux divers Gouvernements la ligne de conduite adoptée par le Gouvernement français dans la question du canal.

Lettre, du 18 avril 1874, de l'Ambassadeur de France à Londres au Ministre des Affaires Étrangères

L'Ambassadeur de France à Londres rend compte au Ministre des Affaires Étrangères, par la lettre suivante, en date du 18 avril, d'une entrevue qu'il venait d'avoir avec le principal Secrétaire d'État du Gouvernement de S. M. Britannique au sujet précisément de la ligne de conduite adoptée par le Gouvernement français :

Conformément aux instructions que vous m'avez fait l'honneur de m'adresser, j'ai informé le comte Derby des avis que le Gouvernement français avait cru devoir adresser à M. de Lesseps. J'ai eu soin, toutefois, de ne pas cacher au principal Secrétaire d'Etat de Sa Majesté le regret que nous avait inspiré le refus de l'ajournement demandé par le Directeur de la Compagnie du Canal pour l'application du nouveau tarif, et j'ai insisté sur l'utilité de faire entendre à Constantinople comme à Alexandrie les conseils de la modération.

Le comte Derby m'a marqué la satisfaction qu'il éprouvait de ce que nous nous trouvions, en dernière analyse, d'accord pour recommander à M. de Lesseps l'exécution des articles 1, 2, 3 et 4 de l'avis de la Commission de Constantinople. Il n'a pas cherché à me cacher le vif intérêt qu'il attache à cette affaire, dont l'opinion se préoccupe beaucoup en Angleterre. Il est certain, m'a-t-il dit, que, dans l'état actuel des choses, si les droits sont perçus au profit d'une Compagnie presque exclusivement française, ils sont prélevés pour la plus grande partie sur la marine anglaise : les dispositions de ce pays et de son gouvernement à l'égard de la Compagnie de Suez s'expliquent donc fort naturellement.

Le principal Secrétaire d'Etat de Sa Majesté m'a, avec intention, laissé deviner sa pensée, en me disant, dans le cours de notre entretien et à titre d'opinion purement personnelle, qu'il serait peut-être désirable que les Puissances maritimes pussent s'entendre pour l'acquisition du canal.

Cette insinuation, bien que formulée en termes très vagues, m'a frappé, parce qu'elle répond tout à fait au sentiment qui se fait jour dans tous les journaux anglais. En suggérant une combinaison qui désintéresserait honnêtement la Compagnie, le comte Derby n'a fait qu'imprimer son caractère personnel à un projet qui se traduit, dans une certaine presse, par l'espoir peu dissimulé de profiter de la ruine de la Compagnie pour racheter l'affaire à vil prix.

Je n'ai relevé l'insinuation du comte Derby que dans la mesure nécessaire pour lui marquer que je l'avais comprise, et je la livre à l'appréciation de Votre Excellence.

Lettre, du 21 avril 1874, de l'Ambassadeur de France à Constantinople au Ministre des Affaires Étrangères

L'Ambassadeur de France à Constantinople fit connaître au Ministre des Affaires Étrangères, par lettre ci-dessous du 21 avril 1874, les incidents survenus au sujet du canal depuis sa communication précédente du 30 mars et la situation sous laquelle se présentaient maintenant les choses :

A la suite de la conférence officieuse du 30 mars dont j'ai eu l'honneur de rendre compte au Département, les divers chefs de mission intéressés ont consulté leurs Gouvernements par le télégraphe. Tous ont répondu en demandant l'application des délibérations de la Commission internationale; la Russie est la seule qui ait donné à son avis la forme d'un conseil amical; les autres ont accentué avec plus ou moins de vivacité l'expression de leurs sentiments. Le télégramme de Lord Derby mettait le Gouvernement ottoman en demeure de faire exécuter ses décisions; ceux des Cabinets de Vienne, de Berlin et de Rome, plus modérés dans la forme, étaient aussi nets dans le fond. Devant cette insistance, la Porte n'a pas cru pouvoir donner suite à ses projets conciliants; elle s'est laissé d'autant plus facilement entraîner que l'attitude prise envers elle par M. de Lesseps était, d'autre part, non moins inquiétante; il a été facile de prouver au Grand Vizir qu'en accordant au Président du Canal le délai qu'il demandait, le Gouvernement ottoman n'échappait pas, par cette concession nouvelle, au danger des revendications et des actions en indemnité. Ainsi menacés de deux cotés, et par les Puissances qui les sommaient de tenir leurs engagements, et par M. de Lesseps qui les rendait responsables du tort causé à la Compagnie par l'exécution de ces mêmes engagements, les ministres du Sultan se sont rangés du côté des Puissances européennes.

Dans un Conseil tenu le 5 avril, il a été décidé que le Khédive serait invité à veiller à l'exécution des ordres de la Porte, c'est-à-dire à la mise en vigueur, à partir du 29 avril prochain, du tarif basé sur le tonnage net. Un télégramme expédié dans ce sens le 7 et communiqué par le Khédive à M. de Lesseps a reçu de lui la réponse, dont copie est annexée, constituant un refus catégorique[1].

---

1. Voir, plus haut, le texte de la réponse de M. de Lesseps en date du 11 avril, ainsi que le texte des deux télégrammes, en date du 16 avril, expédiés par le

En communiquant ce refus à la Sublime Porte, Ismaïl Pacha (le khédive) ajoutait que l'intention de M. de Lesseps était de suspendre le service du canal au jour fixé. Il demandait, dans ce cas, l'autorisation de prendre lui-même en main, pour le compte de la Compagnie, l'administration du canal.

A cette communication, la Porte a répondu par un télégramme ci-annexé (du 16 avril) qui prescrivait au Khédive d'employer tous les moyens, même la force, pour assurer l'exécution des ordres souverains mais qui réservait la question de l'administration du canal par le Gouvernement égyptien en cas d'abandon des services par M. de Lesseps. En même temps Rachid Pacha (le ministre des Affaires Étrangères de la Sublime Porte) envoyait à tous les représentants de la Turquie à l'étranger le télégramme ci-annexé (en date également du 16 avril).

Le Khédive s'est aussitôt mis en devoir de remplir la mission qui lui était donnée : trois bataillons étaient mis sur le pied de guerre; le personnel et le matériel nécessaire à l'exploitation du canal étaient préparés. En même temps Son Altesse pressait le Grand Vizir de lui envoyer l'autorisation nécessaire pour pouvoir, le cas échéant, prendre en main l'administration du canal.

J'ai fait alors connaître à Rachid Pacha le langage que vous aviez tenu au Président de la Compagnie. J'ai fait valoir les efforts qui étaient tentés par vous pour amener M. de Lesseps à une plus saine appréciation des circonstances, et j'ai montré l'intérêt qu'il y avait pour le Gouvernement ottoman à ne pas compromettre par des mesures précipitées le succès de vos démarches. J'ai lieu de croire que ces conseils n'ont pas été perdus : la loyauté de votre attitude et de votre langage a été très appréciée, et l'on attend les meilleurs effets de votre intervention auprès de la Compagnie du Canal. Le Khédive a été invité à ne rien brusquer et le Conseil des Ministres a été convoqué pour demain. Tout en désirant éviter des complications et ne pas compromettre l'existence, dans sa forme actuelle, de la Compagnie du Canal, le Gouvernement ottoman sent qu'il lui est difficile de se soustraire à l'obligation de faire respecter sa décision souveraine; à ses yeux, le seul système de tonnage aujourd'hui légal dans l'isthme est celui qui a été élaboré par la Commission internationale et sanctionné par la Porte. Quels qu'aient été les procédés dont on a usé alors, cette légalité est difficile à contester après les déclarations par lesquelles toutes les Puissances, sans exception, et M. de Lesseps lui-même, ont reconnu le droit du sultan d'interpréter selon ses vues les mots *tonneau de capacité*.

On ne saurait donc se dissimuler aujourd'hui que la seule base d'une négociation utile serait l'acceptation par M. de Lesseps du système de

---

Ministre des Affaires Étrangères du Gouvernement ottoman, dont il est parlé plus loin.

tonnage prescrit par la Porte, sauf à discuter les chiffres des diverses taxes auxquelles il servirait d'assiette, soit suivant le mode transactionnel de la Commission de Constantinople, soit suivant tout autre procédé. Je suis entièrement convaincu que la Porte, étant rassurée du côté du tonnage, se prêterait avec empressement à étudier avec la Compagnie les moyens de lui fournir, en dehors même des recettes assurées par la transaction de Constantinople, les ressources nécessaires aux travaux complémentaires du canal. On peut même présumer que, devant une question ainsi posée, l'opposition des Puissances cesserait. Plusieurs de mes collègues m'en ont donné l'assurance.

Il est bien à désirer que M. de Lesseps comprenne la situation que lui ont faite les circonstances et qu'il se décide à suivre les sages conseils qui lui ont été donnés : l'intérêt des actionnaires exige de sa part certains sacrifices, et ce serait mal les servir que de ne pas écouter les avis inspirés au Cabinet de Versailles par sa profonde sympathie pour la Compagnie du Canal, non moins que par une appréciation exacte des dangers auxquels l'expose la résistance de son Président.

La crise à l'état aigu que redoutait l'Ambassadeur de France ne put, malgré les espérances contraires, être évitée.

Les documents suivants en font connaître les différentes phases jusqu'à sa terminaison.

Lettre, du 25 avril 1874, du Ministre de l'Intérieur du Gouvernement égyptien au Président de la Compagnie

Malgré les espérances que semblait conserver l'Ambassadeur de France dans une solution amiable de la crise, celle-ci prit tout à coup un caractère aigu par suite de la résolution de la Sublime Porte de recourir au besoin à la force contre la Compagnie.

Cette résolution fut portée à la connaissance du Président de la Compagnie par la lettre suivante du Ministre de l'Intérieur du Gouvernement égyptien en date du 25 avril :

J'ai l'honneur de vous prévenir qu'à la suite de la communication dernière que vous m'avez faite et que Son Altesse a transmise au Gouvernement Impérial, S. A. le Grand Vizir a fait savoir à Son Altesse que la Sublime Porte maintenait le délai fixé au 29 avril pour l'application de la décision relative au tarif.

Son Altesse, en outre, a été autorisée à user de tous les moyens et même de la force, en cas d'opposition de la part de la Compagnie, pour faire transiter les navires en conformité de cette décision.

En conséquence des ordres de la Sublime Porte, Son Altesse a chargé le général Stone de se rendre à Port-Saïd avec la force nécessaire pour prendre, au cas où la Société maintiendrait son opposition, le service provisoire du transit et de l'exercer au lieu et place et pour compte de la Compagnie.

Son Altesse, Monsieur le Président, m'a chargé de vous dire qu'Elle désire vivement et qu'Elle espère que la Compagnie, en présence de la décision de la Porte, ne voudra pas maintenir la décision annoncée par vous et déchargera par là son Altesse de recourir à des mesures coërcitives qui lui sont pénibles et qui auraient pour la Société des conséquences qu'Elle voudrait lui éviter.

Lettre, du 26 avril 1874, du Président de la Compagnie au Ministre de l'Intérieur du Khédive

En réponse à la dépêche que Votre Altesse m'a fait l'honneur de m'adresser hier, je m'empresse de lui transmettre la copie d'un télégramme expédié le jour même à l'Administration du Canal de Suez :

« Considérant les ordres donnés par la Porte pour prendre possession « du canal, et sous protestation réservant tous droits des actionnaires, « notre service du transit appliquera, à partir du 29, le tarif du droit « spécial de navigation avec surtaxe imposé par la Porte. »

Votre Altesse trouvera ci-jointe ma protestation contre la décision de la Porte Ottomane afin qu'elle soit signifiée à Constantinople.

Protestation adressée, le 26 avril 1874, par M. de Lesseps au Ministre de l'Intérieur du Gouvernement égyptien

Un contrat ne peut être modifié que par l'accord des parties contractantes. Si l'une des parties veut arbitrairement imposer sa volonté contre les termes de la convention, il y a violation de contrat.

L'article 17 du contrat public passé entre le Gouvernement égyptien et la Compagnie du Canal de Suez, contrat ratifié par firman de la Puissance suzeraine avait donné lieu, de la part de tiers non intervenus au contrat, à des contestations judiciaires : ces tiers ont été déboutés de leurs demandes et condamnés par deux hautes Cours de justice.

Des Gouvernements étrangers, sans autorité ni compétence dans l'espèce sont intervenus diplomatiquement auprès de la Puissance suzeraine.

Le Président de la Compagnie de Suez, après renvoi de la question d'Alexandrie à Constantinople, négocia auprès de la Porte Ottomane, demandant que les tiers plaignants vinssent porter leurs réclamations devant un tribunal judiciaire ou administratif, constitué de manière à établir un débat contradictoire.

L'Ambassadeur d'Angleterre s'étant opposé à ce que l'affaire fût examinée par le Conseil d'État, attendu qu'aucun sujet britannique ne se présentait comme plaignant contre la Compagnie, le Président-Directeur, après un séjour de cinq mois à Constantinople, protesta contre toute immixtion diplomatique étrangère.

Peu de temps après, la Porte Ottomane rendit une décision interprétative de l'article 17 conforme aux droits de la Compagnie qui se déclara satisfaite.

Mais l'Ambassadeur d'Angleterre, secondé par deux de ses collègues étrangers, exigea la formation d'une Commission internationale, dont la mission primitive, indiquée dans des instructions très justes et très sages de la Porte Ottomane, était de déterminer un tonnage universel en rapport avec la capacité utilisable des navires.

Cette Commission, où plusieurs États ne furent point représentés, particulièrement les États-Unis d'Amérique, dont la navigation est égale à celle de l'Angleterre, et à laquelle ne furent point convoqués des délégués des parties contractantes, ne se borna pas à adopter un tonnage dont l'inexactitude est mathématiquement démontrée, mais elle émit l'avis d'en imposer l'application à la Compagnie du Canal de Suez. L'Ambassadeur d'Angleterre se chargea de convertir l'avis en obligation.

Le Président-Directeur de la Compagnie, prenant en considération la pression diplomatique exercée sur la Porte, se montra disposé à soumettre à l'Assemblée générale des actionnaires un projet de transaction qui semblait devoir donner satisfaction à des exigences injustifiables en droit, en même temps qu'il sauvegardait dans une juste mesure les intérêts respectables des actionnaires du canal.

Les propositions de transaction furent repoussées par une sommation ordonnant au Khédive d'Égypte d'employer la force pour contraindre la Compagnie.

Le Président, en protestant énergiquement, répondit dans les termes suivants :

« La Compagnie financière du Canal de Suez, n'ayant par elle-même « d'autre force que son droit, et désirant éviter un conflit qui serait « fâcheux pour tout le monde, se voit obligée de se soumettre provisoi- « rement ; mais elle constate la violation d'un contrat public formelle- « ment établi par l'article 17 de son acte de concession. »

Il se contenta ensuite de demander que, pour l'application de la taxe illégale contre laquelle il protestait, les formalités statutaires fussent observées, afin que la Compagnie put se conformer aux obligations suivantes de son acte de concession :

« La Compagnie pourra modifier ses tarifs à toute époque, sous la « condition expresse de publier les tarifs trois mois avant la mise en « vigueur dans les capitales et les principaux ports des pays intéressés. »

Un télégramme de la Porte, en date du 7 avril, adressé au Khédive, repoussa tout délai légal pour la publication du tarif imposé.

Le Président répondit qu'il opposerait une résistance absolue à la violation d'un contrat bi-latéral, accepté et accompli par 40.000 actionnaires français, et il ajouta :

« En l'absence de tout plaignant responsable... la question actuelle « sera présentée intacte avec le maintien de tous leurs droits. »

Une commuication de S. A. le Khédive, en date du 25 avril, informa le Président-Directeur que la Porte ottomane, maintenant le délai fixé au 29 avril pour l'application de la décision relative au tarif, lui ordonnait d'obtenir ce résultat en usant de tous les moyens, même de la force, et de prendre au besoin possession du canal, au lieu et place de la Compagnie.

Le soussigné, Président-Directeur du Canal de Suez, reconnaît que le khédive d'Égypte a été obligé d'appuyer par une force militaire, qui est déjà rendue sur les lieux, les sommations de la Porte.

Considérant que l'attentat, provoqué par une coalition étrangère contre le droit public et privé, est arrivé à une extrémité qui n'admet pas, de la part d'une Société financière, une résistance matérielle;

Que la suspension de la navigation dans le canal de Suez, conséquence forcée d'une occupation militaire, serait un véritable désastre pour le commerce du monde;

A donné l'ordre au service du transit de la Compagnie d'appliquer, à partir du 29 avril, le tarif du droit spécial de navigation avec la surtaxe tel qu'il a été imposé par la Porte Ottomane.

Et, en conséquence, il proteste contre une décision arbitraire et illégale dont la Compagnie se réserve de demander la modification par tous moyens légaux, maintenant toujours, comme elle l'a fait jusqu'à présent, les droits de ses actionnaires dans les conditions du contrat du 5 janvier 1856, ratifié par S. M. I. le Sultan.

Lettre, du 27 avril 1874, de l'Agent et Consul général de France en Égypte au Ministre des Affaires Étrangères

L'Agent et Consul général de France en Égypte, en annonçant au Ministre des Affaires Étrangères, par lettre du 27 avril, la terminaison « ou plutôt l'entrée, dans une nouvelle phase, de la question du canal de Suez », signale, en même temps, que la crise a été difficile et a même présenté des dangers sérieux; que l'on a pu craindre que l'occupation du canal par les troupes égyptiennes ne rencontrât des résistances de la part de la colonie étrangère établie entre Suez et Port-Saïd.

L'Agent et Consul général de France donne d'ailleurs, dans sa lettre, sur les différentes phases de la crise que venait de traverser le canal, les renseignements suivants :

Après avoir rappelé que rien, depuis le commencement de l'année, n'avait été négligé de sa part pour éviter les complications ; que, conformément aux instructions du Ministre et à celles de l'Ambassadeur de France, il avait, le 21 mars, insisté notamment auprès de M. de Lesseps sur le caractère irrévocable des instructions de la Porte et sur la nécessité de ne pas laisser écouler le délai de trois mois sans conclure d'arrangement ; après avoir rappelé, enfin, que le document qui indiquait le mieux le caractère de la crise était la lettre de M. de Lesseps du 11 avril au Ministre de l'Intérieur du Gouvernement égyptien, l'Agent et Consul général de France complétait sa communication comme suit :

« Le 16 de ce mois, le Président de la Compagnie quittait le terrain de la lutte et se rendait à Jérusalem. Je savais les décisions irrévocables ; les préparatifs militaires étaient faits en hâte ; le général américain Stone prenait le commandement des troupes ; le commandant Mac-Killop, au service égyptien, partait pour Port-Saïd avec quelques forces navales ; M. de Lesseps, avant de s'embarquer pour la Terre-Sainte, avait adressé aux ouvriers de l'isthme quelques paroles énergiques qui avaient surexcité leur ardeur de résistance. La situation me parut assez grave pour que je crusse nécessaire d'entretenir le Vice-Roi d'une affaire qui compromettait tant d'intérêts français. Son Altesse accueillit avec sa courtoisie ordinaire mon intervention, qui avait pour effet de prévenir, s'il était possible, des complications dont elle sentait elle-même les conséquences. Toute mon argumentation eut alors pour but de démontrer que l'interprétation donnée par Son Altesse au dernier acte du Président du Canal était exagérée, et que rien ne paraissait s'opposer, jusqu'au 28, à ce qu'on substituât à la lettre du 11 une nouvelle lettre adhérant au tarif de la Commission, sauf les réserves indiquées par votre télégramme du 15. Le Khédive finit par se déclarer favorable à cette solution, si la Porte l'acceptait. J'en référai immédiatement à Constantinople, et M. de Vogüé (l'Ambassadeur de France) me répondit le 24 avril : « Sans vouloir s'engager, la Porte m'a laissé entendre qu'elle ne ferait pas d'opposition à la formule dont vous me parlez. Elle maintient les termes de sa lettre du 7 mars quant aux travaux du canal, mais à la condition que la question du péage ne fera plus de difficulté. » M. de Vogüé ayant bien voulu seconder ainsi, par ses instances auprès de la Porte, les démarches que je tentais ici auprès du Vice-Roi en faveur du canal, M. de Lesseps a trouvé à son retour, le 25 de ce mois, les intérêts de sa Compagnie aussi bien sauvegardés qu'avaient pu le permettre les circonstances. Nubar Pacha (le Ministre des Affaires Étrangères du Gouvernement égyptien) m'a notifié officiellement l'adhésion de la Compagnie au nouveau tarif. Mais, si M. de Lesseps a cédé, il ne l'a fait qu'à son corps défendant et en protestant. J'ai l'honneur de vous envoyer le texte de sa protestation. Vous trouverez également ci-joint l'état des forces qui campent en ce moment le long du canal. Un télégramme de Votre Excellence que je reçois à l'instant me demande si l'occupation a précédé l'adhésion de la Compagnie ou l'a suivie. Les bâtiments conduits par l'amiral Mac-Killop sont arrivés à Porte-Saïd au moment où M. de Lesseps y débarquait, revenant de Jérusalem. Quant aux troupes du général Stone, elles étaient déjà, depuis un ou deux jours, à Suez et aux environs d'Ismaïlia. Elles se trouvent encore sur tous ces points, se bornant à y tenir garnison. Mais les établissements de la Compagnie sont respectés et l'action de ses agents n'est nullement entravée. »

A la lettre de l'Agent et Consul général de France était annexé l'état suivant des forces égyptiennes qui avaient été distribuées le long du canal :

État des forces égyptiennes le long du canal de Suez

A Ismaïlia, 200 hommes d'infanterie, 50 cavaliers;

A Néfiche, 600 hommes, moitié cavalerie, moitié infanterie, commandés par des officiers indigènes, mais sous les ordres des officiers de la mission américaine qui est toute sur le canal avec le général Stone et Mac-Killop Bey ;

Un personnel complet de télégraphistes avec tous les appareils ;

A Port-Saïd, la frégate *Mehemet-Ali*, la corvette *Dakhalié* et un remorqueur avec un matériel de balisage ;

Entre Ismaïlia et Suez, 200 hommes à Sahia, autant à Géneffé et à Chalouf, prêts à prendre les garages voisins.

On a convoqué 5.000 bédouins pour relier les gares ; 1.500 sont à Port-Saïd.

Lettre, du 27 avril 1874, de l'Ambassadeur de France à St-Pétersbourg au Ministre des Affaires Étrangères

L'Ambassadeur de France à St-Pétersbourg, par la lettre suivante du 27 avril 1874, fit connaître au Ministre des Affaires Étrangères l'opinion du Gouvernement russe sur la solution de la crise :

Un télégramme du général Ignatief (l'Ambassadeur de Russie à Constantinople) a annoncé ce matin que M. de Lesseps s'était résigné à se conformer aux ordres du Sultan, et à appliquer, à la date prescrite, le nouveau tarif fixé par la Commission internationale. Le Cabinet de Saint-Pétersbourg est très satisfait de ce résultat qu'il attribue en grande partie à l'intervention conciliante et résolue à la fois du Gouvernement de la République. Le général Ignatief avait, de son côté, écrit une lettre très pressante à M. de Lesseps, qui se trouvait à Jérusalem.

La première nouvelle des résistances de la Compagnie avait causé quelque inquiétude à Saint-Pétersbourg, et le Chancelier, qui avait d'abord donné sa complète approbation à la demande de M. de Lesseps de conserver l'ancien tarif jusqu'au 1er juillet, télégraphia immédiatement au général Ignatief d'avoir à se renfermer désormais, d'accord avec la majorité des Ministres étrangers, dans la stricte exécution des résolutions de la Commission. Consulté par le prince Gortchakof sur ce que je pensais que ferait notre Gouvernement, je répondis que je n'avais reçu aucune instruction; que notre intérêt et notre appui moral restaient acquis de M. de Lesseps, mais qu'il me semblait que nous étions liés par l'adhésion que nous avions donnée à l'imposition du nouveau tarif, et que, si légitimes que fussent les plaintes de la Compagnie, je craignais qu'il ne nous restât, quant à présent du moins, qu'à nous incliner devant la décision du Sultan.

Votre dépêche du 20 avril m'a donné raison ; le prince Gortchakof a fort approuvé les réserves formulées dans le projet de déclaration adressé par Votre Excellence à M. de Lesseps. Quand le moment sera venu de présenter de nouveau les considérations sur lesquelles se fondent les justes réclamations de la Compagnie, nous pourrons, je crois, compter sur le concours résolument bienveillant de la Russie.

Lettres-circulaires, des 30 avril et 7 mai 1874, du Ministre des Affaires Étrangères aux Agents diplomatiques français auprès des Puissances maritimes européennes.

Par une première lettre du 30 avril, le Ministre des Affaires Étrangères informait les Agents diplomatiques français auprès des Puissances maritimes européennes que M. de Lesseps n'avait pas persisté dans ses projets de résistance, et que, tout en protestant et en réservant l'approbation de l'Assemblée générale des actionnaires (convoquée pour le 2 juin), il avait donné l'ordre d'appliquer le tarif dont la Porte avait prescrit la mise à exécution à dater du

29 avril. Le Ministre exprimait d'ailleurs l'opinion que M. de Lesseps ne pouvant, sans l'assentiment préalable de l'Assemblée générale des actionnaires, apporter aux contrats de la Compagnie avec le Gouvernement égyptien les modifications que serait de nature à entraîner la mise en vigueur du nouveau régime, il n'y aurait lieu d'aborder l'examen des questions soulevées par lui qu'après que cette Assemblée aurait pris des résolutions définitives. En faisant part aux Gouvernements auprès desquels ils étaient accrédités de l'opinion du Gouvernement français à cet égard, les agents étaient invités à ajouter que le Gouvernement français s'efforcerait d'utiliser ce délai d'un mois pour préparer les voies à l'adoption, par la Compagnie, de décisions propres à faire cesser des difficultés non moins préjudiciables à ses intérêts qu'a ceux du commerce maritime.

Par la seconde lettre-circulaire en date du 7 mai, le Ministre, après un historique très complet de l'affaire destiné à bien préciser la règle de conduite que le Gouvernement français avait adoptée dès le principe et qu'il avait invariablement suivie jusqu'alors, exprimait l'espoir que les résolutions prochaines de l'Assemblée générale des actionnaires auraient un caractère de modération qui contribuerait à faciliter le règlement définitif de la question du péage. Si la Compagnie, dit-il ensuite, en acceptant la transaction, insiste pour que les bases en soient améliorées, tant par la suppression d'anomalies contraires à l'équité, que par l'addition de stipulations dont le commerce maritime ne pourrait manquer de profiter, il espérait que les Puissances ne se refuseraient pas à examiner des demandes ainsi motivées. Elles ne sauraient, ajoutait-il, méconnaître les titres que possédait à leur bienveillance et à leur justice une entreprise qui honorait notre époque et du succès de laquelle l'Europe retirait déjà des avantages exceptionnels.

Lettre, du 11 mai 1874, de l'Ambassadeur de France à Londres au Ministre des Affaires Étrangères

L'Ambassadeur de France à Londres, par une lettre du 11 mai 1874, rendit compte au Ministre des Affaires Étrangères d'un entretien qu'il venait d'avoir avec le principal Secrétaire d'État du Gouvernement anglais sur l'affaire du canal.

L'Ambassadeur exposait, dans sa lettre, que le Ministre ayant bien voulu confirmer précédemment le langage qu'il avait tenu au principal Secrétaire d'État, en réponse aux insinuations de celui-ci relatives au rachat possible de l'entreprise, avait saisi la première occasion pour insister de nouveau sur la nécessité d'écarter des prévisions une hypothèse qui ne répondait en rien à l'état actuel des choses; que Lord Derby n'avait fait aucune objection, mais que, se plaçant à un autre point de vue, le premier Ministre avait parlé du danger de laisser ensabler le canal; qu'il lui avait déclaré que les ingénieurs anglais avaient quelque inquiétude à cet égard et lui avait demandé de lui dire ce qu'en pensait le Gouvernement français lui-même. L'Ambassadeur ajoutait qu'il n'avait pas manqué de faire remarquer à Lord Derby que la meilleure manière d'empêcher l'ensablement du canal, c'était de procurer à la Compagnie les moyens de maintenir et de poursuivre ses travaux.

Exposé de la situation, présenté par M. de Lesseps dans son rapport à l'Assemblée générale des actionnaires du 2 juin 1874

Le Président de la Compagnie, dans son rapport à l'Assemblée générale des actionnaires du 2 juin 1874, présenta un exposé complet de la situation créée à la Compagnie par la décision de la Sublime Porte du 28 avril, ledit rapport concluant par la demande à l'Assemblée de pouvoirs nécessaires pour négocier en vue de la solution des questions pendantes.

Dans son exposé, M. de Lesseps, indépendamment de la relation des faits — que font connaître les divers documents cités ci-dessus, — présentait des considérations et observations pouvant se résumer de la manière suivante :

Au sujet de son attitude dans la crise que la Compagnie venait de traverser :

On avait, — dit le Président, — espéré et même annoncé que la conspiration politique formée contre une Société libre et privée et l'attentat final n'ayant d'autre but que de prendre possession du canal pourraient être en quelque sorte justifiés par une imprudence ou par une initiative violente de sa part; on avait même expédié à l'avance des télégrammes dans toute l'Europe annonçant qu'il voulait fermer le canal et menaçait d'éteindre les feux, qui n'existaient pas, puisque la navigation de nuit n'était pas encore permise. Or, son rôle avait été au contraire tout passif; et si la navigation dans le canal avait été arrêtée, c'eût été du fait des adversaires de la Compagnie, attendu qu'ils étaient incapables de faire fonctionner le service du transit sans le concours du personnel de ce service.

Le Président ajoute qu'il a voulu laisser à la coalition hostile ses provocations et ses armes transitoires de violence, gardant pour lui seul, avec le calme et la modération qui conviennent à une juste cause, la force permanente du droit. C'était dans ce même esprit, dit-il, qu'il avait convoqué l'Assemblée. Tout en lui faisant connaître la vérité sur une coalition qui méditait la ruine de la Compagnie par la surprise, par l'intimidation et par l'abus de la force matérielle, le Président déclare qu'il n'entendait pas faire une agitation intempestive ni fermer la porte à toute négociation. Il estimait, au contraire, qu'il y avait lieu de se recueillir et de ne pas prendre de parti définitif dans un moment de juste irritation. Il demandait seulement à l'Assemblée de lui donner ainsi qu'au Conseil d'administration les pleins pouvoirs d'agir suivant les circonstances qui se présenteront.

Sur les conclusions du rapport final de la Commission internationale du tonnage :

Le Président, au sujet de ce rapport contre lequel, dit-il, il a toujours protesté en ce qui concernait son application au canal de Suez, et dont les conclusions avaient été, sous une pression diplomatique, rendues exécutoires par la Porte Ottomane sans qu'il y eut un plaignant responsable et sans que les deux parties contractantes, l'Égypte et la Compagnie, eussent été entendues, rappelle que le préambule des recommandations de la Commission internationale est libellé comme suit : « La Commission est d'avis qu'on peut régler le mode de perception par une transaction dont les dispositions sont les suivantes : » Ce préambule, fait observer le Président, indique bien dans quel sens la majorité de la Commission entendait formuler un *projet* de transaction, qui devait naturellement obtenir le consentement des parties contractantes. Il était la justification des Puissances signataires du protocole qui n'avaient pas entendu se rendre complices d'une violation de contrat. Seule, une intervention diplomatique adverse avait pu dénaturer le caractère du document et le transformer en sentence, faire d'une proposition de transaction un moyen de contrainte armée et entraîner la Turquie dans la voie d'une dépossession de la propriété de la Compagnie. C'était par un abus flagrant de la force que le projet de transaction avait été rendu exécutoire sans que l'Assemblée générale des actionnaires eût été appelée à le discuter.

Au sujet, également, du dernier paragraphe de l'avis de la Commission, portant que « aucune modification ne pourra être apportée à l'avenir aux conditions de transit, soit en ce qui concerne les droits de navigation, soit en ce qui concerne les droits de remorquage, d'ancrage, de pilotage, etc., qu'avec l'assentiment de la Sublime Porte, qui, de son côté, s'entendra à ce sujet avec les principales Puissances intéressées avant de prendre aucune détermination » :

Le Président fait observer que cette sorte d'annexe diplomatique insérée à la suite des vœux de la Commission signalait le but véritable des adversaires de la Compagnie, qui était de lui interdire la possibilité de toucher aux taxes accessoires, — bien que celles-ci ne soient pas limitées dans le contrat et que la taxe d'ancrage ne fût pas même encore établie, — pour chercher à y trouver les ressources nécessaires pour les améliorations indispensables du canal. N'y eut-il, dit le Président, que cette seule prétention dans la décision qui avait été violemment imposée à la Compagnie, qu'il serait interdit à la Compagnie de l'accepter, attendu qu'elle ne pouvait reconnaître un droit d'immixtion des Puissances étrangères dans l'exécution de son contrat primitif. Si des réclamations, ajoute-t-il, devaient atteindre la Compagnie, elles ne pouvaient être formulées que par des particuliers responsables de leurs demandes et être déférées à des tribunaux réguliers. Si l'on admettait une seule fois que, dans l'exécution de son contrat et en dehors de ses obligations légales, la Compagnie pût avoir à rendre compte de ses agissements à une Puissance quelconque, un pareil acte équivaudrait à un abandon absolu de ses conventions. La liberté de la Compagnie et les droits des actionnaires seraient livrés à l'arbitraire ou au caprice des Gouvernements.

La décision qui venait d'être imposée par la force armée à la Compagnie, dit encore le Président, était la justification la plus complète de sa résistance : Il était impossible, en effet, de violer plus catégoriquement un contrat écrit, non seulement contre les intérêts sacrés des propriétaires du canal, mais encore contre l'intérêt du commerce général.

L'acte de concession reposait sur ces deux grands principes, que les taxes devaient être basées sur le tonnage vrai et qu'elles devaient frapper également chaque navire. Or, la décision de la Commission substituait arbitrairement au tonnage vrai, loyalement établi, un tonnage officiel inexact, fictif, favorisant les bâtiments de guerre et les paquebots-poste, ceux-ci au détriment des navires de commerce[1].

---

1. Pour ne parler que des paquebots-poste, comparés aux navires de commerce ordinaire ou cargo-boats, la différence entre la taxe de 10 francs appli-

Ainsi, les Gouvernements n'avaient pas craint de se faire eux-mêmes la part du lion dans l'acte de spoliation à l'égard des actionnaires, en affranchissant de la surtaxe leurs propres navires et ceux qu'ils s'étaient engagés à subventionner.

Il était à remarquer, d'ailleurs, que la Commission préconisait le mode de jaugeage dit *Danubien*, comme universel. Or ce mode de jaugeage, qui avait été imposé par la force à la Compagnie, pas un seul Gouvernement ne l'avait encore adopté [1].

---

quée au tonnage brut, que touchait précédemment la Compagnie, et la taxe de 13 francs appliquée au tonnage net, qui lui était imposée, s'est traduite pour elle par une perte moyenne de 15 à 16 0/0 sur les paquebots-poste et de 5 à 6 0/0 sur les cargo-boats. C'est là ce qui explique la phrase du rapport du Président.

La grande différence entre les deux espèces de navires, au point de vue qui vient d'être indiqué, tient à ce que les paquebots-poste, en raison des conditions de vitesse de marche qui leur sont imposées, ont de très fortes machines qui occupent dans la coque du navire des espaces relativement considérables, de telle sorte que, pour eux, le rapport entre le tonnage net et le tonnage brut se trouve être notablement moindre que pour les cargo-boats.

1. Le mode de jaugeage préconisé par la Commission internationale et imposé à la Compagnie du canal de Suez est resté, en fait, exclusivement appliqué au transit du canal.

Aucun Gouvernement ne l'a adopté.

On peut mentionner, à ce sujet, qu'un projet de loi *sur le mesurage des navires*, tendant à l'adoption des suggestions de la Commission de Constantinople, ayant été présenté par le Gouvernement anglais à la Chambre des Communes le 19 mai 1874, avait été, après examen, discussion et conclusion de rejet par une Commission de la Chambre à laquelle il avait été renvoyé le 25 juin, finalement retiré.

Il ne sera d'ailleurs pas sans intérêt de citer ici quelques passages de déclarations faites par des membres ou délégués du Gouvernement devant la Commission parlementaire :

M. le colonel Stokes : « Les recommandations de la Commission internationale sont contenues dans le projet de loi actuellement soumis à la Chambre des Communes. S'il est adopté comme loi en Angleterre, il ne peut y avoir de doute que les autres nations ne s'empressent, de leur côté, de s'approprier les recommandations de la Commission, et, ainsi, son mode uniforme de jaugeage serait bientôt adopté dans le monde entier. Dans des documents officiels qui ont paru, M. de Lesseps reproche aux Gouvernements qui sont intervenus pour restreindre les recettes, de n'avoir pas encore adopté le système de jaugeage recommandé par la Commission de Constantinople. Ce reproche était mal fondé à l'époque où il fut formulé, car, à cette époque, le bill que nous vous présentons était en préparation. Mais si le Parlement refusait de légiférer sur ce point, M. de Lesseps pourrait très bien insister et prétendre qu'il n'est pas lié par un expédient temporaire, élaboré exclusivement pour le canal de Suez, et qui ne serait pas accepté comme une solution définitive de la question du tonnage. Je crois que, pour régler d'une manière satisfaisante et durable la difficulté Suez, un changement dans notre loi et un accord international sont nécessaires.

« Si le Parlement refusait ce bill, M. de Lesseps pourrait fort bien persister

Le Président, après avoir rappelé ensuite les principaux considérants de l'arrêt de la Cour d'appel de Paris, dans l'instance introduite par les Messageries maritimes contre la Compagnie, expose que, malgré les motifs de droit et d'équité qui, dans des circonstances ordinaires, l'eussent autorisé à rejeter purement et simplement les propositions de Constantinople, lesquelles, d'ailleurs, ne se présentaient pas encore sous une forme comminatoire, il avait cru convenable, en considération de ses bons rapports avec l'Egypte et avec la Porte, de se déclarer prêt à soumettre au Conseil d'administration et à l'Assemblée générale des actionnaires la transaction dont il reproduit les termes devant

---

dans son attitude et prétendre qu'il n'est pas engagé par un expédient temporaire, élaboré pour le canal de Suez seulement, et qui ne serait pas accepté comme une solution définitive de la question du tonnage. »

Sur la demande d'un membre de la Commission parlementaire, à savoir, si l'arrangement temporaire n'a pas aux yeux de M. de Lesseps le caractère qu'aurait un acte du Parlement, que d'autres nations pourraient s'approprier et faire loi chez elles, M. le colonel Stokes répond : « précisément ».

Sur l'observation faite par le même membre que ce serait alors simplement reculer le moment de la contestation avec M. de Lesseps, M. le colonel Stokes répond : « Oui ! et lui fournir un motif de nous dire que nous avons simplement fait une combinaison pour échapper au paiement des droits du canal. Je considère le refus du Parlement comme signifiant qu'il ne regarde pas le certificat spécial du jaugeage pour le canal de Suez comme valable. Et M. de Lesseps s'emparera de ce fait comme d'une expression violente contre l'acceptation de l'expédient temporaire... »

M. Farrer, secrétaire du *Board of Trade* : « Les instructions données au colonel Stokes étaient celles-ci : Réglez la question du canal de Suez à Constantinople, si vous le pouvez ; pour cela nous vous donnons tous pouvoirs ; mais souvenez-vous que la question du tonnage dépend du Gouvernement anglais. Donc, tout ce que vous pourrez faire à ce sujet, c'est de formuler une recommandation. Prenez garde de nous engager ! Prenez garde de nous rendre passibles d'une imputation de mauvaise foi en faisant à Constantinople des propositions que nous ne pourrions pas mettre à exécution à Londres. »

Sur une demande du Président de la Commission parlementaire désirant savoir ce que M. Farrer pensait qu'il arriverait si le Parlement ne votait pas le bill ?

« Je crains, et cette crainte a lourdement pesé sur nous, que nous ne prêtions le flanc à de graves accusations de la part de M. de Lesseps si nous n'adoptons pas, en substance, le tonnage de Constantinople. L'opposition de M. de Lesseps n'est pas éteinte et la Commission internationale n'a pas arrêté l'opposition de M. de Lesseps. Il persiste, et il dit que cette Commission a agi injustement envers lui.

« Nous n'en avons pas fini avec lui. S'il peut dire : « A Constantinople, vous avez adopté une proposition remédiant aux fraudes que votre loi autorise, mais, revenus en Angleterre, vous n'avez rien fait. » M. de Lesseps sera libre d'ajouter : « Ce que vous avez fait là-bas n'était qu'une comédie ; vous ne l'avez fait que pour abuser de moi et non parce que vous pensiez appliquer une mesure juste et bonne. » Je crains donc que nous ne mettions dans les mains de M. de Lesseps une arme pour détruire ce qui a été fait à Constantinople à propos du canal de Suez.

l'Assemblée. Dans sa conviction, dit-il, en considérant les progrès constants du transit du canal, un abaissement de tarif, dans un temps donné, était une mesure intelligente que le Conseil n'eût certainement pas hésité à proposer à l'Assemblée après l'accomplissement des conditions définies dans l'article 3 du projet de transaction; mais les adversaires du Canal, dont le but était de décourager les actionnaires pour arriver à détruire la Société n'avaient pas voulu accepter les contre-propositions qui leur étaient faites, et c'était alors qu'avait commencé la phase des menaces, de la violence et de la tentative de confiscation du bien d'autrui à main armée. L'ordre formel était donné au prince vassal par le suzerain, agissant sous l'impulsion d'une pression politique, en cas de persistance de la résistance de la Compagnie, de la déposséder, par la force armée, de l'administration du canal. En vertu de cet ordre, on le sait, la Compagnie était sommée d'appliquer, à partir du 29 avril, le tarif du droit spécial de navigation avec surtaxe tel qu'il avait été déterminé par la Commission.

Au sujet du mot *autorisé* qui se trouve dans la lettre de sommation qui lui a été adressée le 25 avril par le Ministre de l'Intérieur du Gouvernement égyptien, le Président fait remarquer que ce serait à tort que l'on imputerait au Khédive d'avoir sollicité spontanément l'ordre de prendre possession du canal, voulant ainsi le rendre seul responsable de l'attentat commis contre la Compagnie. Le Khédive, dit-il, avait en effet réclamé cet ordre, mais dans les circonstances suivantes : La Porte l'ayant invité à faire connaître à la Compagnie que la force serait employée pour l'obliger à appliquer l'illégale décision de la Commission du tonnage, le Khédive avait naturellement demandé quels moyens il faudrait employer pour arriver à ce résultat; pendant plusieurs jours, il y avait eu un échange de télégrammes à ce sujet entre le Caire et Constantinople; lorsque les réponses de la Porte étaient ambiguës, on en sollicitait de plus claires, de plus décisives; lorsqu'enfin on en était arrivé à la nécessité d'indiquer les moyens d'exécution, il avait fallu les préciser, car le Khédive n'entendait assumer aucune espèce de responsabilité. La Porte, pourtant, hésitait encore; mais un télégramme de Londres, insistant pour que l'on refusât le délai légal que les Ministres ottomans étaient disposés à accepter, fit cesser toute indécision; et c'est alors que le Khédive fut *autorisé*, pour exécuter l'ordre du Souverain, à envoyer un corps de troupes dans l'isthme et à traiter les employés du canal comme des indigènes, au mépris de ses conventions avec la Compagnie, et des traités internationaux. Ces troupes étaient envoyées contre l'excellent et dévoué personnel de la Compagnie qui comprenait cent trente Français. Malgré le petit nombre de ces derniers, décidés à ne pas permettre qu'on entrât dans leurs domiciles ou dans leurs bureaux et ateliers, il avait fallu la sagesse du Khédive, l'influence personnelle du Président, l'intervention amicale et habile de M. Ruyssenaërs, consul général des Pays-Bas, pour éviter les graves conflits qui étaient à redouter et sur lesquels on comptait pour s'empare r de la propriété de la Compagnie. La responsabilité matérielle retombait donc tout entière sur la Porte Ottomane, en même temps que la responsabilité morale retombait sur ceux qui, par un mobile égoïste et jaloux, l'avaient obligée à donner le premier exemple de la spoliation de capitaux étrangers engagés loyalement en Orient.

Le Président termine son exposé par l'information suivante :

On pouvait supposer, dit-il, d'après les procès-verbaux des séances de la Commission internationale, que les commissaires avaient eu l'intention de compenser exactement par leur surtaxe, la différence entre le gros tonnage anglais (capacité réelle utilisable) et le tonnage danubien (nouvelle capacité nette, officielle, inexacte comme l'ancienne). Or pour les deux premières journées d'application de la nouvelle taxe (les journées des 29 et 30 avril), un tableau comparatif avait été dressé des taxes légales dues à la Compagnie, et de celles qu'elle avait été forcée de subir, et ce tableau, pour ces deux jours seulement, avait fait ressortir pour la Compagnie une perte de 5.053 fr. 55.

Le Président annonçait d'ailleurs que le tableau en question avait été complété par la déclaration suivante :

« La Compagnie du Canal de Suez déclare rendre responsable la Porte Ottomane de la somme de... résultant de l'application d'un tarif imposé par la force militaire, avec l'ordre de prendre possession du canal de Suez. L'Agent supérieur de la Compagnie sera chargé de remettre chaque mois un tableau semblable, afin qu'il soit transmis à Constantinople, où la restitution sera poursuivie par tous les moyens que de droit.

« *Le Président-Directeur :*
« FERD. DE LESSEPS. »

« Pour copie conforme à l'original transmis à S. A. le Khédive, le 1er mai 1874, afin qu'il soit signifié à Constantinople.

« M. l'agent supérieur devra continuer tous les mois à envoyer les tableaux subséquents en ajoutant à chacun le total des tableaux précédents, jusqu'au jour où nous obtiendrons justice [1].

« Alexandrie, le 2 mai 1874. « *Le Président-Directeur :*
« FERD. DE LESSEPS. »

---

1 Les tableaux en question ont, en effet, été produits régulièrement par la Compagnie au Gouvernement égyptien pour être transmis à la Porte jusqu'au moment où est intervenue, entre la Compagnie et le Gouvernement anglais, la Convention du 21 février 1876 qui a mis fin au différend existant au sujet du mode d'application de la taxe de navigation.

Voir plus loin, pour plus amples détails, l'historique de ladite Convention.

Finalement, comme conclusion de son exposé, le Président s'exprime ainsi, s'adressant aux actionnaires :

« Tous vos intérêts et tous vos droits ont été sauvegardés avec la même ténacité qui a réussi à vous faire sortir de tant de crises encore présentes à votre mémoire.

« Nous avions d'abord lutté pour votre existence, qui est aujourd'hui heureusement assurée ; vos adversaires se sont coalisés pour restreindre une prospérité toujours croissante ; vous nous aiderez à faire échouer leurs dernières attaques en votant avec confiance les résolutions que nous vous proposons. »

Vote de l'Assemblée :

« Après avoir entendu la lecture du rapport fait par M. Ferd. de Lesseps, président-directeur de la Compagnie, au nom du Conseil d'administration,

« Approuve à l'unanimité ce rapport et ses conclusions.

« Ratifie les mesures prises par le Président-directeur et par le Conseil et leur donne pleins pouvoirs pour négocier la solution des questions pendantes, en vue de la revendication des droits de la Compagnie, qui subit provisoirement, sans l'accepter, la violation armée de son contrat. »

Lettre du 7 juin 1874, du Chargé d'affaires de France à Londres au Ministre des Affaires étrangères

Le Chargé d'affaires de France à Londres, par la lettre suivante du 7 juin 1874, rendit compte au Ministre des Affaires Étrangères des déclarations faites par le principal Secrétaire d'État du Gouvernement anglais en réponse à une question qui lui avait été posée par un membre de la Chambre des Lords au sujet du canal de Suez.

En répondant à une question qui lui avait été adressée par un membre de la Chambre Haute, Lord Derby a fait connaître la manière dont le Gouvernement envisageait l'affaire du canal de Suez au point de vue de la garantie des intérêts de la navigation et des droits des actionnaires.

Il a d'abord rendu pleinement justice au promoteur de cette grande entreprise, à la persévérance et à l'habileté avec lesquelles il l'a poursuivie et a finalement triomphé des obstacles de toute sorte semés sur son chemin; il a reconnu les services inappréciables que le percement du canal rend à toutes les nations de l'Europe, et à l'Angleterre plus qu'à toute autre. Puis, il a contesté l'assertion de l'auteur de l'interpellation qui avait prétendu qui l'interruption subite du mouvement maritime entre l'Orient et l'Occident restait à la merci de la volonté d'un seul homme; il a, au contraire, tiré un argument des derniers incidents, pour prouver que le canal était placé sous l'autorité du Khédive et de la Porte, et sous la garantie des relations que les Puissances européennes entretiennent avec le Sultan.

En ce qui concerne les difficultés nouvelles qui pourraient surgir, Lord Derby s'est plu à en écarter la prévision, ne voyant pas quel intérêt M. de Lesseps aurait à les provoquer; il a déclaré, en tout cas, qu'il était, pour sa part, disposé à s'associer à toute proposition raisonnable destinée à prévenir le retour des difficultés qui viennent de se produire. Il a eu soin d'ajouter, immédiatement après cette déclaration, pour qu'on n'en altérât pas le sens, qu'il ne faisait aucune allusion à la proposition de rachat dont on venait d'entretenir la Chambre, parce que, pour acheter une chose, il fallait qu'il y eût un vendeur, et qu'il n'avait pas entendu dire que la Compagnie eût fait aucune offre de céder ses droits. Il a dit, en outre, que s'il condamnait comme inique la pensée de dépouiller les constructeurs du Canal de leur propriété, malgré leur volonté, il ne l'écartait pas moins comme irréalisable, parce qu'elle ne pourrait jamais réunir le consentement unanime des Puissances européennes.

Il reste, il est vrai, suivant Lord Derby, l'hypothèse où la Compagnie viendrait à offrir elle-même la cession de ses droits; mais il a fait observer qu'il lui paraissait assez inutile d'examiner par avance une semblable proposition et assez imprudent, quand on veut acheter une chose, de commencer par déclarer qu'on ne peut s'en passer. Il a terminé en disant : « Si une proposition pour transférer la propriété « du canal à une Commission internationale venait à être présentée « de telle manière que tous les Gouvernements participassent à ses « avantages dans des conditions d'égalité, je ne dis pas qu'il ne serait « pas juste d'examiner une semblable proposition ; mais elle n'a pas « été faite, et je n'ai aucun motif de croire qu'elle doive être faite. »

Dans cette circonstance, comme dans plusieurs occasions précédentes, le Comte Derby n'a fait que reproduire devant la Chambre les explications qu'il avait déjà données dans ses entretiens particuliers et dont l'Ambassade a rendu compte à Votre Excellence. On y voit sa pensée tout entière : respect, avant tout, des droits et de la propriété de la Compagnie ; mais désir qu'elle soit amenée à les céder volontairement à une Commission internationale.

VI. — Nouvelles négociations, restées infructueuses, engagées par la Compagnie auprès du Gouvernement ottoman.

Aucune modification ne se produisit dans la situation pendant les derniers mois de l'année 1874 et les débuts de l'année 1875.

Une réaction, pourtant, avait paru se produire dans les cercles officiels en faveur de la Compagnie. M. de Lesseps fut averti que s'il faisait à Constantinople de nouvelles propositions de conciliation, elles auraient quelque chance d'être favorablement accueillies. Le Conseil d'administration, sans avoir grande foi dans les espérances qu'on lui faisait entrevoir, ne voulant pourtant pas encourir le reproche d'entretenir par sa faute et celle de son Président une fâcheuse situation d'hostilité, s'empressa d'envoyer auprès de la Porte, pour ouvrir directement avec elle des négociations, M. Charles de Lesseps, l'un des vice-présidents de la Compagnie.

Les documents ci-après font connaître toutes les phases de ces nouvelles négociations qui, comme on le verra, restèrent malheureusement infructueuses.

Lettre, du 6 avril 1875, de l'Ambassadeur de France à Constantinople au Ministre des Affaires Étrangères

Conformément aux instructions verbales que j'ai reçues de Votre Excellence, je me suis appliqué, dès mon retour à Constantinople, à préparer le terrain des négociations nouvelles que la Compagnie de Suez se propose de suivre auprès du Gouvernement ottoman. Je l'ai fait en me maintenant exactement dans l'ordre d'idées que j'avais eu l'honneur de vous soumettre et auquel vous aviez bien voulu donner votre approbation. J'ai dit, soit au Grand Vizir, soit au Ministre des Affaires Étrangères, soit à ceux de mes collègues que j'ai pu entretenir de cette affaire, que mon intention n'était pas de rentrer dans les discussions précédentes : je prenais le fait existant, la situation créée à la Compagnie par les résolutions antérieures, et je me bornais à en exposer les conséquences. Le système de perception élaboré par la Commission de Constantinople et imposé par la Porte assurait l'existence journalière de la Compagnie ; l'expérience avait démontré que les recettes ainsi obtenues pouvaient suffire à l'entretien du canal et à une rémunération modeste du capital engagé ; mais ces recettes étaient absolument impuissantes à assurer le développement de l'entreprise. Rigoureusement maintenues, par l'application de l'échelle décroissante, au-dessous d'un chiffre qu'elles ne pourraient de longtemps dépasser, elles ne sauraient fournir les ressources nécessaires à l'exécution des améliorations reconnues urgentes. Or, l'intérêt du commerce et de la navigation réclamait impérieusement des travaux immédiats et considérables ; un rapport du colonel Stokes lui-même le démontrait victorieusement. Le développement pris par la marine à vapeur, les dimensions colossales et imprévues données aujourd'hui aux bâtiments de construction nouvelle, les ensablements produits à Port-Saïd par les apports du Nil, modifiaient les conditions premières de l'exploitation ; il y avait des courbes à redresser, des gares d'évitement à élargir, des défenses à construire, des jetées à prolonger ou à modifier, enfin tout un ensemble de travaux à étudier et à exécuter immédiatement, sous peine de compromettre l'entreprise en elle-même et de diminuer les immenses services qu'elle rend au commerce général. Pour ces travaux extraordinaires et complémentaires, il fallait des ressources extraordinaires. Pour créer ces ressources, l'autorisation du Gouvernement ottoman était nécessaire à la Compagnie : elle viendrait bientôt la solliciter elle-même et rappeler au Grand-Vizir que, dans sa lettre du 7 mars 1874, il avait promis d'examiner avec sollicitude les propositions que la Compagnie pourrait lui faire pour l'exécution des travaux dont la nécessité serait justifiée. Le négociateur serait animé des dispositions les plus conciliantes ; j'espérais qu'il rencontrerait l'accueil bienveillant d'un Gouvernement sous la protection duquel il plaçait ses intérêts et ne serait pas combattu par les représentants des Puissances qui ont fait si souvent profession d'une sympathie sincère pour la grande œuvre de M. de Lesseps. J'espérais, en fait, qu'on ne réduirait pas la Compagnie, en lui fermant toute autre voie, à l'obligation de demander ces ressources extraordinaires aux indemnités pécuniaires qu'elle se croit en droit de réclamer du Gouvernement ottoman. Je laissais en même temps entrevoir la possibilité de faire de l'abandon de ces réclamations pécuniaires le complément des négociations amicales qui allaient s'ouvrir.

Cette exposition a été favorablement accueillie. Le Grand-Vizir a tenu un langage très sympathique au canal, mais il s'est plaint de l'intervention de la diplomatie étrangère dans une question d'ordre administratif: je lui ai alors rappelé que j'avais été, pendant tout le cours des discussions passées, le défenseur isolé des droits et de la dignité de la Sublime Porte et que le Gouvernement ottoman était seul responsable de la tournure qu'avait prise cette affaire. Deux fautes avaient été commises par lui: la première, lorsqu'il avait transformé en débat international un litige qui aurait dû conserver son caractère administratif; la seconde, lorsqu'il avait, par un procédé que je ne voulais pas rappeler, transformé une Commission purement technique et scientifique en une Cour de justice chargée de connaître des rapports de la Compagnie ottomane du canal avec le Gouvernement ottoman. Le Gouvernement français s'était inutilement opposé à cette direction donnée aux débats; il avait donc été obligé de prendre acte des ingérences admises par la Sublime Porte et de s'en prévaloir pour la défense des intérêts des actionnaires français du canal. C'est à ce titre seulement qu'il intervenait dans la question; mais il désirait vivement que son intervention devînt inutile et que le représentant de la Compagnie fut assuré de pouvoir directement et librement trouver, de concert avec la Sublime Porte, une solution conforme à l'équité et aux véritables intérêts des parties en cause.

Le Grand-Vizir et Safvet Pacha m'ont semblé frappés par ce langage et se sont montrés disposés à étudier avec sollicitude et sympathie les propositions de la Compagnie. Mais, quelles que soient leurs dispositions personnelles, on ne saurait se dissimuler l'influence que doit exercer sur leurs résolutions finales l'opinion du Gouvernement anglais. Le Cabinet de Londres pèse nécessairement sur leur esprit de tout le poids de ses intérêts maritimes et de l'immense flotte de commerce qui chaque année traverse sous son pavillon l'isthme de Suez; son concours est celui qu'il importe surtout d'obtenir, et je serais bien étonné que le Cabinet ottoman s'arrêtât à une décision qui n'aurait pas reçu son approbation.

Je n'ai rien négligé, dans ma sphère d'action, pour atteindre ce résultat, et j'augure favorablement de mes premières démarches. Sir H. Elliot, avec son esprit droit et net, a rapidement saisi la nouvelle phase de la question, et il m'a assuré de son adhésion personnelle au système que je lui exposais. Il a cru devoir, seulement, aux termes des conclusions finales de la transaction de Constantinople, réserver l'approbation de son Gouvernement pour toute modification qui serait opposée aux tarifs aujourd'hui existants. Je me suis permis de demander à M. l'Ambassadeur d'Angleterre comment il ferait pour concilier le respect, quelquefois exagéré, qu'il professe pour la liberté d'action du Gouvernement ottoman avec l'obligation qu'il voudrait lui imposer de soumettre au contrôle de toutes les Puissances les relations administratives de la Compagnie de Suez avec la Sublime Porte. Sir H. Elliot, s'est retranché derrière les résolutions de la Commission de Constantinople, résolutions adoptées par le Gouvernement ottoman lui-même ; mais il n'a pas laissé ignorer qu'il serait le premier à conseiller à son Gouvernement de ne pas refuser à la Compagnie de Suez les ressources nécessaires à l'exécution de travaux qu'il savait indispensables. Peut-être jugerez-vous opportun, Monsieur le Duc, de faire appuyer à Londres les bonnes dispositions de M. l'Ambassadeur d'Angleterre et de confirmer mon langage par l'autorité de votre parole. Je n'ai jusqu'à présent parlé qu'en mon propre nom, en évitant avec soin d'engager, soit mon Gouvernement, soit la Compagnie de Suez.

M. Charles-Aimé de Lesseps, représentant de la Compagnie de Suez, m'a suivi de près à Constantinople; ses qualités sympathiques, son esprit conciliant et ferme, en font un négociateur heureusement choisi. J'ai lieu de le croire satisfait de ses premiers entretiens, soit avec le Grand Vizir, soit avec M. l'Ambassadeur d'Angleterre ; il a tenu un langage absolument conforme au mien et a pu s'apercevoir que le terrain était bien préparé. Je ne doute pas que cet accord ne se maintienne ; il est indispensable au succès final, que je ne saurais entrevoir en dehors de la ligne que je me suis tracée et que je n'ai adoptée, d'ailleurs, qu'après avoir reçu votre entière approbation.

Lettre, du 14 avril 1875, de l'Ambassadeur de France à Constantinople au Ministre des Affaires Étrangères

Dans une lettre, du 14 avril 1875, accompagnant l'envoi d'une copie d'un mémoire remis au Gouvernement de la Sublime Porte par M. Charles de Lesseps, vice-président de la Compagnie, l'Ambassadeur de France à Constantinople, fait connaître au Ministre des Affaires Étrangères que l'Ambassadeur d'Angleterre a insisté pour que ce document fût communiqué à toutes les Puissances signataires de la transaction de Constantinople, et il a lieu de croire, dit-il, que le Ministère ottoman se conformera à ce désir.

L'Ambassadeur de France pense, néanmoins, que cette communication n'arrêtera pas les négociations en cours à Constantinople. Il annonce que, pour leur donner une forme pratique, le Ministre des Affaires Étrangères de la Sublime Porte a chargé un des fonctionnaires de son département de discuter avec M. Charles de Lesseps les termes d'un arrangement définitif. Il ne doute pas que ces deux négociateurs ne parviennent rapidement à se mettre d'accord ; mais quel que soit le système sur lequel ils arrivent à s'entendre, il ne pense pas que ce système reçoive la sanction de la Porte s'il n'a préalablement obtenu l'assentiment des principales Puissances. C'est donc de ce côté, conclut l'Ambassadeur de France, que les efforts doivent être dirigés, et il estime qu'il conviendrait d'envoyer aux représentants de la France auprès des divers Gouvernements les instructions nécessaires pour leur permettre d'exposer la phase nouvelle de la question, de rassurer les divers Cabinets sur les intentions du Gouvernement Français relativement aux faits accomplis, et de combattre les objections que pourrait soulever la communication du mémoire de M. Charles de Lesseps.

Mémoire remis, le 7 avril 1875, au Gouvernement Ottoman par M. Ch. de Lesseps, vice-président de la Compagnie. (Résumé).

Suivant état détaillé donné dans le mémoire, les dépenses obligatoires annuelles de la Compagnie s'élèvent à un chiffre total de 30.050.000 francs, chiffre ne comprenant qu'un simple revenu de 5 0/0 pour les actionnaires et dans lequel aucune somme n'est portée ni pour l'imprévu, ni pour des acquisitions de matériel, ni pour aucun travail nouveau.

Et cependant, dit le mémoire, l'imprévu doit nécessairement se produire; il se produira notamment à Port-Saïd, où le chenal d'accès demande un travail constant pour être maintenu dans les conditions primitives. Les acquisitions de matériel seront successivement nécessitées par l'usure des machines actuellement employées qui ont servi à la construction du canal. Les travaux nouveaux présentent un caractère d'utilité qui ne peut être contesté; ils auraient, en effet, pour objet principal, d'améliorer la facilité du passage proportionnellement à l'accroissement du trafic. On parerait ainsi à un inconvénient grave, qui, sans cela, ne tardera pas à se produire : la durée de la traversée d'une mer à l'autre augmentée en raison même du développement de la navigation.

Le programme des travaux que la Compagnie avait actuellement en vue, et qu'elle entreprendrait si ses ressources le lui permettaient, — l'exécution en étant, bien entendu, répartie sur un assez grand nombre d'années, — comprendrait, sous réserve des modifications ou additions que l'expérience y ferait apporter, les dépenses ci-après (suivant détail donné dans le mémoire)[1] :

1. L'ensemble des travaux auxquels s'appliquaient les dépenses en question

	Francs
Pour les travaux actuellement projetés..........	28.187.000
Pour les travaux éventuels.....................	12.375.000
TOTAL GÉNÉRAL........	40.562.000
Quant aux recettes annuelles, par suite du tarif imposé à la Compagnie le 29 avril 1874, elles se maintiendraient pendant un temps indéterminé au chiffre de............................	30.100.000

A la suite de ces évaluations, le mémoire présente les considérations suivantes :

L'état de choses actuel continuant, y est-il dit, on ne saurait prévoir le moment où pourraient être repris les travaux d'amélioration, d'un si grand intérêt pour le commerce maritime, que la Compagnie, malgré la modicité de ses recettes, n'avait pas hésité à entreprendre dès l'ouverture du canal à la navigation, mais qu'elle avait dû forcément interrompre lorsqu'elle s'était vue, par suite de la décision récente de la Porte, contrainte de subir un tarif qui, même en tenant compte d'une augmentation de trafic, ne devait permettre, en définitive, de faire face qu'aux dépenses obligatoires.

---

avait été indiqué par le Président de la Compagnie dans son rapport à l'Assemblée générale des actionnaires du 2 juin 1874.

Le détail desdites dépenses figurait d'ailleurs dans le mémoire de M. Ch. de Lesseps comme suit :

TRAVAUX PROJETÉS	Francs
Amélioration des gares.....	3.059.375
Rectification de courbes..	3.208.800
Élargissement du canal dans la section de Suez................	750.000
Achèvement des bassins actuels de Port-Saïd..................	915.000
Empierrement des berges..	1.540.000
Établissement de pieux d'amarrage en fonte, avec massifs en maçonnerie, autour des bassins de Port-Saïd, dans les gares et sur le parcours du canal, pour amarrage et déséchouage des navires..	4.494.200
Création de nouveaux bassins, suivant le projet de la Commission Franco-Égyptienne de 1866...........................	9.720.000
Achat de matériel pour l'exécution des travaux................	4.500.000
TRAVAUX ÉVENTUELS	
Travaux en vue du maintien de l'accès facile de Port-Saïd (prolongement de la jetée ou tout autre système qui serait reconnu préférable)..	9.000.000
Constructions de quais maçonnés autour des bassins de Port-Saïd (mémoire)............	»
Dragages dans l'avant-port de Port-Saïd pour l'élargissement du chenal d'entrée...	3.375.000
TOTAL GÉNÉRAL.............	40.562.375

En effet, lorsqu'il s'agissait d'un travail neuf, le Conseil d'administration de la Compagnie ne pouvait l'entreprendre que lorsqu'il y était autorisé par l'Assemblée des actionnaires. Comment pourrait-il même lui demander un pareil sacrifice? Les actionnaires du canal avaient dû contracter des emprunts onéreux, occasionnés par les difficultés que la politique leur avait suscitées pour l'achèvement de l'œuvre; ils avaient été privés pendant quatre ans de tout revenu; ils ne jouiraient d'un revenu assuré de 5 0/0 que lorsque le revenu annuel atteindrait une trentaine de millions (le revenu de 1874 n'avait été que de 25.700.000 francs, encore bien que le tonnage établi sur la capacité utilisable eût servi de base à la perception pendant la première partie de l'année). Dans ces conditions, les actionnaires n'autoriseraient certainement pas leur Conseil d'administration à diminuer leur modeste revenu pour exécuter des travaux uniquement profitables à une navigation qui bénéficiait en ce moment du tarif non rémunérateur imposé à la Compagnie.

C'était là une situation qu'il était de l'intérêt général de faire cesser, et il était du devoir de la Compagnie de la signaler à la haute attention du Gouvernement Impérial.

En vue de couvrir les dépenses afférentes aux travaux d'amélioration, ainsi que les dépenses imprévues dont il était sage de tenir compte, la Compagnie devait songer à se procurer des ressources spéciales qui pouvaient être trouvées de deux manières : ou par l'établisssement d'une taxe de stationnement ou autre d'un franc par tonne, ou par l'éloignement de la décroissance projetée du tarif dans une proportion à déterminer, de manière à équivaloir à une augmentation de perception d'un franc par tonne.

Par l'adoption de l'un de ces deux systèmes, la Compagnie serait mise à même de pourvoir à des nécessités d'un intérêt général; mue par un large esprit de conciliation et consentant à de réels sacrifices, elle pourrait alors proposer à ses actionnaires l'acceptation du tarif qui lui avait été imposé, n'attendant que du développement futur du mouvement commercial la part de bénéfice à laquelle lui donnait si légitimement droit le service rendu par elle au monde entier.

Lettre, du 14 mai 1875, du Ministre des Affaires Étrangères aux Agents diplomatiques français auprès des Puissances maritimes européennes

Par cette lettre, les Agents étaient invités à faire connaître aux Gouvernements auprès desquels ils étaient accrédités le sentiment du Gouvernement français sur l'objet et le véritable caractère des négociations engagées entre le Vice-Président de la Compagnie et la Porte Ottomane. Le Ministre leur annonçait, en même temps, qu'il avait autorisé l'Ambassadeur de France à Constantinople à prêter son appui aux démarches de la Compagnie en se concertant à ce sujet avec ses collègues étrangers.

Lettres, des 23 juin et 7 juillet 1875, de l'Ambassadeur de France à Constantinople au Ministre des Affaires Étrangères

L'Ambassadeur de France à Constantinople avait, par une précédente communication, annoncé au Ministre des Affaires Étrangères que le Grand-Vizir avait écrit au Khédive pour lui demander son avis sur le nouveau projet de la Compagnie. Par une nouvelle lettre du 23 juin 1875, l'Ambassadeur informa le Ministre que, depuis lors, le Grand-Vizir avait déclaré à M. de Lesseps que bien que la réponse du Khédive fût favorable, il y avait lieu, aux termes mêmes de cette réponse, d'examiner avec le plus grand soin le projet en question ; que cet examen serait fait bien plus complètement en Égypte qu'à Constantinople et que l'on s'entendrait avec le Khédive lors de son prochain voyage dans la capitale de l'Empire. Dans ces conditions, ajoutait l'Ambassadeur, le délégué de la Compagnie considérait, pour le moment du moins, sa présence comme inutile à Constantinople, et il se disposait en conséquence à retourner à Paris pour assister à l'Assemblée générale des actionnaires et y rendre compte de sa mission.

Un peu plus tard, par lettre du 7 juillet, l'Ambassadeur informait le Ministre des Affaires Étrangères que le Conseil d'administration de la Compagnie, en présence des réserves et des atermoiements que le Gouvernement ottoman avait opposés à son représentant, avait donné l'ordre à celui-ci de quitter Constantinople.

Lettre, du 5 juillet 1875, du Ministre des Affaires Étrangères de France à l'Ambassadeur d'Angleterre à Paris

Votre Excellence m'a fait l'honneur de me remettre copie d'une dépêche du principal Secrétaire d'Etat de la Reine pour les Affaires

Étrangères dans laquelle se trouve exposée l'opinion du Gouvernement anglais sur la proposition adressée à la Porte Ottomane par le Vice-Président de la Compagnie de Suez.

La lecture attentive de cette dépêche m'a suggéré quelques observations que je crois devoir communiquer à Votre Excellence, avec l'espoir qu'elles pourront n'être pas sans influence sur les décisions définitives du Gouvernement de Sa Majesté Britannique.

Lord Derby exprime d'abord l'opinion que les propositions de la Compagnie impliqueraient certaines modifications de son contrat primitif avec le Gouvernement égyptien et que, dès lors, il conviendrait, avant tout, de s'assurer de l'assentiment du Khédive à ces changements.

Il ne m'avait pas semblé que la concession de l'une ou de l'autre des facilités demandées à la Porte pour pouvoir exécuter sans retard des travaux urgents et extraordinaires dut porter atteinte aux dispositions stipulées dans l'origine entre le Vice-Roi et M. de Lesseps; le nouvel examen auquel je viens de me livrer à ce sujet a confirmé mon impression première. Sans doute, l'intervention du Khédive ne saurait être écartée; mais, ainsi que Votre Excellence voudra bien le remarquer, le droit d'établir certaines taxes accessoires a été expressément reconnu à la Compagnie par son acte de concession; c'est le Gouvernement ottoman qui, plus tard, d'après l'avis de la Commission de Constantinople, en a subordonné l'exercice à l'assentiment qu'il s'est réservé de donner, après entente avec les Puissances intéressées; c'était donc à lui, ce me semble, que la Compagnie devait s'adresser pour obtenir l'autorisation de percevoir une taxe de stationnement ou autre de 1 franc par tonne. L'autre mesure sollicitée, à défaut de celle-là, par M. Ch. de Lesseps, consisterait à éloigner le point de départ et, au besoin, à modifier l'échelle de la décroissance que doit subir, à un moment donné, la surtaxe de 3 francs par tonneau dont la Porte a admis la perception temporaire : or, toutes les dispositions relatives à cette décroissance sont l'œuvre de la Commission de Constantinople, et la décision souveraine qui les a rendues obligatoires pour la Compagnie peut être modifiée sans qu'il soit nécessaire de rien changer aux contrats primitifs. Bien que, du reste, le Khédive se fût abstenu d'intervenir, en 1873, dans la solution des questions alors soumises à l'examen des délégués des Puissances intéressées, la Porte ne s'est pas moins empressée de lui communiquer les demandes de M. de Lesseps; je viens d'apprendre qu'il s'y est montré favorable en principe et qu'il se réserve seulement de les examiner avec soin au point de vue de la nécessité et de l'importance des travaux projetés.

D'un autre côté, le principal Secrétaire d'État de la Reine signale, comme contraire aux prescriptions du Gouvernement ottoman, le mesurage auquel l'Administration du canal soumettait les navires dans le but de vérifier le tonnage inscrit sur leurs papiers de bord. En outre, le caractère conditionnel de l'offre qu'aurait faite la Compagnie, pour le cas où ses demandes seraient accueillies, de cesser ce mesurage, en même temps que d'abandonner ses réclamations périodiques contre la réduction qu'ont éprouvée ses recettes par suite de l'application du tarif actuel, paraît à Lord Derby peu compatible avec le respect dû aux décisions du Gouvernement ottoman; et cette considération porterait le Cabinet de Londres à différer, jusqu'à ce que la Compagnie se fût complètement soumise à l'autorité de la Porte, l'examen de propositions qui se recommandent, d'ailleurs, par leur objet, à sa bienveillante attention.

Si ces propositions m'eussent paru s'écarter de la déférence à laquelle la Compagnie est tenue envers le Gouvernement ottoman, je n'aurais pas hésité à m'abstenir moi-même de toute intervention ; mais les explications que je vais avoir l'honneur de donner à Votre Excellence amèneront, je l'espère, le principal Secrétaire d'État de la Reine à reconnaître avec moi que l'attitude de la Compagnie a été ce qu'elle devait être en cette circonstance.

En ce qui concerne le mesurage auquel ont été assujettis les navires au début de l'application du nouveau tarif, je prierai tout d'abord Votre Excellence de remarquer que M. l'Ambassadeur d'Angleterre à Constantinople, bien qu'ayant appuyé auprès de la Porte les réclamations de ses nationaux contre ce mode de procéder, n'a pas fait difficulté d'admettre, d'après ce que m'écrivait dernièrement M. le Comte de Vogüé, que la question pourrait être réglée en même temps que les différents points auxquels se rapportent les demandes de M. Ch. de Lesseps. La manière d'agir de la Compagnie ne paraissait donc pas à Sir H. Elliot de nature à motiver les observations dont elle est aujourd'hui l'objet de la part de Lord Derby. Quoi qu'il en soit, on ne saurait à mon avis contester, en principe, à l'Administration du Canal le droit de vérifier par elle-même les indications de tonnage dont elle croit être fondée à se défier : peut-être a-t-elle trop fréquemment usé de cette faculté à l'époque où les bâtiments n'étaient pas encore porteurs de certificats constatant leur capacité utile évaluée d'après la méthode danubienne ; mais aujourd'hui, si je suis bien informé, elle ne procède au mesurage que très rarement, et dans les seuls cas où il existe de fortes présomptions d'inexactitude. J'ajouterai que le commerce maritime du Royaume-Uni est intéressé, au point de vue de l'égalité des conditions de concurrence, à ce que les bâtiments appartenant à des pays où l'on apporte aux opérations de jauge un soin moins scrupuleux qu'en Angleterre ne tirent pas avantage des dissimulations de tonnage que facilitent trop souvent leurs papiers de bord.

Quant aux protestations de la Compagnie contre l'application du nouveau tarif, elles n'excluent pas, en fait, la soumission aux ordres de la Porte, et, tout en les considérant comme inefficaces et intempestives, je ne saurais y voir un motif suffisant d'ajourner l'examen des demandes qui intéressent essentiellement le commerce maritime. Il me paraît difficile, en effet, de ne pas admettre que la question d'interprétation du firman de concession est restée entière en ce qui concerne la Compagnie, et que celle-ci, n'ayant pris aucune part à la transaction d'où est sorti le tarif actuel, ne s'est pas trouvée liée de plein droit par l'adhésion du Gouvernement français aux bases de cet arrangement. Si, aujourd'hui, pour reconnaître les concessions nouvelles qui lui seraient faites, elle adhérait formellement, à son tour, à la transaction intervenue à Constantinople au mois de décembre 1873, ce résultat n'aurait, ce me semble, rien qui pût froisser la susceptibilité de la Porte ni celle des autres Puissances intéressées.

Quoi qu'il en soit, il serait, à mon avis, très regrettable que des difficultés de forme fissent ajourner indéfiniment la négociation dont M. Ch. de Lesseps a pris l'initiative. Ce n'est pas la Compagnie de Suez, Votre Excellence ne peut manquer de le reconnaître, qui est la plus intéressée au succès de cette négociation; ses recettes, dès que le mouvement de transit se sera élevé à 2.100.000 tonneaux, subiront un temps d'arrêt qui pourra se prolonger plusieurs années; et comme, au bout de la sixième période annuelle, elles seraient même moindres qu'à la fin de la première, la Compagnie, si elle ne consultait que son intérêt immédiat, pourrait souhaiter que le chiffre de 2.100.000 tonneaux restât stationnaire, un accroissement de transit de 8 0/0 devant avoir pour unique résultat d'augmenter les frais d'exploitation. Est-on, dès lors, fondé à espérer que, dans le but de rendre la traversée du canal plus sûre et plus prompte à la fois, elle s'imposera d'onéreux sacrifices dont elle ne recueillerait le fruit qu'à une époque sans doute très éloignée et qui auraient pour effet immédiat d'aggraver la situation financière? Le commerce maritime, au contraire, a tout intérêt à ce que les travaux projetés s'exécutent à bref délai. Il importe, en effet, d'assurer à Port-Saïd, où les moyens employés jusqu'à ce jour pour combattre l'ensablement du port seront bientôt peut-être insuffisants, un accès large et facile aux nombreux navires qui abordent ou quittent le canal. Il n'est pas moins urgent d'approprier sur plusieurs points cette grande voie de transit, en élargissant ses courbes, en les rectifiant au besoin et en augmentant le nombre des garages, aux dimensions nouvelles que les armateurs font donner à leurs bâtiments pour répondre aux exigences toujours croissantes du commerce de l'Europe avec l'Extrême-Orient : depuis un an, plusieurs navires de 125 à 128 mètres de longueur figurent dans la flotte régulière du canal, et la lenteur relative de leur trajet, les accidents auxquels ils sont plus particulièrement exposés, occasionnent parfois des retards dont les autres bâtiments engagés à leur suite ont également à souffrir. J'ajouterai, qu'au point de vue même des charges pécuniaires que lui impose la traversée du canal, le commerce maritime retirerait des avantages réels de l'adoption des propositions faites par la Compagnie ; sans doute il aurait à supporter passagèrement un surcroît de dépenses; mais le prompt accomplissement des améliorations que réclame le canal devant avoir pour effet de développer le mouvement du transit et d'accélérer ainsi l'époque où la surtaxe de 3 francs aura complètement disparu, il ne tarderait pas à trouver dans ce dégrèvement définitif un ample dédommagement de ses sacrifices momentanés.

Exposé de la situation présenté par M. de Lesseps dans son rapport à l'Assemblée générale des actionnaires du 29 juillet 1875

Le Président de la Compagnie, dans son rapport à l'Assemblée générale des actionnaires du 29 juillet 1875, rendit compte des démarches de conciliation qu'avait cru devoir entreprendre la Compagnie auprès de la Sublime Porte et des circonstances qui avaient rendu ces démarches infructueuses. L'exposé qu'il fit à ce sujet à l'Assemblée peut se résumer de la manière suivante :

Une réaction, dit-il, ayant paru se produire en faveur de la Compagnie dans les sphères officielles, il avait été averti que si la Compagnie faisait à Constantinople de nouvelles propositions de conciliation, il y avait chance de les voir appuyer par la politique anglaise, revenue, disait-on, de ses anciennes erreurs à l'endroit du canal.

Sans avoir eu beaucoup de foi dans ces espérances, le Conseil d'administration, voulant éviter d'encourir le reproche d'entretenir par sa faute une fâcheuse situation d'hostilité, s'était cependant empressé d'envoyer auprès de la Porte M. Ch. de Lesseps, l'un de ses Vice-Présidents. Le Conseil comptait surtout sur l'intérêt de la Turquie elle-même, responsable, en définitive, des répétitions pécuniaires de la Compagnie. Le délégué du Conseil était chargé de renouveler auprès de la Porte, avec le désir sincère de chercher les moyens d'une sage conciliation, les anciennes propositions faites par le Président dans le projet de transaction qui avait reçu l'approbation de l'Assemblée dans sa séance du 2 juin 1874.

M. Ch. de Lesseps, arrivé le 1er avril à Constantinople, adressait, dès le 12, à l'Administration les informations suivantes :

« Dans mes conversations avec les ministres turcs et avec les ambassadeurs étrangers, j'ai insisté sur ce fait que je ne pouvais avoir affaire qu'à la Porte et que je n'entreprendrais aucune négociation si l'on procédait autrement. Je constate, qu'en ce moment, personne ne parle de Commission internationale. Le Ministère turc tient à résoudre lui-même la question. Il est vrai qu'il ne serait pas en état de se dégager entièrement des promesses qu'il a malheureusement faites lors de la réunion de la Commission du tonnage. Il se considère comme obligé de s'assurer préalablement de l'assentiment des Gouvernements étrangers; mais il se contentera de l'adhésion verbale des divers ambassadeurs et traitera ensuite avec nous. C'est là, au moins, une marche qui sauve les apparences et contre laquelle il serait inutile de chercher à lutter. La Porte se préoccupe avant tout de l'opinion qui sera émise par le Gouvernement anglais.

« On prétend que l'Ambassadeur anglais est porté à faciliter une solution favorable à la Compagnie. J'ai eu avec lui un long entretien dans lequel il a cherché uniquement à s'éclairer, sans montrer ni esprit de parti pris, ni hostilité systématique. Il paraît comprendre qu'il importe à la marine anglaise que la Compagnie ait des recettes suffisantes pour améliorer successivement le canal au fur et à mesure du développement de la navigation. J'ai exposé à Sir Henri Elliot que je ne venais pas traiter une question politique, mais une question d'affaires; que le commerce anglais étant le plus intéressé à la prospérité du canal, nous devions, d'un commun accord, arriver à une solution qui fût de nature à concilier les besoins du commerce et ceux de la Compagnie. Sir Henri Elliot m'a prié de lui remettre le relevé des travaux que la Compagnie projette dans un avenir plus ou moins éloigné. J'ai cru pouvoir satisfaire à ce désir, ce relevé n'étant, en somme, que la classification détaillée des travaux dont vous aviez vous-même signalé l'utilité l'année dernière dans une contre-proposition adressée à la Porte Ottomane.

« Mon langage invariable à la Porte est celui-ci : mon voyage a deux objets principaux : ne pas venir un jour vous réclamer le paiement d'une grosse indemnité avant de vous avoir mis à même de vous tirer, sans qu'il vous en coûte rien, de l'embarras dans lequel vous vous êtes mis; en second lieu, dégager notre responsabilité à l'égard des plaintes qui seraient formulées par le commerce dans peu d'années, si nous ajournons tout travail d'amélioration dans le canal et si, par suite, la durée de la traversée d'une mer à l'autre va en augmentant chaque année. Ce jour-là, nous voulons pouvoir répondre que si l'on n'est pas satisfait, on n'a qu'à s'adresser à vous. Quant à ce que je vous offre, vous pouvez l'accepter ou le rejeter. Je vous le propose dans votre intérêt pour éviter des complications ultérieures, et dans l'intérêt du commerce, pour donner des facilités nouvelles à la navigation. Si nos ressources sont plus grandes, nos dépenses s'accroîtront. Si vous continuez à nous imposer un tarif onéreux, nous dépenserons moins d'argent et notre situation restera pour ainsi dire la même. De plus, nous maintiendrons notre protestation qui, à une époque quelconque, deviendra lucrative. »

A la suite de ces informations, à la date du 9 mai, le Président de la Compagnie avait écrit au chef du Cabinet anglais, M. Disraëli, pour l'informer que, d'accord avec le Ministre des Affaires Étrangères, il avait envoyé le Secrétaire général de la Compagnie, M. Marius Fontane, aux ordres de l'Ambassadeur de France à Londres pour savoir si le Cabinet de S. M. Britannique était disposé à laisser la Porte Ottomane libre de négocier avec la Compagnie l'arrangement proposé par celle-ci pour le règlement de la question des tarifs.

Mais le Ministre du *Foreign Office* ayant émis l'opinion que l'on pourrait commencer par mettre l'envoyé de la Compagnie en rapports avec le colonel Stokes, l'un des anciens commissaires anglais à la Commission du tonnage, le Président avait envoyé, les 16 et 17 mai, à M. Marius Fontane les instructions suivantes :

« Il faut vous disposer à revenir à Paris, car il serait dangereux de laisser croire à la politique anglaise que nous voulons négocier avec elle ou lui accorder le moindre contrôle dans les affaires de la Compagnie.

« Nous n'avons pour loi et pour règle que notre acte de concession et nos statuts. Nous sommes une Compagnie particulière qui a engagé ses fonds sans garantie d'aucun Gouvernement et nous ne reconnaissons à aucun État le droit de s'occuper de nos affaires administratives.

« Nous demandons simplement à la Porte si elle veut concilier au lieu de s'engager dans une voie où nous finirons par avoir gain de cause.

« La Porte peut consulter l'Angleterre ; le Cabinet français peut conseiller la conciliation. Quant à nous, il serait dangereux de discuter avec l'Angleterre l'opportunité de tel budget éventuel de dépenses dont nous avons bien voulu faire part, pour montrer notre bonne foi et la nécessité d'une conciliation, si l'on ne veut pas continuer une guerre où le droit ne peut pas être invoqué par nos adversaires.

« Ne vous engagez pas avec le colonel Stokes ni avec personne dans des conférences qui sembleraient donner une force à la prétention d'être, de fait, l'arbitre de nos affaires.

« Demandez aux Anglais, qui trouvent naturelle l'intervention de leur Gouvernement pour réduire les produits légitimes d'une industrie privée, où ont été engagés des capitaux français, ce qu'ils feraient, si notre Gouvernement s'avisait de vouloir, par sa diplomatie, faire diminuer les revenus d'une Compagnie privée formée par des capitaux anglais. »

Les observations du Président semblaient avoir produit de l'effet ; il lui fut assuré que les dispositions du Cabinet anglais étaient tout à fait conciliantes et permettaient de poursuivre les négociations à Constantinople.

Néanmoins, le Président avait cru devoir envoyer, le 21 mai, au Ministre des Affaires Étrangères, à Paris, une note ainsi conçue :

« La Compagnie du Canal de Suez a remis à la Porte Ottomane un état des dépenses éventuelles à exécuter, dans un certain nombre d'années, pour améliorer et abréger la navigation dans le passage ouvert, *à ses frais et risques exclusifs*, entre la Méditerranée et la mer Rouge :

« Mais son but n'était point de soumettre ses dépenses à un contrôle autre que celui prévu par ses statuts, lesquels n'admettent aucune immixtion étrangère dans son administration.

« Elle a voulu seulement démontrer la légèreté, l'ignorance et l'injustice avec lesquelles des délégués de Gouvernements, agissant dans le seul intérêt des clients du canal, ont proposé de réduire nos recettes dans une proportion qui ne permettrait plus d'exécuter des travaux utiles à la navigation générale.

« C'est un point de vue sur lequel il convient d'appeler l'attention pour le faire admettre; autrement, la Compagnie serait obligée de renoncer à des tentatives de conciliation où elle a fait preuve d'une entière modération en laissant de côté de justes griefs, sans toutefois abandonner la plénitude de ses droits pour le cas de rupture des négociations. »

La diplomatie anglaise, dit le Président, en terminant son exposé, avait réussi à faire insinuer et appuyer l'idée de n'admettre les propositions de la Compagnie que dans le cas où elle consentirait à accepter dans son administration une ingérence étrangère qui, présentée d'abord comme étant spéciale et accidentelle, cachait le but, connu de la Compagnie, de lui imposer plus tard une Commission internationale dans le genre de celle des Bouches du Danube. L'Assemblée comprenait aisément qu'aucun avantage ne pouvait compenser les inconvénients d'une pareille solution. Il était dès lors inutile de prolonger à Constantinople le séjour du délégué du Conseil. Et, le 29 juin, le Président avait adressé, avec l'approbation du Conseil, la note particulière suivante au Ministre des Affaire Étrangères :

« Les Agents anglais ayant profité de nos ouvertures pour chercher à nous entraîner dans une voie de contrôle étranger sur notre administration, contrairement à nos actes de concession et statuts, il eut été dangereux de les suivre.

« Dans cette situation, le délégué du Conseil, après quatre mois d'attente à Constantinople sans avoir pu réussir à entamer sérieusement une négociation, a demandé à rentrer en France.

« En conséquence, nous l'avons rappelé en l'invitant à retirer officiellement nos propositions. »

Lettre, du 31 août 1875, du Ministre des Affaires Étrangères à l'Ambassadeur de France à Constantinople

Vous m'avez fait l'honneur de m'informer qu'en présence des difficultés que lui paraissait rencontrer la négociation entreprise à Constantinople par son délégué, le Conseil d'administration de la Compagnie de Suez s'était décidé à rappeler M. Ch. de Lesseps.

Je savais déjà que les Gouvernements intéressés n'avaient pas reçu communication officielle des propositions de la Compagnie. Plusieurs d'entre eux, en effet, avaient répondu aux Agents de mon Département qui, d'après mes instructions, recommandaient ces propositions à leur bienveillant examen, qu'ils réserveraient leur décision tant que la Porte n'aurait pas pris l'initiative de cette négociation.

En conséquence de votre dépêche du 7 juillet, j'ai cru devoir suspendre toute démarche et inviter nos Agents diplomatiques à considérer la solution de la question comme provisoirement ajournée. Ce résultat me paraît regrettable, surtout pour le commerce maritime, qui avait un intérêt beaucoup plus immédiat que la Compagnie à ce que les propositions de celles-ci fussent acceptées par le Gouvernement ottoman.

Les dispositions manifestées à cette occasion par les Puissances ont été, d'ailleurs, généralement favorables. Les Cabinets de Vienne et de Berlin ont adopté en principe la combinaison proposée, en émettant l'avis qu'il y aurait lieu de faire régler, le cas échéant, les questions de détail par une Commission internationale ; le Gouvernement austro-hongrois a demandé, en outre, que la Compagnie fût appelée à donner, en temps et lieu, des explications sur les travaux projetés ainsi que sur l'affectation à ces travaux du produit intégral de la surtaxe qu'elle serait autorisée à percevoir. Le Gouvernement italien a formulé la même demande, à laquelle nous nous sommes montrés disposés à nous associer, sous la réserve, toutefois, qu'il n'en résulterait aucune ingérence insolite des Puissances dans les affaires ni dans la gestion administrative de la Compagnie. Les Cabinets de Madrid et d'Athènes ont accentué plus encore que ceux de Berlin et de Vienne l'expression de leur bon vouloir. Quant à la Russie, ses vues, comme précédemment, s'accordent en tout avec les nôtres. Le Cabinet de La Haye s'est borné à donner l'assurance qu'il consentirait à l'éloignement de la période de décroissance du tarif si la Porte proposait de modifier les résolutions prises à la suite des travaux de la Commission de Constantinople. Enfin, le Gouvernement anglais a émis l'avis que l'examen des propositions de la Compagnie devait-être différé jusqu'à ce qu'elle se fut complètement soumise à l'autorité de la Porte en cessant de protester contre l'application du nouveau tarif. J'ai l'honneur de vous envoyer, à titre d'information, copie d'une dépêche que j'ai écrite à Lord Lyons le 5 juillet dernier et dans laquelle j'ai cherché à faire revenir le Cabinet de Londres sur cette opinion, ainsi qu'à écarter quelques autres objections présentées par le principal Secrétaire d'Etat de S. M. Britannique.

CONVENTION DU 21 FÉVRIER 1876 [1]

ENTRE M. DE LESSEPS, AU NOM DE LA COMPAGNIE, ET LE COLONEL STOKES DÛMENT AUTORISÉ PAR LE GOUVERNEMENT ANGLAIS, AU SUJET DU MODE D'APPLICATION DE LA TAXE DE NAVIGATION.

(1875-1882)

I. — Acquisition par le Gouvernement anglais, en novembre 1875, des 176.602 actions du Gouvernement égyptien. — II. Texte de la Convention du 21 février 1876. — III. Accord transactionnel du 5 février 1878 entre le Gouvernement Britannique et le Conseil d'administration de la Compagnie au sujet du mode d'application des règles de jaugeage de la Commission de Constantinople. — Règlement de navigation du 12 mars 1878. — IV. Emprunt de 27 millions pour exécution des travaux d'amélioration en conformité de la Convention du 21 février 1876 (Emprunt dit de 1880). — Programme des travaux d'amélioration.

On a vu, au chapitre précédent, que la Compagnie, à la suite de la réduction de tarif qui lui avait été imposée par la force des armes, ayant cru à un retour de sentiments plus justes à son égard dans les sphères officielles et ne voulant pas encourir le reproche d'entretenir par sa faute une fâcheuse situation d'hostilité, avait entamé des négociations avec la Sublime Porte pour tâcher d'arriver à une solution de conciliation; mais que, après quatre mois d'efforts infructueux, elle avait dû rompre les négociations, ayant alors

---

1. Comme on le verra plus loin, dans un *meeting* tenu à Londres le 30 novembre 1883, entre M. Ch. de Lesseps, Vice-Président de la Compagnie, et les membres de l'*Association des armateurs des navires à vapeur engagés dans le Commerce de l'Orient*, pour l'étude en commun de diverses questions concernant le canal de Suez, un accord a été conclu établissant douze points regardés comme constituant les conditions désirables pour l'administration future du canal, lequel accord a été approuvé par l'Assemblée générale des actionnaires du 12 mars 1884.

Parmi les douze points de l'accord, le huitième stipule, au sujet du tarif de la taxe de navigation, des dispositions nouvelles faisant suite à celles qui, d'après l'article 2 de la convention du 21 février 1876 (comme on le verra à la lecture de cette convention) devaient prendre fin le 1er janvier 1884.

des raisons de croire à une tendance fort dangereuse pour elle, celle d'une ingérence gouvernementale étrangère ayant pour but de faire administrer le canal par une Commission internationale dans le genre de la Commission des Bouches du Danube. La Compagnie n'avait plus, dès lors, qu'à rester dans la position de la réverve de tous ses droits, sous protestation légale, en attendant des circonstances favorables pour obtenir justice.

Un événement imprévu, l'achat des actions du Gouvernement égyptien par le Gouvernement anglais, est venu changer complètement la situation et a rendu possible une solution de conciliation, laquelle s'est traduite finalement par une convention passée, le 21 février 1876, entre M. de Lesseps, au nom de la Compagnie, et le général Stokes, dûment autorisé par le Gouvernement anglais.

Mais, avant de faire connaître cette convention même, nous croyons utile de mentionner tout d'abord les circonstances dans lesquelles a eu lieu l'achat des actions égytiennes par le Gouvernement anglais, les motifs qu'il a fait valoir pour expliquer et justifier cette acquisition, la manière, enfin, dont elle a été envisagée par le Président de la Compagnie.

I. — Acquisition par le Gouvernement anglais des 176.602 actions du Gouvernement égyptien [1]

Le 7 octobre 1875, l'Agence Havas publiait une dépêche annonçant que la Sublime Porte avait décidé « qu'à partir du

1. Suivant la remarque déjà faite à l'occasion de la première convention du 23 avril 1869 entre le Vice-Roi et la Compagnie, la souscription du Gouvernement égyptien, telle qu'elle figurait au relevé général de novembre 1858, et telle qu'elle fut plus tard mentionnée dans les conventions financières avec le Vice-Roi des 6 août 1860 et 20 mars 1863, s'élevait à 177.642 actions, tandis que, dans la Convention du 23 avril 1869, le Gouvernement égyptien ne se déclarait plus propriétaire que de 176.602 actions. Il avait donc dû, dans l'intervalle, disposer, soit par dons, soit par des ventes, des 1.040 actions de la souscription primitive formant la différence.

1er janvier 1876, et pendant une période de cinq années, le Trésor public paierait moitié en numéraire et moitié en obligations portant intérêt à 5 0/0, l'intérêt et l'amortissement de la dette publique ».

Cette dépêche causa naturellement une profonde émotion sur tous les marchés financiers européens, amena une véritable débâcle sur les fonds turcs et eut une importante répercussion de baisse sur les fonds égyptiens. Les gros porteurs d'emprunt et de bons du Trésor savaient que la dette flottante du Gouvernement égyptien était de 18 à 20 millions de livres sterling; ils connaissaient les échéances considérables auxquelles le Trésor avait à pourvoir en novembre et janvier, et ils pouvaient craindre de voir le Kédhive imiter son suzerain.

A cette époque, la place de Paris était très fortement engagée dans les finances égyptiennes; les engagements des banquiers de Paris en bons du Trésor pouvaient s'élever à 400 ou 500 millions de francs.

La situation difficile dans laquelle se trouvait le Gouvernement égyptien, qui se voyait refuser le renouvellement de ses bons du Trésor, fit envisager aux banquiers de Paris la perspective de faire avec l'Égypte une grosse opération en janvier 1876.

Vers le milieu de novembre des ouvertures furent faites, presque simultanément, par deux groupes financiers français au Gouvernement égyptien pour la vente de ses 176.602 actions du canal de Suez : l'un des groupes, représenté par la Société Générale; l'autre groupe, par le Crédit Foncier, d'accord avec l'Anglo-Égyptian Bank. Le Gouvernement égyptien s'étant montré disposé à consentir à l'aliénation de ses actions, le groupe de la Société Générale, notamment, chercha à former un syndicat de plusieurs grands établissement financiers; mais il n'y put parvenir avant l'expiration du délai très court d'option qui lui avait été accordé. Pendant, d'ailleurs, que les pourparlers étaient engagés avec les groupes financiers français, le Consul général d'Angleterre avait eu, de son côté, des entretiens sur la question avec le Vice-Roi.

Bref, le 26 novembre, des dépêches télégraphiques envoyées dans toute l'Europe annonçaient que le Khédive avait vendu au Gouvernement anglais ses 176.602 actions de canal de Suez pour la somme de 100 millions de francs, en traites à trois jours sur la maison Rothschild de Londres, moyennant un intérêt de 5 0/0 pendant 19 ans en remplacement des coupons détachés, sans aucune garantie spéciale.

La convention à ce sujet avait été passée, la veille, 25 novembre 1875, entre le Consul général d'Angleterre en Egypte et le Ministre des Finances du Gouvernement égyptien.

Le discours du Trône, à l'ouverture du Parlement anglais, au commencement de l'année 1876, annonça l'acquisition faite par le Gouvernement dans les termes suivants :

« J'ai consenti à acheter, sous la réserve de votre sanc-
« tion, les actions qui appartenaient au Khédive d'Égypte
« dans la propriété du canal de Suez, et j'ai la confiance que
« vous me mettrez en état de compléter une transaction dans
« laquelle les intérêts publics sont profondément engagés. »

La question fut débattue à la Chambre des Communes dans ses séances des 8, 14 et 21 février, et la motion tendant à l'approbation de l'acquisition finalement adoptée. Le Gouvernement avait demandé l'allocation d'une somme de 4.080.000 livres sterling pour couvrir le montant de l'achat et les frais[1].

---

1. Le montant total de l'acquisition a été, en définitive, le suivant :

Achat proprement dit des 176.602 actions	3.976.582£, 2sh, 6d
Commission de 2 1/2 0/0 à MM. Rothschild	99.414 ,11 , 1.
Frais accessoires	625 ,14 ,10.
TOTAL	4.076.622£, 8sh, 5d

La livre sterling est ressortie à 25 fr. 15.

Les motifs qui ont décidé le Gouvernement anglais à se rendre acquéreur des actions du Gouvernement égyptien et la manière dont cette acquisition a eté envisagée par le Président de la Compagnie ressortent des documents suivants :

Lettre, du 20 novembre 1875, du Chargé d'affaires de France à Londres au Ministre des Affaires Étrangères

Suivant vos instructions, j'ai profité de l'entretien que j'avais ce matin avec Lord Derby pour passer des difficultés financières de la Turquie à celles de l'Egypte. Le principal Secrétaire d'Etat m'a dit que le Khédive cherchait à hypothéquer ses actions du Canal de Suez à la Banque Anglo-Egyptienne. Je lui ai alors demandé s'il n'était pas aussi question de la vente de ces actions à la Société Générale. « Je ne « vous cache pas, m'a-t-il répondu, que j'y verrais de sérieux inconvé« nients. Vous savez quelle est mon opinion sur la Compagnie fran« çaise : elle a couru le risque de l'entreprise; tout l'honneur lui en « revient, et je ne désire contester aucun de ses titres à la reconnaissance « de tous. Mais, reconnaissez que nous sommes les plus intéressés dans « le Canal, puisque nous en usons plus que tous les autres pavillons « réunis; le maintien de ce passage est devenu pour nous une question « capitale; je verrais donc venir avec grande satisfaction le moment « où il sera possible de largement désintéresser les actionnaires et de « remplacer la Compagnie par une sorte d'administration ou de syndi« cat où toutes les Puissances maritimes seraient représentées. En « tout cas nous ferons notre possible pour ne pas laisser monopoliser « dans des mains étrangères une affaire dont dépendent nos premiers « intérêts. La garantie résultant du contrôle de la Porte n'est plus « suffisante aujourd'hui; si nous perdions celle que nous offre encore « la participation du Khédive, nous serions absolument à la merci de « M. de Lesseps, auquel je rends d'ailleurs toute justice. La Compagnie « et les actionnaires français possédent déjà 110 millions sur les 200 « que représente le capital des actions. C'est assez. »

Après quelques mots au sujet de la Compagnie du Canal de Suez, je revins à l'emprunt hypothécaire dont Lord Derby m'avait parlé. Il m'a répondu qu'il désirait que le Khédive n'hypothéquât pas ses titres, mais qu'à tout prendre l'hypothèque n'était pas l'aliénation des titres, et qu'on pouvait toujours les recouvrer. Il a insisté, en finissant, sur le mauvais effet que produirait, dans les circonstances actuelles, la vente des titres à une Compagnie française, et, en même temps, sur son désir d'éviter le réveil d'anciennes rivalités qu'un fait de ce genre ne manquerait pas de provoquer.

Lettre, du 27 novembre 1875, de l'Ambassadeur de France à Londres au Ministre des Affaires Étrangères

Je viens de chez le Comte Derby, à qui j'ai exprimé le désir que j'éprouvais de savoir de sa bouche ce qui avait décidé l'Angleterre à acquérir du Khédive les actions de la Compagnie de Suez.

Voici, à peu près, ce que m'a répondu Lord Derby :

« Ce n'est qu'au commencement de la semaine que nous avons su « l'intention et le besoin de Khédive de vendre ses actions. Mon désir, « et je l'ai exprimé, était qu'il les gardât; mais, d'une part, il avait un « besoin urgent de se procurer des ressources pour des rembourse- « ments qui n'admettaient pas de retard, et, d'autre part, nous avons « su qu'il y avait des négociations suivies entre la Société Générale et « le Gouvernement égyptien pour l'acquisition des mêmes actions. Il « fallait donc laisser passer ces valeurs dans d'autres mains ou les « acheter nous-mêmes. Je puis vous assurer que nous avons agi avec « l'intention uniquement d'empêcher une plus grande prépondérance « d'influence étrangère dans une affaire si importante pour nous. « Nous avons la plus grande considération pour M. de Lesseps; nous « reconnaissons qu'au lieu de nous opposer à sa grande création, nous « aurions mieux fait de nous y associer. Je renie pour mes collègues « et pour moi toute intention de dominer les délibérations de la Com- « pagnie et d'abuser de notre récente acquisition pour violenter ses « décisions. Ce que nous avons fait est purement défensif. Je ne crois « pas, d'ailleurs, que le Gouvernement et les sujets anglais soient « maîtres de la majorité des actions. J'ai dit, il y a quelque temps, à « la Chambre des Lords, que je ne m'opposais pas à un arrangement « qui mettrait le canal de Suez sous la direction d'un syndicat inter- « national. Je n'en ferai pas la proposition, mais je ne retire nullement « mes paroles. »

Lettre circulaire, du 29 novembre 1875, du Président aux correspondants de la Compagnie

Des actionnaires se préoccupent de l'achat fait par le Gouvernement britannique des 176.602 actions qui appartenaient au Gouvernement égyptien, et quelques-uns manifestent des inquiétudes.

Il suffira de rappeler une page de l'histoire du Canal pour calmer les préoccupations et détruire les inquiétudes.

A l'origine de l'entreprise, lorsque le moment fut venu de réunir le capital nécessaire, une part importante de la souscription fut réservée aux capitalistes anglais.

A cette époque, la France et l'Egypte assurèrent par leurs apports l'exécution du Canal. La souscription fut presque entièrement couverte par le public français et par le Gouvernement égyptien.

Complètement désintéressé, financièrement, dans le succès de l'entreprise, le Gouvernement britannique opposa de nombreuses difficultés à l'achèvement de l'œuvre, et, jusque dans ces derniers temps, l'intervention des Agents anglais fut nuisible à l'intérêt particulier des actionnaires français et égyptiens.

Aujourd'hui, la Nation anglaise accepte dans la Compagnie du canal sa part qui lui avait été loyalement réservée à l'origine ; et si cet acte, étant accompli, doit avoir une conséquence, cette conséquence ne saurait être à mes yeux, de la part du Gouvernement britannique, que le renoncement à une attitude qui a été depuis longtemps hostile aux intérêts des actionnaires fondateurs du Canal maritime, si énergiques dans leur persévérance intelligente.

Je considère donc comme un fait heureux cette solidarité puissante qui va s'établir entre les capitaux français et anglais pour l'exploitation purement industrielle et nécessairement pacifique du Canal maritime.

Extrait du rapport du Président de la Compagnie à l'Assemblée générale des actionnaires du 27 juin 1876

SITUATION GÉNÉRALE

(Préambule dans lequel le Président rappelle d'abord les efforts infructueux tentés par la Compagnie à Constantinople pour arriver à une solution de conciliation et l'obligation où elle s'est trouvée finalement de rompre les négociations, se maintenant dès lors dans la position de la réserve de tous ses droits, en attendant des circonstances favorables pour obtenir justice. Puis, le Président continue comme suit) :

Un événement imprévu est venu changer la situation. Le Gouvernement égyptien céda au Gouvernement anglais la participation financière qu'il avait acquise, lors de la fondation de notre Société, pour éviter les inconvénients de l'abstention du capital anglais. En effet, le créateur du Canal de Suez, S. A. Mohammed Saïd, avait fait publier, dès le principe, qu'il tenait à la disposition de l'Angleterre et des autres pays étrangers le solde du capital social dont il était détenteur, afin que les actionnaires français ne fussent pas seuls engagés et que la Compagnie restât légalement constituée par la souscription de la totalité des actions.

La lumière s'étant faite subitement dans la politique du Cabinet britannique, et les avantages d'une participation régulière dans notre entreprise étant devenus évidents à ses yeux, la possession des actions égyptiennes allait faire de nos anciens adversaires de véritables associés dont l'intérêt n'était plus de nous combattre.

C'est de cette manière que nous avons considéré la question, dès que le fait si important de l'acquisition par l'Angleterre des 176.602 actions du Canal de Suez fut annoncé; et, contrairement aux craintes manifestées alors de toutes parts, nous n'hésitâmes point à faire connaître publiquement notre opinion à ce sujet.

Dans la séance du 8 février dernier, à la Chambre des Communes, M. Disraeli envisagea la question au même point de vue et rappela loyalement les incidents divers qui avaient précédé et suivi la décision de Constantinople.

Ici, Messieurs, nous citerons textuellement les déclarations des membres du Ministère anglais parce qu'elles constituent des engagements formels tout à fait rassurants pour les esprits qui auraient conservé des inquiétudes au souvenir de nos anciennes luttes :

« Les choses en étaient arrivées à un tel point, — dit le Premier « Ministre d'Angleterre, — qu'une armée de 10.000 hommes avait reçu « l'ordre de se rendre sur le théâtre de l'action, et ce ne fut qu'au der- « nier moment que le Président du Canal renonça à ses préparatifs « d'hostilité en protestant; protestation continuellement renouvelée, « rendant la Porte Ottomane responsable d'un remboursement en com- « pensation des pertes que subit la Compagnie par l'application du « tarif qui lui a été imposé par la force. A partir de ce moment, ce « fut une question de haut intérêt pour ceux qui avaient la responsa- « bilité du Gouvernement de l'Angleterre de rechercher par quels « moyens il serait possible de remédier à l'état des rapports avec le « Canal de Suez. La question ne se pose pas comme une alternative « entre le droit abstrait et la force écrasante. Ce n'est pas ainsi que le « monde est gouverné. Le monde est gouverné par la conciliation, par « les compromis, les influences, la diversité des intérêts, la reconnais- « sance des droits d'autrui jointe à l'affirmation des droits personnels, « et, en outre, par l'opinion publique se formant et résultant des « explications, de la bonne entente, de l'intérêt qu'ont toutes les par- « ties à ce que les affaires soient traitées d'une manière satisfaisante et « pacifique. »

Le même jour, à la Chambre des Lords, Lord Derby, ministre des Affaires Étrangères, dit :

« Je ne veux pas accuser Lord Palmerston, mais je constate que le « Canal a été fait en dépit de l'opposition anglaise. Le Khédive voulait « vendre ses actions. Le Canal est la grande route de l'Inde et les quatre « cinquièmes des navires qui transitent sont anglais ; nous avons vu « un moyen d'acquérir une influence et nous n'avons pas laissé l'occa- « sion s'échapper.

« Des pourparlers ont eu lieu avec M. Ferd. de Lesseps, en Egypte, « pour arriver à un règlement des diverses questions qui se sont éle- « vées entre la Compagnie de Suez et les clients du Canal maritime, et

« aussi dans le but de rechercher un moyen d'introduire un élément « anglais dans l'administration de l'entreprise. Il n'y a rien eu de « secret dans ce qui a été fait et je dirai simplement que nous avons « profité d'une occasion qui nous était offerte. Après que l'émotion de « la surprise se sera calmée, je ne pense pas qu'il subsiste, dans aucune « partie du monde, le moindre sentiment de défiance contre notre « politique à cet égard. »

Dans une séance du 14 février, Sir H. Northcote, Chancelier de l'Echiquier, s'est exprimé ainsi :

« La grande entreprise du Canal de Suez est une affaire qui, depuis « sa conception première, a attiré l'attention de l'Angleterre. Elle a « été le sujet de beaucoup de critiques et de beaucoup de doutes. On « doutait grandement, d'abord, que le projet pût se réaliser et l'on « doutait ensuite que, réalisé, il fût de quelque avantage pour l'Angle- « terre. On craignait aussi, qu'au moment où le Canal serait fait, il se « produisit des conséquences qui pourraient nuire à l'Angleterre. C'est « pourquoi le Parlement et le Gouvernement anglais s'abstinrent, au « début de l'entreprise, de la soutenir; et, non seulement ils s'abstinrent, « mais ils cherchèrent à décourager les fondateurs et (cela peut être dit) « ils opposèrent des empêchements au promoteur. Je pense que les « événements qui se sont produits par la suite ont montré que l'incré- « dulité a aussi ses dupes, car je ne puis m'empêcher de déclarer que, « si la Nation anglaise avait adopté une voie différente dès le commen- « cement de l'entreprise, quelques-uns des inconvénients éprouvés « dans les dernières années auraient pu être évités. Les doutes que « l'on avait très honnêtement et très naturellement ont été à peu près « dissipés par les faits. Le Canal a été achevé. Il a été ouvert. Il a prouvé « qu'il était d'un grand avantage pour l'Angleterre, tandis que les « ennuis politiques redoutés ne se sont pas produits jusqu'à présent. Le « Canal est un fait. . . . .

« Nous croyons que l'achat des actions a été et sera très avantageux « à toutes les parties intéressées; nous croyons qu'il sera à l'avantage « de l'Angleterre, à l'avantage du souverain de l'Egypte et à l'avan- « tage de la grande Compagnie à laquelle nous sommes maintenant « associés.

« Nos sentiments à l'égard de la grande Compagnie du Canal de « Suez, de son fondateur et de ses principaux promoteurs sont d'entière « amitié, et nous avons le désir de nous associer de toutes façons à « cette importante entreprise. Je pense que l'Angleterre a commis une « grande faute d'incrédulité au début, et j'espère qu'il n'est pas trop « tard maintenant pour nous associer à cette entreprise, bien qu'elle « soit dans une ère de prospérité. Nous croyons que les conséquences « de notre attitude, en ne séparant pas nos intérêts de clients de nos « intérêts d'actionnaires, mais plutôt en les combinant tous les deux,

« seront de fortifier et d'assurer la durée de cette grande œuvre. Elle « est destinée à demeurer la possession éternelle de la race humaine, « et ce sera, j'en suis certain, une orgueilleuse satisfaction pour nous « de voir l'Angleterre remplir son rôle en assurant et en consolidant « l'avenir de cette grande entreprise. »

Dans la séance du 21 février à la Chambre des Communes, la question de l'achat des actions étant de nouveau à l'ordre du jour, le Marquis de Hartington dit :

« Le Gouvernement anglais ne s'est nullement substitué aux droits « de souveraineté du Khédive sur le canal, et Lord Derby l'a reconnu « lorsqu'il a écrit au major général Stanton, le 6 décembre 1875 : vous « expliquerez que le Gouvernement de Sa Majesté ragarderait comme « une violation du firman de la Porte et comme incompatible avec « l'intégrité de l'Empire ottoman tout acte par lequel le Khédive se « déposséderait d'une façon quelconque de l'autorité sur le Canal de « Suez, qui a été assurée à Son Altesse par les concessions et les statuts « de la Compagnie et confirmée par la Porte Ottomane. »

Vous comprenez, Messieurs, en présence de pareilles manifestations, les dispositions conciliantes de votre Conseil. Nous avons donc été autorisé à conclure en Egypte, avec l'honorable colonel Stokes, dûment autorisé, de son côté, par son Gouvernement, un arrangement *ad referendum*. Cet arrangement vous sera soumis dès que le Cabinet de Londres, qui lui a déjà donné son approbation, nous fera connaître le résultat de ses négociations. Nous croyons convenable, dans l'intérêt des négociations engagées directement par le Gouvernement britannique, d'imiter la réserve que le Ministère anglais a observée dernièrement en répondant à une interpellation qui lui a été adressée par un membre du Parlement.

Nous nous bornerons à vous citer la conclusion des protocoles où ont été discutées, pendant plusieurs séances, les questions relatives à l'arrangement proposé :

« M. le colonel Stokes exprime sa satisfaction de ce que ses négocia- « tions avec M. de Lesseps sont terminées par une solution si com- « plète des difficultés qui ont existé pendant les dernières années, et il « exprime ses vifs souhaits pour la prospérité de la grande œuvre du « Canal de Suez. »

« M. de Lesseps exprime, de son côté, au colonel Stokes, sa satisfac- « tion de voir que toute difficulté a cessé, dès aujourd'hui, entre le « Gouvernement de Sa Majesté la Reine et la Compagnie, et il est cer- « tain que l'adjonction des administrateurs anglais, qui viendront « examiner de près les affaires du canal, donnera des soutiens et des « amis aux autres membres du Conseil. »

Prenant en considération, l'article 24 des statuts en vertu duquel notre Société doit être administrée par un nombre de membres représentant les principales nationalités intéressées dans l'entreprise, nous nous sommes spontanément engagés, à défaut de vacances dans le Conseil, et en dehors de notre convention, à demander au Khédive d'Egypte d'approuver à l'avance une modification des statuts pour élever le nombre des administrateurs de vingt et un à vingt-quatre, afin que la nationalité anglaise, intéressée dans l'entreprise, y fut représentée.

Nous aurons à vous proposer, dans cette séance, avec la modification des statuts, l'élection de trois administrateurs anglais qui nous ont été désignés pour remplir leurs fonctions au même titre et avec les mêmes obligations que leurs collègues français. Nous avions toujours pensé que plus on examinerait avec attention tous les détails de notre gestion, plus on s'intéresserait à notre entreprise et plus on en deviendrait le partisan convaincu et dévoué. En vertu de ce principe, nous étions désireux d'admettre, dans notre Conseil, des représentants de notre nouvelle et grande associée, l'Angleterre, qui est en même temps la principale cliente du Canal.

En ce qui concerne la question du tonnage qui nous maintenait à l'état d'hostilité envers une politique adverse, nous aurions compté sur la persévérance dont vous nous avez donné tant de preuves, s'il avait fallu poursuivre la lutte; mais le moment de la conciliation est arrivé à son heure. Un sage esprit de conciliation, dont le Premier Ministre d'Angleterre parlait avec tant d'éloquence, est souvent le salut des sociétés menacées. Nous avons montré, au milieu de nos plus graves difficultés et après d'énergiques résistances, que nous avions nous y conformer.

VOTES DE L'ASSEMBLÉE

D. — MODIFICATION DE L'ARTICLE 24 DES STATUTS

L'Assemblée,

Vu l'article 24 des statuts,

Considérant qu'il y a lieu d'assurer la représentation des intérêts anglais au sein du Conseil, en raison de la part importante que la Grande-Bretagne a acquise dans le capital social;

Attendu qu'en vue d'assurer cette représentation un accord est intervenu entre le Gouvernement de Sa Majesté Britannique et le Conseil d'administration, proposant la création de trois nouvelles places d'administrateurs, et l'obligation de réserver ces places, tant que le Gouvernement de Sa Majesté restera possesseur des actions acquises par lui, à des candidats désignés par ledit Gouvernement, présentés par le Conseil et nommés par l'Assemblée, suivant les formes usitées;

Adopte la résolution suivante :

Le nombre des administrateurs que l'article 24 des statuts, modifié par une résolution de l'Assemblée générale du 24 août 1871, a fixé à 21, est porté à 24.

Les trois places ainsi créées seront, dès à présent, et au fur et à mesure des vacances qui se produiraient, remplies dans les conditions ci-dessus spécifiées.

E. — Nomination de trois administrateurs

(Nomination des trois administrateurs désignés par le Gouvernement Anglais.)

On a vu, par l'extrait ci-dessus du rapport du Président de la Compagnie à l'Assemblée générale des actionnaires du 27 juin 1876, que la Convention passée *ad referendum* (le 21 février 1876) entre lui et le colonel Stokes, avait déjà reçu l'approbation du Cabinet de Londres, lequel, en outre, par un des articles de la Convention qu'on lira plus loin, se chargeait des négociations auprès des autres Puissances maritimes pour obtenir également leur adhésion.

Cette adhésion ayant été officiellement annoncée à la Compagnie, la nouvelle Convention, dont le texte est donné ci-dessous, fut soumise à l'approbation des actionnaires dans une Assemblée générale extraordinaire réunie à cet effet le 10 janvier 1877.

II. — Texte de la convention du 21 février 1876 entre M. de Lesseps et M. le colonel Stokes

Entre M. Ferd. de Lesseps, Président-Directeur de la Compagnie universelle du Canal maritime de Suez, ayant pleins pouvoirs du Conseil d'Administration, d'une part,

Et M. le colonel John Stokes, autorisé par le Gouvernement de Sa Majesté Britannique, d'autre part,

A été convenu ce qui suit :

ARTICLE PREMIER. — *M. de Lesseps s'engage à faire accepter d'avance par ladite Compagnie tout ce qui a été fait à Constantinople relativement à la question de tonnage pour le tarif de transit par ledit Canal de Suez conformément au rapport final de la Commission internationale du 18 décembre 1873 et adopté par la Porte Ottomane.*

ART. 2. — *En échange de cette déclaration, le Gouvernement britannique se chargera des négociations qui auront pour résultat de remplacer la disposition actuelle sur l'abaissement de la surtaxe, par un arrangement en vertu duquel le premier abaissement de 50 centimes commencerait le 1er janvier 1877*[1]*; le deuxième abaissement de 50 centimes le 1er janvier 1879; le troisième le 1er janvier 1881; le quatrième, le 1er janvier 1882; le cinquième, le 1er janvier 1883; et le sixième, le 1er janvier 1884. De sorte qu'à partir de cette dernière date, la surtaxe serait éteinte et le maximum de 10 francs par tonne de tonnage net et officiel serait seul prélevé*[2].

ART. 3. — *M. de Lesseps prend l'engagement que la Compagnie exécutera les travaux extraordinaires de construction*

---

1. On verra plus loin que, par suite du retard subi par la ratification finale de la Convention, la date du 1er janvier 1877 fixée pour le point de départ du premier abaissement de 50 centimes s'est trouvée, en fait, remplacée par celle du 15 avril.

2. Il a été mentionné dans une note précédente (p. 285) que, d'après un accord intervenu dans un *meeting* tenu à Londres le 30 novembre 1883, des dispositions nouvelles avaient été arrêtées au sujet de réductions de tarif devant faire suite à celles de la Convention du 21 février 1876.

Ces dispositions nouvelles stipulent qu'à partir du 1er janvier 1885, la Compagnie diminuera le droit de transit de 0 fr. 50, réduisant ainsi ce droit, de 10 francs à 9 fr. 50, et qu'à partir de la même date de nouvelles réductions du droit de transit seront appliquées, d'après certaines règles, suivant l'importance croissante des dividendes annuels, jusqu'à ce que ce droit se trouve finalement réduit à 5 francs... (Voir, plus loin, pour les détails, le texte même de l'accord.)

Par application des dispositions arrêtées le 18 décembre 1873 par la Commission internationale de Constantinople et rendues exécutoires par la Sublime Porte à partir du 29 avril 1874, puis, de la Convention du 21 février 1876, et, *en dehors des travaux d'entretien ordinaire pour une somme d'un million de francs par an pendant trente ans.*

Art. 4. — *Aussitôt que le Gouvernement britannique aura fait connaître à M. de Lesseps le résultat favorable de la négociation dont il s'agit à l'article 2 ci-dessus, M. de Lesseps retirera toutes ses protestations contre la Porte Ottomane*[1].

En soumettant cette Convention à l'approbation des actionnaires, dans une réunion extraordinaire du 10 janvier 1877, le Président, dans son rapport, faisait remarquer :

Relativement aux abaissements successifs de la surtaxe, que, en vertu des dispositions primitives, cette surtaxe se serait trouvée probablement éteinte dans un délai de trois ou quatre années, tandis que, par la nouvelle Convention, le délai serait de sept années, l'abaissement de taxe devant ainsi correspondre, dans une équitable mesure, à la progression du transit, et l'abaissement des quatre premières années étant inférieur de moitié à celui des années suivantes.

---

finalement, de l'accord du 30 novembre 1883, la taxe de navigation appliquée aux navires jaugés d'après les règles de Constantinople a été, jusqu'à ce jour, la suivante :

A partir :	Francs
Du 29 avril 1874	13 »
Du 15 avril 1877	12,50
Du 1er janvier 1879	12 »
Du 1er janvier 1881	11,50
Du 1er janvier 1882	11 »
Du 1er janvier 1883	10,50
Du 1er janvier 1884	10 »
Du 1er janvier 1885	9,50
Du 1er janvier 1893	9 »

1. Les revendications de la Compagnie auprès du Gouvernement de la Sublime Porte en réparation des pertes subies par elle par suite de l'application du tarif qui lui avait été imposé par la force, et auxquelles elle consentait à renoncer, se traduisaient par les chiffres suivants :

Pertes subies	Francs
D'avril à décembre 1874	1.569.930,35
En 1875	2.976.293,98
En janvier 1876	258.226,24
Perte totale	4.804.450,57

Et, en ce qui était de la clause relative à la dépense de 30 millions en trente ans pour l'amélioration du Canal, que cette dépense était prévue dans des documents officiels antérieurs à la Convention; que les armateurs y gagneraient un surcroît de sécurité et de rapidité dans le transit, et les actionnaires, la suppression d'une cause de conflit avec les Puissances maritimes.

Le Président annonçait, d'ailleurs, que dès que l'adhésion de l'Assemblée serait acquise, il ne resterait plus au Gouvernement ottoman qu'à faire dresser l'acte final qui pouvait être considéré comme une affaire de pure forme. En conséquence, et conformément aux prescriptions de l'article 17 de l'acte de concession, on fixerait, pour l'application du nouveau tarif le délai de trois mois comme devant expirer à la date du 15 avril 1877, à la condition qu'avant cette date l'instrument final de la Convention aurait été dûment notifié à la Compagnie.

La Convention a été approuvée par l'Assemblée des actionnaires, puis ratifiée finalement, le 30 mars 1877, par la Porte Ottomane.

Le premier abaissement de la surtaxe a eu lieu en conséquence, ainsi que la Compagnie l'avait annoncé, le 15 avril 1877 (au lieu de la date du 1er janvier fixée par l'article 2 de la convention).

III. — Accord transactionnel du 5 février 1878

Entre le Gouvernement britannique et le Conseil d'administration de la Compagnie, réglant certaines divergences de détail dans le mode d'application des règles de jaugeage de la Commission de Constantinople.

La Commission internationale de Constantinople, dont la Compagnie avait, comme on vient de le voir, accepté les décisions, avait formulé le mode par lequel devaient être mesurés les navires transitant par le Canal de Suez pour la détermination du tonnage devant servir de base aux perceptions. La Compagnie qui — on se le rappelle — n'avait pas été appelée à la Commission internationale, ayant loyalement appliqué les décisions qu'elle avait acceptées, quelques divergences d'interprétation se produisirent dans la pratique du mesurage des navires.

Ces divergences de détail donnèrent lieu à des négociations entre le Conseil d'administration de la Compagnie et les représentants du Gouvernement de Sa Majesté Britannique en vue d'arriver à un accord qui satisfît également la Compagnie et les armateurs.

Finalement, le 5 février 1878, intervint entre le Gouvernement de la Reine et le Conseil un accord transactionnel qui mettait fin à toute incertitude et réglait définitivement les questions de détail soulevées. Par cet accord, nulle difficulté ne paraissait plus possible désormais quant au mesurage des navires et à la perception des droits.

Le Gouvernement anglais adopta, en outre, un nouveau modèle de certificat par lequel toutes les opérations de vérification, de constatation, se trouvant très simplifiées, aucun retard ne devait plus se produire dans la perception des droits permettant l'accès du Canal.

Voici le texte de l'accord intervenu :

TEXTE DE L'ACCORD TRANSACTIONNEL DU 5 FÉVRIER 1878

Les autorités du Canal pourront s'assurer si du chargement ou des passagers sont transportés dans des espaces qui, ainsi que l'indique le certificat de tonnage, n'ont pas été compris dans le mesurage brut, ou qui ont été alloués comme déductions pour l'installation de l'équipage après le mesurage, ou qui, se trouvant dans l'espace de la machine, de la chaudière ou des soutes, ne font pas partie du tonnage net indiqué sur le certificat ;

Et, en général, vérifier si tous les espaces qui doivent être compris dans le tonnage sont portés sur le certificat et y sont exactement déterminés.

Comme on avait incontestablement l'intention que tous les navires passant le Canal de Suez fussent mesurés conformément aux règles de Constantinople, que tous les moyens voulus seraient employés pour les induire et les forcer à se munir du certificat spécial de Suez indiquant leur tonnage d'après ces règles et à le produire pour permettre à la Compagnie d'exiger ces certificats, le Gouvernement de Sa Majesté fournira à la Compagnie la liste de tous les navires auxquels le certificat spécial de Suez a été délivré par le Board of trade *jusqu'à ce jour, et, à l'avenir, un état hebdomadaire de ces certificats.*

Tout navire non porteur d'un certificat pourra être mesuré par les autorités du Canal, conformément aux règles de Constantinople, et acquittera ses droits d'après ce mesurage jusqu'à ce qu'il produise un certificat spécial émanant des autorités de son propre pays.

A l'effet de réglementer les différences d'interprétation qui se sont élevées relativement aux espaces susceptibles d'être compris dans le tonnage net, les définitions suivantes seront acceptées :

a. — *Lorsque le capitaine d'un navire loge dans la chambre des cartes, il sera déduit un maximum de* 3 *tonnes pour l'espace occupé par les cartes dans cette cabine;*

b. — *Il sera déduit du tonnage soumis à la taxation une cabine de médecin, mais seulement lorsque le médecin sera à bord du navire;*

c. — *Il sera déduit du tonnage soumis à la taxation :*

1° *Une salle à manger, si elle existe, à l'usage exclusif des officiers et des mécaniciens du bord. Cette déduction n'excédera pas* 4 *tonnes;*

2° *Une seconde salle à manger, si elle existe, à l'usage exclusif de la maistrance. Cette déduction n'excédera pas* 2 *tonnes et demie;*

Il ne sera accordé aucune déduction pour la salle à manger des officiers et mécaniciens (dont la limite maximum a été fixée ci-dessus à 4 tonnes), quelle que soit sa capacité, aux navires aménagés pour passagers et qui n'auraient pas de salle à manger pour passagers.

d. — *Il sera déduit du tonnage soumis à la taxation l'espace aménagé comme chambre de bain lorsqu'aucun passager ne se trouvera à bord du navire, dans ce cas la chambre de bain étant exclusivement à l'usage des officiers et mécaniciens.*

Il sera également déduit du tonnage soumis à la taxation un espace ménagé comme chambre de bain, bien qu'il y ait des passagers à bord, lorsqu'il se trouvera dans le navire plus d'une chambre de bain permanente ; dans ce cas, l'une desdites chambres de bain étant considérée comme spécialement affectée à l'usage des officiers et mécaniciens.

Dans le premier comme dans le second cas, l'espace à déduire comme aménagé pour une chambre de bain à l'usage exclusif des officiers et mécaniciens n'excédera pas 2 tonnes.

e. — *La chambre servant de logement au capitaine, la cabine du médecin, les salles à manger exclusivement réservées aux officiers et mécaniciens du bord ou à la maistrance; la chambre de bain exclusivement réservée aux officiers et mécaniciens du bord, devront porter visiblement une indication signalant leur destination exclusive.*

A défaut de cette indication visible, aucune déduction de tonnage quelconque ne sera accordée.

A la suite de cet accord transactionnel, le Conseil d'administration de la Compagnie adopta, le 12 mars 1878, un nouveau règlement de navigation destiné à entrer en vigueur à partir du 1er juillet suivant, et qui fut publié dès le 2 avril.

L'accord transactionnel intervenu et le nouveau règlement de navigation adopté en conséquence par la Compagnie ont été l'objet, dans la séance de la Chambre des Communes du 14 mars 1878, de la part du Chancelier de l'Echiquier répondant à une question qui lui était posée « au sujet du nouvel arrangement relatif aux droits de tonnage du Canal », des explications suivantes :

Sir Stafford Northcote après avoir rappelé les circonstances qui avaient nécessité les négociations à la suite desquelles était finalement intervenu l'accord transactionnel, continuait ainsi :

« La portée générale de l'arrangement intervenu, et qui, comme il faut l'espérer, accepté par le commerce maritime, écartera toutes les causes de mécontentement, est qu'un accord formel existe, quant aux limites et aux conditions dans lesquelles les espaces contestés doivent être compris dans le tonnage net ou bien en être exclus, en vue de la taxation, et que la vérification des agents de la Compagnie doit se borner à la constatation que les espaces déduits sont correctement appropriés à leurs usages propres ; qu'aucun changement n'y a été apporté depuis la délivrance du certificat spécial de tonnage par le *Board of trade* et qu'aucun espace n'a été ajouté au navire sans avoir été compris dans le tonnage, le but de ces vérifications n'étant pas de contrôler l'exactitude des mesurages officiels, mais d'empêcher les abus par lesquels la Compagnie du Canal peut être frustrée.

« Le Conseil d'administration de la Compagnie, dans sa dernière séance, a adopté un Règlement de navigation revisé qui donnera effet, non seulement au nouvel accord, mais encore à tout ce qui a été arrêté par la Commission du tonnage à Constantinople en 1873-1874, et en vertu de la Convention intervenue entre M. de Lesseps et le colonel Stokes, au Caire, en 1876.

« Ce nouveau règlement sera publié dans quelques jours et il entrera en vigueur le 1er juillet prochain.

« Le Gouvernement de Sa Majesté s'est engagé à fournir à la Compagnie du Canal de Suez des listes hebdomadaires des navires munis de « certificats spéciaux pour le Canal de Suez ». Tout navire non pourvu d'un tel certificat pourra être mesuré par les agents du Canal, conformément aux règles de Constantinople, et il devra payer les taxes sur ce mesurage tant qu'il ne produira pas un certificat spécial des autorités de son propre pays. »

Nous reproduirons ici les dispositions du nouveau règlement de navigation traitant spécialement du système de jaugeage des navires ou mode d'application de la taxe de navigation.

RÈGLEMENT DE NAVIGATION DU 12 MARS 1878, MIS EN VIGUEUR A PARTIR DU 1er JUILLET SUIVANT

(EXTRAIT)

ART. 5. — *Lorsqu'un navire, voulant traverser le Canal, aura pris son mouillage à Port-Saïd ou à Suez, le capitaine..... sera tenu de donner les renseignements suivants, par écrit :*

..... Capacité du navire d'après la jauge légale constatée par la présentation du certificat spécial pour le Canal ou des papiers officiels de bord établis conformément aux prescriptions de la Commission internationale du tonnage réunie à Constantinople en 1873.

ART. 11. — 1° *Le tonnage net résultant du système de jaugeage prescrit par la Commission internationale de Constantinople et inscrit sur les certificats spéciaux délivrés par les autorités compétentes ou sur les papiers officiels de bord sert de base à la perception du droit spécial de navigation de* 10 *francs et de la surtaxe de* 3 *francs, déjà réduite à* 2 *fr.* 50 *et de nouveau réductible aux époques fixées par la Convention du* 21 *février* 1876 *approuvée le* 30 *mars* 1877 *par la Sublime Porte.*

Il est tenu compte, dans l'application des taxes, de toute modification du tonnage net postérieur à la délivrance du certificat ou des papiers précités.

2° *Les agents de la Compagnie pourront s'assurer si du chargement ou des passagers sont transportés dans des espaces qui, ainsi que l'indique le certificat de tonnage, n'ont pas été compris dans le mesurage brut ou qui ont été alloués comme déduction pour l'installation de l'équipage après leur mesurage, ou qui, se trouvant dans l'espace de la machine, de la chaudière ou des soutes, ne font pas partie du tonnage net indiqué sur le certificat ;*

Et, en général, vérifier si tous les espaces qui doivent être compris dans le tonnage sont portés sur le certificat et y sont exactement déterminés.

3° *Tout navire non porteur d'un certificat spécial ou de papiers officiels de bord donnant le tonnage net prescrit par la Commission de Constantinople sera mesuré par les agents de la Compagnie, conformément aux règles de Constantinople, et acquittera ses droits d'après ce mesurage jusqu'à ce qu'il produise un certificat spécial émanant des autorités de son pays.*

4° *Les bâtiments de guerre, les bâtiments construits ou nolisés pour le transport des troupes et les bâtiments sur lest sont exempts de la surtaxe ; ils paient le droit spécial de navigation de* 10 *francs par tonne sur le tonnage net défini par la Commission de Constantinople.*

5° *N'est pas considéré comme sur lest tout navire transportant des malles ou des passagers ou transportant dans ses cales du charbon ou des marchandises quelconques en quelque quantité que ce soit.*

Dispositions transitoires[1]

Il sera perçu sur chaque tonne de registre net des navires dont les déductions propres aux machines ont été determinées d'après le paragraphe (a) *de la clause 23 qui définit la règle III de la loi anglaise de 1854, outre la taxe de 10 francs, une surtaxe de 4 francs.*

Le tonnage brut des navires qui ne sont pas jaugés d'après le système Moorsom est ramené au tonnage de ce système par l'application des facteurs du barème du Bas-Danube et leur tonnage net est déterminé d'après le paragraphe (a) *de la clause 23 de la loi anglaise précitée ; ils paieront, outre la taxe de 10 francs une surtaxe de 4 francs par tonne sur ce tonnage net.*

Note finale

Il sera tenu compte par la Compagnie des déductions suivantes à partir de l'application du présent règlement :

(*Reproduction des définitions* a, b, c, d *et* e *de l'accord transactionnel du 5 février* 1878.)

Toutes les dispositions ci-dessus, sauf, bien entendu, celles relatives au chiffre du droit de navigation (§§ 1° et 4° de l'article 11) et les dispositions transitoires, ont toujours été reproduites dans les règlements postérieurs de navigation.

Quant à la note finale, au lieu d'être incorporée dans le Règlement même de navigation, elle est simplement ajoutée à l'« Extrait des règles de jaugeage recommandées par la Commission internationale du jaugeage réunie à Constantinople en 1873 » qui accompagne toujours ce règlement.

---

1. La Commission de Constantinople, dans sa décision, n'a prévu aucune réduction dans la surtaxe de 4 francs imposée aux navires qui n'avaient pas été jaugés suivant les régles établies par elle.

La Compagnie, pensant que les navires se muniraient, dans un bref délai, des certificats spéciaux de tonnage prescrits par ladite decision a fait jouir de la première réduction de 0 fr. 50 par tonne, en même temps que les navires régulièrement jaugés, les navires porteurs des anciens papiers de bord. Ces derniers se sont trouvés ainsi n'être surtaxés que de 3 fr. 50 au lieu de 4 francs pendant les deux années 1877 (à partir du 15 avril) et 1878.

Mais, à partir du 1er janvier 1879, tout navire non porteur d'un certificat spécial de tonnage pour le Canal de Suez a eu à payer la surtaxe entière de 4 francs, et ce, jusqu'au 31 décembre 1883, date à laquelle, d'après la Convention du 21 février 1876, prenaient fin les surtaxes.

IV. — Emprunt de 27 millions

Pour exécution de travaux d'amélioration en conformité de la Convention du 21 février 1876

(EMPRUNT DIT DE 1880, LA 1re ÉMISSION DE TITRES AYANT EU LIEU LE 1er MARS 1880)

Ainsi qu'on l'a vu dans un précédent chapitre, l'Assemblée générale des actionnaires, réunie extraordinairement à cet effet le 10 janvier 1877, a approuvé une Convention passée le 21 février 1876 entre le Président de la Compagnie et le colonel sir John Stokes, représentant du Gouvernement britannique, en vue de résoudre les différends que les clients du Canal avaient soulevés contre la Compagnie.

En même temps que cette Convention réglait toutes difficultés au sujet des tarifs, elle comportait l'engagement par M. de Lesseps d'exécuter annuellement, pendant trente années, à raison d'une dépense d'un million de francs par an, des travaux destinés à améliorer progressivement la navigation dans le Canal maritime.

A l'Assemblée générale des actionnaires du 28 mai 1879, le Président, après avoir rappelé ce précédent, lit à l'Assemblée la communication suivante :

Dès l'année 1877, la Compagnie avait dépensé le premier million de travaux d'amélioration ; à la fin de 1879, on aurait dépensé le troisième million : ces trois millions se trouveraient d'ailleurs avoir été soldés par des fonds de diverse nature existant en numéraire au capital de la Compagnie, sans que la distribution des bénéfices aux actionnaires en eût été affectée. A partir de 1880, 27 millions resteraient encore à dépenser en vingt-sept ans, et le moment était venu de décider si ces 27 millions seraient couverts par les exercices, par l'émission des Bons trentenaires conservés en portefeuille ou par une tout autre combinaison.

L'avenir étant appelé à bénéficier des travaux d'amélioration que la Compagnie se trouvait dans l'obligation d'exécuter devait évidemment supporter une juste part des charges qui seraient la conséquence de ces travaux. La solution qui s'imposait était donc de recourir à un emprunt.

Dans cet ordre d'idées, l'émission du solde des Bons trentenaires était le moyen qui se présentait le premier à l'esprit; mais les Bons trentenaires, émis dans un temps où les valeurs étaient dépréciées et où le crédit de la Compagnie était loin de ce qu'il était devenu depuis lors, constitueraient un mode d'emprunt onéreux. En outre, la Compagnie n'en possédait plus un nombre suffisant pour couvrir les 27 millions de travaux, et, au bout de quelques années, on serait obligé de créer un nouveau titre. Il y avait donc avantage à annuler les Bons trentenaires gardés en portefeuille et à émettre des obligations nouvelles.

Le Président de la Compagnie soumit en conséquence à l'approbation de l'Assemblée générale des actionnaires les propositions suivantes qui furent adoptées :

1° Les Bons trentenaires non émis seront annulés.

2° Le Conseil d'administration est autorisé à emprunter, aux meilleures conditions et au moment le plus opportun, les sommes nécessaires à l'exécution des 27 millions de travaux d'amélioration à exécuter dans le Canal maritime et ses ports, de 1880 à 1906 inclusivement.

Cet emprunt ne sera émis qu'au fur et à mesure des besoins, de manière à ne grever chaque exercice que d'une charge correspondante à la dépense annuelle d'un million; ces émissions successives pourront être suspendues dans le cas où il surviendrait, en dehors du produit du transit, des ressources extraordinaires telles que des ventes exceptionnelles de terrains.

La première émission de titres, faite en conformité du vote ci-dessus de l'Assemblée générale des actionnaires, a eu lieu le 1er mars 1880 et a été portée à la connaissance des actionnaires par le prospectus suivant :

Emission de 15.152 Obligations de 500 francs 3 0/0

(DITES, PLUS TARD, OBLIGATIONS 3 0/0 1re SÉRIE)

Souscription réservée aux actionnaires.

Intérêt annuel de 15 francs, payable par semestres, le 1er mars et le 1er septembre.

Obligations remboursables en 50 ans, le 1er tirage devant avoir lieu le 1er août 1885 et le 1er remboursement le 1er septembre suivant, et ainsi de suite d'année en année.

Prix d'émission, 330 francs [1].

Souscription ouverte du 1er au 6 mars.

Passé la date du 6 mars, les actions perdront tout droit au privilège qui leur était réservé.

Répartition entre les souscripteurs proportionnellement au nombre d'actions présentées par chacun d'eux, sans toutefois que la Compagnie soit tenue d'attribuer des fractions d'obligation et sans qu'il puisse être attribué à aucun souscripteur plus de titres qu'il n'en a demandé [2].

---

1. Les dates des versements étaient les suivantes :

	Francs
En souscrivant	20
A la répartition	46
Du 1er au 10 mars 1881	66
— 1882	66
— 1883	66
— 1884	66
TOTAL	330

La somme totale à provenir de cette première émission était, en nombre rond, de 5 millions (exactement 5.000.016 francs), et elle devait être réalisée, comme on le voit par les chiffres des versements, à raison de 1 million par an.

Les nouvelles obligations 3 0/0 ont été admises à la cote officielle de la Bourse à partir du 12 avril.

2. La répartition a eu lieu le 26 mars.

131.887 actions ayant été présentées pour concourir à l'émission des 15.152 obligations offertes, chaque action présentée a eu droit à une fraction de 0,1148 d'obligation, soit une obligation pour neuf actions.

Le prospectus ayant établi que les obligations ne seraient pas fractionnées, aux souscripteurs qui n'avaient pas présenté neuf actions, comme à ceux auxquels le nombre d'actions présentées donnait droit à des obligations entières plus une fraction, la Compagnie délivra, sous forme de dixièmes de droit à une obligation, des bulletins représentant le droit proportionnel acquis auxdits souscripteurs ; et tout porteur de dix de ces bulletins fut admis à recevoir en échange une obligation entière.

A l'Assemblée générale des actionnaires du 6 juin 1882, le Président de la Compagnie, en raison d'anticipations que le Conseil d'administration jugeait convenable de faire, au fur et à mesure des besoins, sur les délais convenus, demanda à l'Assemblée de modifier sa délibération de mai 1879 en laissant à la discrétion du Conseil le soin de réaliser, dans la période correspondante à l'exécution des travaux, et par les moyens qu'il jugerait les plus avantageux, le solde de l'emprunt de 27 millions en obligations 3 0/0.

Cette demande était justifiée par les considérations suivantes :

Lorsque, à l'Assemblée générale des actionnaires du 21 mai 1879, l'Administration de la Compagnie avait demandé le vote de l'emprunt de 27 millions, elle avait apporté d'elle-même, tant elle avait souci de ne dépenser que strictement le nécessaire pour l'exploitation, l'entretien et le développement du Canal, cette restriction, que l'emprunt serait réalisé par des émissions annuelles d'un million. L'Administration pensait, en effet, à cette époque, quelque grande que fût sa foi dans le développement de l'entreprise, qu'une dépense annuelle d'un million pourrait suffire à tous les besoins. Or, les faits avaient heureusement dépassé les espérances que l'on avait pu concevoir et étaient venus modifier la première impression : le rapide développement du transit avait eu pour conséquence d'augmenter sensiblement la durée moyenne de la traversée des navires. A la vérité, les dispositions imposées par le Conseil sanitaire en Egypte avaient, pendant une période pénible de quarantaine, contribué à ce résultat; mais il n'en était pas moins vrai que la durée moyenne des traversées avait également augmenté par suite du développement seul du trafic. Il était du devoir de la Compagnie, de son intérêt absolu, de maintenir le Canal dans des conditions donnant pleine satisfaction à ses clients. La Compagnie était un monopole, un monopole inévitable, et elle ne pouvait vivre en bonne harmonie avec le public entier avec lequel elle avait affaire qu'à la condition de remplir très largement son devoir. L'Administration avait la confiance que l'Assemblée partagerait ce sentiment, et, dans l'intérêt de l'entreprise, s'associerait à ses vues.

L'Assemblée, accueillant finalement la demande de la Compagnie, donna au Conseil tous pouvoirs « pour fixer la quotité des émissions annuelles du solde de l'emprunt ».

Les émissions successives qui ont eu lieu à la suite de

ce vote ont été réalisées par des ventes aux guichets de la Compagnie et à la Bourse à des prix divers dépassant tous les prix de la première émission.

Ces émissions ont eu lieu aux dates suivantes :

	Titres
En février 1884, émission de 14.000 titres, réalisée jusqu'à concurrence de........................	11.848
En juillet 1884, émission de......................	6.000
En octobre 1885, émission de.....................	28.100
En octobre 1888, pour le solde de l'emprunt, émission de 12.276 titres, qui n'a eu besoin d'être réalisée que jusqu'à concurrence de............	11.926
Le nombre des titres de la première émission ayant été de....................................	15.152
Le nombre total de titres mis en circulation pour la réalisation de l'emprunt de 27 millions s'est trouvé ainsi être de...........................	73.026

Quant au capital même, il a été réalisé comme suit :

		Francs
	Emission de 1880, réalisée de 1880 à 1884 :	
15.152	titres, émis à 330 francs.............	5.900.160 »
	Emission de 1884 et partie de l'émission de 1885, réalisées pendant le cours de ces deux années :	
25.186	titres, placés à des prix divers (prix moyen, 365 francs)...............	9.202.023,75
40.338	titres, à la fin de 1885................	14.202.183,75
	Solde de l'émission de 1885 et émission de 1886, réalisées en 1886 et 1887 :	
32.688	titres, placés à des prix divers (prix moyen, 391 francs)...............	12.797.778,10
En totalité 73.026	titres mis en circulation. — Capital réalisé..........................	26.999.961,85

L'Assemblée générale des actionnaires du 4 juin 1885, ainsi qu'il sera expliqué plus loin, a autorisé un nouvel emprunt de 100 millions pour travaux d'élargissement et d'approfondissement du Canal maritime.

Le Conseil d'administration décida le 9 novembre 1886 :

D'une part, que le solde à réaliser, à partir de la fin de 1885, sur l'emprunt de 27 millions, serait d'abord affecté, avant toute émission de nouveaux titres, à concourir au paiement des dépenses qui avaient servi de base au vote de l'emprunt de 100 millions[1];

D'autre part, que les charges d'intérêt et d'amortissement résultant dudit solde, de même que celles devant provenir de l'émission ultérieure des nouveaux titres, seraient, conformément au vote sus-mentionné de l'Assemblée générale des actionnaires, imputées au compte de premier établissement, pendant la période d'exécution des travaux, dans le cas où ces charges porteraient atteinte à un revenu de 90 francs par action.

L'assimilation ainsi établie par le Conseil entre le solde restant à réaliser de l'emprunt de 27 millions et le futur emprunt de 100 millions, au point de vue de l'imputation au compte de premier établissement de la partie des charges devant en résulter qui pourrait affecter un revenu de 90 francs, se traduisait naturellement ainsi : c'est qu'en même temps que les charges d'entretien et d'amortissement des 40.338 obligations réalisées jusqu'à fin 1885 continueraient de figurer parmi les dépenses des exercices, les mêmes charges concernant les 32.688 obligations réalisées postérieurement et formant le solde de 12.797.778 fr. 10 de l'emprunt ne devraient, pour tout ou partie, grever l'exercice que tout autant que le revenu de 90 francs n'en serait pas affecté. Et, en fait, il est résulté de l'assimilation

---

	Francs
1. D'après les chiffres ci-dessus, le solde de l'emprunt de 27 millions qui restait à réaliser à la fin de 1885, et qui a été effectivement réalisé, a été de	12.797.778,10
A cette somme est venu s'ajouter un reliquat non dépensé du capital précédemment réalisé, ci	347,62
Le solde disponible de l'emprunt de 27 millions, appelé à concourir, avec les fonds de l'emprunt de 100 millions, au paiement des dépenses des travaux d'élargissement et d'approfondissement du Canal, s'est donc trouvé être finalement de ci	12.798.125,72

établie, que, par suite de l'insuffisance de chacun des exercices 1885 à 1890 pour permettre l'attribution du revenu de 90 francs, les charges d'intérêt et d'amortissement des 32.688 obligations en question ont dû, pour ces cinq exercices, être portées en totalité au compte de premier établissement.

La décision ci-dessus du Conseil d'administration fut portée à la connaissance de l'Assemblée générale des actionnaires dans sa réunion du 8 juin 1887 ; et elle s'est trouvée implicitement approuvée par l'Assemblée en vertu de l'approbation générale du rapport du Président.

Nonobstant cette approbation implicite, par l'Assemblée des actionnaires du 8 juin 1887, de l'emploi du solde disponible de l'emprunt de 27 millions, le Conseil jugea pourtant utile de rappeler le fait à l'Assemblée du 4 juin 1890, afin d'en obtenir — à supposer qu'elle fût nécessaire — la ratification de la décision prise par lui à ce sujet en 1886. Le rapport du Président à l'Assemblée contint, en conséquence, la communication suivante qui ne donna lieu, d'ailleurs, au cours de la séance, à aucune observation.

Lorsque vous avez voté, en 1885, l'emprunt de 100 millions, vous l'avez autorisé en stipulant que si les sommes nécessaires au service de l'intérêt et de l'amortissement venaient à affecter le revenu de 90 francs pendant la période d'exécution des travaux, le tout ou la partie susceptible d'affecter ce revenu serait porté au compte de premier établissement ; ce qui revenait à dire que cet emprunt était autorisé avec les charges d'intérêt et d'amortissement qu'il comportait.

Aujourd'hui il semble probable, grâce aux économies déjà réalisées, que nous ne serons pas obligés, au moins dans une proportion appréciable, d'augmenter cet emprunt des sommes correspondantes aux charges qui ont été ou seront portées au compte de premier établissement pendant la période de construction.

Nous avons lieu d'espérer que les dépenses, tant pour la totalité des travaux que pour les charges de l'emprunt pourront être couvertes, sans aucun supplément, par l'emprunt de 100 millions et le solde de l'emprunt de 27 millions, qui était de 12.797.778 fr. 10 lorsque les nouveaux travaux ont été décidés.

PROGRAMME DES TRAVAUX D'AMÉLIORATION A EXÉCUTER EN CONFORMITÉ DE LA CONVENTION DU 21 FÉVRIER 1876

Comme on l'a vu ci-dessus, l'Assemblée générale des actionnaires du 12 juin 1882 avait donné pleins pouvoirs au Conseil d'administration pour exécuter, dans les limites de la dépense totale de 30 millions prévue dans la Convention du 21 février 1876, et dans les délais que le Conseil jugerait utiles, des travaux d'amélioration du Canal répondant aux besoins du trafic.

Vers la fin de cette même année 1882, le Président de la Compagnie institua une Commission, présidée par lui, pour arrêter le programme de ces travaux. Cette commission dite *Commission des travaux*, était composée, indépendamment du Président, des deux Vice-Présidents de la Compagnie, des membres du Comité de direction, des trois membres anglais du Conseil d'administration, de l'ancien chef du service de l'Exploitation, également membre du Conseil, enfin du Secrétaire général de la Compagnie.

Les principaux chefs de service de la Compagnie qui avaient préparé, sur les indications de la Direction, le programme des travaux d'amélioration à exécuter, assistèrent aux séances de la Commission.

Au moment de la réunion de la Commission, certains travaux d'amélioration avaient déjà été exécutés pour une somme d'environ 7 millions, en sorte qu'il n'y avait plus à prévoir qu'une dépense de 23 millions.

Le programme de travaux, en date du 24 novembre 1882, soumis par la Direction aux délibérations de la Commission comportait donc un ensemble de nouveaux travaux d'amélioration dont la dépense était estimée devoir s'élever à ladite somme de 23 millions.

Ces travaux, comme ceux déjà exécutés, comprenaient des agrandissements des gares existantes et la création de nouvelles gares, des rectifications de courbes, l'élargissement du plafond sur certaines parties du canal, enfin, la confection d'empierrements neufs pour la protection des berges. Le nouveau programme comprenait, en outre, la création sur la rive Afrique, à Port-Saïd, d'un bassin de 750 mètres de longueur et de 200 mètres de largeur.

L'exécution des nouveaux travaux devant prendre plusieurs années, la Commission, si elle adoptait le programme proposé, devait, en outre, arrêter l'énumération des travaux projetés suivant leur degré d'importance.

La Commission consacra cinq séances à l'examen de la question.

Au cours des délibérations, plusieurs membres demandèrent que la Commission examinât le point de savoir si, au lieu du programme restreint de la Direction, conçu de manière à pourvoir seulement aux besoins d'un transit de 10 millions de tonnes par an, il ne serait pas prudent d'envisager de suite les besoins d'un plus lointain avenir afin de résoudre la question une fois pour toutes et de n'avoir plus à y revenir. Dans cet ordre d'idées, la construction d'un second canal parallèle au premier leur paraîtrait s'imposer. Cette solution aurait en outre, suivant eux, le grand avantage de réaliser un progrès très vivement désiré par le commerce maritime, celui de réduire à dix-sept ou dix-huit heures la durée de la traversée du Canal qui était alors de quarante à quarante-cinq heures. Les auteurs de l'idée d'un second canal reconnaissaient, d'ailleurs, que des arrangements spéciaux seraient nécessaires pour l'exécution d'un pareil projet, qui exigerait un plus fort capital que celui dont disposait la Compagnie.

Au sujet de cette idée de la construction immédiate d'un second canal, la Direction soumit à la Commission les considérations suivantes :

D'abord, au point de vue de l'influence que pourrait avoir le second canal sur la durée de la traversée, il importait de faire remarquer que cette durée ne pourrait être réduite à dix-sept ou dix-huit heures puisque les navires auraient toujours à passer une nuit au repos dans le canal. Si l'on pouvait espérer une notable amélioration sous le rapport de la durée, c'était surtout à l'aide de moyens non encore expérimentés, tels que l'application de la lumière électrique, qui permettraient la navigation de nuit.

Au point de vue de l'idée même du second canal, la Commission ne devait pas perdre de vue qu'elle avait à concilier des intérêts de deux sortes : devoirs vis-à-vis du public pour faciliter le plus possible le transit; devoirs vis-à-vis des actionnaires de la Compagnie.

Étant données les conventions arrêtées, étant donnés les engagements pris vis-à-vis des actionnaires, la Direction n'avait pas même pu avoir la pensée d'aborder, avant la réunion de la Commission, l'éventualité d'un projet dont l'exécution, sans compensations, devait notablement dépasser la limite d'engagements formels. Elle s'était donc contentée de préparer un projet d'ensemble rentrant dans les ressources disponibles, suffisant pour un assez long avenir, et permettant, par un développement rationnel, de répondre ultérieurement à des besoins encore plus étendus.

En ce qui était de l'idée de la création d'un second canal, il devait être bien entendu, tout d'abord, qu'ainsi que le reconnaissaient les auteurs de l'idée, la réalisation d'un pareil projet exigerait des arrangements spéciaux. Cette création, sans de justes compensations, imposerait à la Compagnie une charge à laquelle elle n'était pas tenue. Présenter la question sous cette forme serait vouloir courir au-devant d'une désapprobation certaine. Par le fait de la création d'un second canal, les actionnaires auraient à subir des sacrifices se chiffrant au moins à 15 millions par an. Les compensations à leur donner seraient de deux sortes :

D'une part, il faudrait empêcher que la diminution consentie par eux n'eût une influence sur la valeur du capital actions; et ce résultat ne pouvait être atteint que par une prolongation d'au moins cinquante ans de la durée de la concession ;

D'autre part, il serait nécessaire d'offrir également une compensation au revenu ; or, on ne devait pas songer à une augmentation de la taxe de navigation ; on trouverait la compensation dans une extension du domaine commun, c'est-à-dire dans la concession de nouveaux terrains à bâtir.

Ce n'était, en définitive, que par la recherche équitable de combinaisons qui, provisoirement, ne pouvaient être que sommairement indiquées, que l'on pourrait, avec l'idée d'un second canal, associer les intérêts, en apparence contradictoires, mais intimement unis, des actionnaires et des clients du canal. »

Après un examen approfondi de tous les côtés de la question, la Commission a clos ses travaux le 9 janvier 1883 par la délibération suivante :

Délibération de la Commission des travaux

La Commission, ayant eu à examiner le projet de la Direction basé sur les actes de concession et sur les pouvoirs donnés au Conseil par l'Assemblée générale des actionnaires de 1882, ainsi qu'un projet de création d'une double voie maritime, estime que le projet de la Direction satisfait aux besoins de la navigation pour un trafic de 10 millions de tonnes, et permet des extensions successives en rapport avec un développement plus considérable encore de la navigation.

En ce qui concerne le projet de création d'une double voie maritime, il mériterait d'être sérieusement et pratiquement étudié.

Sans parler des compensations que comporterait ce projet, en raison des sacrifices important qu'il exigerait de la part de la Compagnie, compensations dont l'idée générale se trouve indiquée dans les procès-verbaux des délibérations de la Commission, la Commission constate, notamment, que l'étendue des terrains à la disposition de la Compagnie en vue de son exploitation ne serait pas suffisante pour l'établissement d'une double voie et l'agrandissement des ports.

Cette seule considération impliquant la nécessité d'une négociation préalable à une étude plus approfondie de la question, la Commission estime que, dans ces conditions, elle ne peut, pour le moment, qu'accepter, en principe, cet ordres d'idées comme une charge devant laquelle il conviendrait de ne pas reculer si, étant reconnue d'une utilité majeure pour le commerce universel, elle se présentait avec de justes compensations ; que l'importance des intérêts de la marine anglaise dans la navigation du Canal est telle que la Compagnie ne pourrait vouloir entamer de négociations à ce sujet qu'avec l'assentiment et l'appui du Gouvernement britannique.

En conséquence, la Commission est d'avis d'adopter, dans l'ordre suivant, la série des travaux à exécuter actuellement, conformément au projet de la Direction :

(Suivait la nomenclature des travaux dans l'ordre de leur degré d'importance.)

Le Conseil d'administration approuva à l'unanimité, dans sa séance du même jour, 9 janvier 1883, les conclusions adoptées par la Commission des travaux.

FIN DE LA DEUXIÈME PARTIE :

POUR LA PÉRIODE DE 1870 A 1882

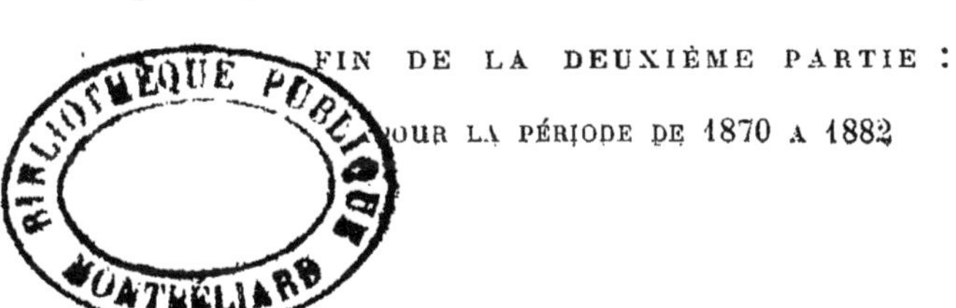

TABLE DES MATIÈRES

ERRATA DU TOME II

PAGES	ENDROITS DES ERRATA	AU LIEU DE	LIRE
6	Ligne unique du 5e alinéa	rien depuis lors nest venu	— n'est venu
7	14e ligne	outre les dépense	— les dépenses
13	12e ligne de la note	elle avait déjà rés lu	— résolu
14	8e ligne du 2e alinéa de la note	ces 20 millions nécessaire	— nécessaires
	10e ligne — —	nous recevrons vos coup ns	— vos coupons
	12e ligne — —	toutes les facilités possible	— possibles
16	5e ligne du 4e alinéa	des nouveaux tires	— titres
22	Tableau du bas de la page	Livre poids (Amsterdam), 0m,494	— 0k,494
24	4e ligne de la note	des Warangues	— Varangues
	4e ligne du 5e alinéa de la note	du 19 septembre 1842	— 1742
29	2e ligne du 1er alinéa de la note	de 20 quintaux (1.015 kilogrammes)	— (1.016 kilogrammes)
	2e ligne du 4e alinéa —	20 hundred weight avoir-du-poids	— weights avoir du pois
30	3e ligne du 4e alinéa de la note	sur le jeaugeage	— le jaugeage
38	3e ligne de l'article premier	aura lieu anisi	— ainsi
	5e ligne —	à être prise	— prises
	7e ligne —	Ces trois dimensions serons	— seront
39	4e ligne à partir du bas de la page	l'applications imultanée	l'application simultanée
42	6e ligne	habituellement sous le non	— le nom
	17e ligne	ainsi le gros tonnage	— le gross tonnage
	23e ligne	suivant qu'il sagit	— s'agit
44	7e ligne du 1er alinéa	dans tous les cas de jeaugeage	— de jaugeage
	1re ligne du 2e alinéa	Explications succintes	— succinctes
	3e ligne —	d'estimer aproximativement	— approximativement
	6e ligne du 4e alinéa	donnera aproximativement	— approximativement
45	Dernière ligne du 3e alinéa	des lignes de flotaison	— de flottaison
48	3e ligne	afin de la comparer	— de le comparer
	8e ligne à partir du bas de la page	a rouet	à roues
49	3e ligne du 6e alinéa	devait rester	devaient rester
55	Dernière ligne	gros tonnage	gross tonnage
58	10e ligne à partir du bas de la page	les jaugeage	les jaugeages
60	10e ligne	et et de l'adopter	et de l'adopter

PAGES	ENDROITS DES ERRATA	AU LIEU DE	LIRE
62	4e ligne du 2e alinéa	d'unification de jaugeage	l'unification —
70	3e ligne	ne donnassent par	ne donnassent pas
71	8e ligne du 3e alinéa de la note	en en modérant l'exerciée	— l'exercice
75	2e ligne du titre	édicté pas le règlement	— par le règlement
77	6e ligne à partir du bas de la page	dores et déjà	d'ores et déjà
79	Tableau de la note	Autres pavillons 77 61.699	— 61.709
81	1re ligne	1870 Dépenses 18.863.343,34	— 18.863.343,84
89	2e et 3e ligne	elle paraissait désirer de connaître	— désirer connaître
90	3e ligne	une intepprétation	une interprétation
95	10e ligne	eut recu	eut reçu
	11e ligne à partir du bas de la page	du 1er janvier 1871	— 1873
99	Dernière ligne	la recrudescence es efforts	— des efforts
105	17e ligne	Cette apréciation	Cette appréciation
117	6e ligne	et dont le texe	— le texte
118	4e ligne	en date 17	en date du 17
136	8e ligne à partir du bas de la page	à demamder	à demander
137	5e ligne à partir du bas de la page	17 Djemazi-ul-Ewel 1260	— 1290
	Avant-dernière ligne	6 Djemazy-ul-ahir 1290	6 Djemazi-ul-Akhir 1290
138	22e ligne	dont l'exatitude	dont l'exactitude
139	18e ligne	des méthodes de jeaugeage	— de jaugeage
	Dernière ligne	des énonciations de tonnage insuffisants	— insuffisantes
144	3e ligne à partir du bas de la page	dans le dernier cas	dans ce dernier cas
148	4e ligne	et cete contenance	et cette contenance
	8e ligne du 2e alinéa	mais à qu'elle condition	— à quelle condition
151	3e ligne du 2e alinéa	le Danemarck	le Danemark
152	4e ligne du 3e alinéa	de jeaugeage	de jaugeage
160	14e ligne	expressément recommandée	— recommandé
179	8e ligne à partir du bas de la page	je desire seulement	je désire —
183	6e ligne du premier alinéa	ou ne saurait séparer	on ne saurait —
	11e ligne à partir du bas de la page	auxquels ou veut	— on veut
	10e et 9e ligne —	il seraient exposés	il serait exposé
186	3e ligne	telle qu'elle été prévue	— qu'elle a été —
188	3e ligne	conduit à, l'époque	conduit, à l'époque

PAGES	ENDROITS DES ERRATA	AU LIEU DE	LIRE
189	7e ligne de la note	avec réductipn	avec réduction
193	8e ligne à partir du bas de la page	prononcé la-dessus	— là-dessus
194	11e et 10e ligne à partir du bas de la page.	le tonneau de 100 kilogrammes	— de 1.000 kilogrammes
205	11e ligne	6 Djemazi-ul-ahir 1290	6 Djemazi-ul-Akhir 1290
208	4e ligne à partir du bas de la page	la différence entre lesquelles	— entre lesquels
211	9e ligne à partir du bas de la page	pou tenir compte	pour tenir compte
214	12e ligne	6 Djemazi-ul-ahir 1290	— Djemazi-ul-Akhir —
216	2e ligne	aura atteint 2.2000.000 tonnes.	— 2.200.000 tonnes
218	14e ligne	et représentant une augmentation	et représentent
	15e ligne	utilisée par l'arrimage	— pour l'arrimage
219	2e ligne	appelées cargaison de pont	— cargaisons —
222	2e ligne à l article 7	tengues	teugues
224	2e ligne de l'article 10	tengues	teugues
225	3e ligne de l'article 12.	aux cabinets des officiers de bord	aux cabines —
227	2e ligne du 2e alinéa	par tunnel de l'arbre	par le tunnel —
234	7e ligne à partir du bas de la page	avaient été établies	— établis
236	3e ligne	otre Altesse	Votre Altesse
	4e ligne	usmentionnés	susmentionnés
240	2e ligne du 3e alinéa	par une intimidation	— intimation
	4e ligne à partir du bas de la page	par lacte de concession	par l'acte —
250	3e ligne du 3e alinéa	le personnel et le matériel nécessaire	— nécessaires
256	13e ligne	arrivés à Porte-Saïd	— à Port-Saïd
257	10e ligne du 2e alinéa	acquis de M. de Lesseps	— à M. de Lesseps
265	2e et 3e ligne	sur lesquels on comp-ait	— on comptait
	4e ligne du 2e alinéa	le gros tonnage anglais	le gross tonnage
266	Dernière ligne	avait prétendu qui	avait prétendu que
286	6e ligne	la position de la réverve	— de la réserve
288	6e et 7e ligne	ses 176.602 actions de Canal de Suez	— du canal de Suez
295	8e ligne du 2e alinéa	que nous avions	que nous savions
304	9e ligne de l'article 11	à la délivrance du eertificat	— du certificat
310	2e tableau des émissions	15.152 titres, émis à 330 francs. 5.900.160	— 5.000.160 »
316	14e ligne	des sacrifices important	— importants
317	Table des matières. — Août 1874	IV. Créations de 4000.000 titres	— de 400.000 titres

TOURS
IMPRIMERIE DESLIS FRÈRES
6, rue Gambetta, 6

Tours, imprimerie DESLIS FRÈRES, 6, rue Gambetta.

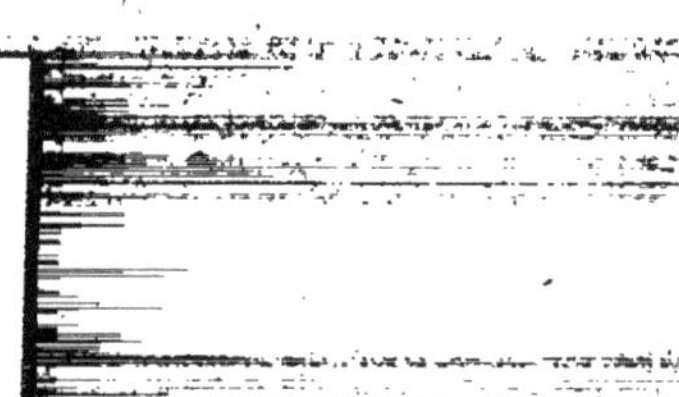

www.ingramcontent.com/pod-product-compliance
Ingram Content Group UK Ltd.
Pitfield, Milton Keynes, MK11 3LW, UK
UKHW021849190726
13855UKWH00001B/220

9 782013 432962